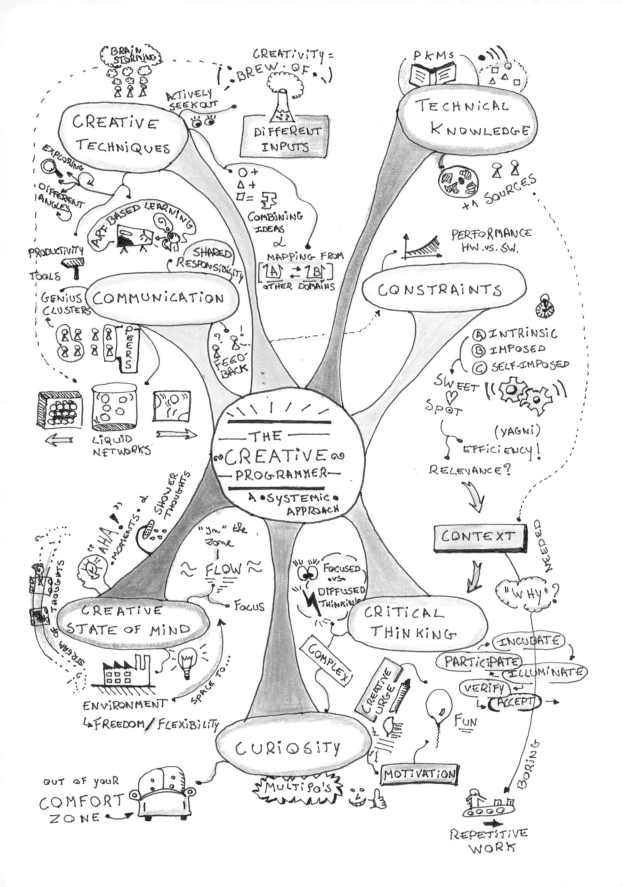

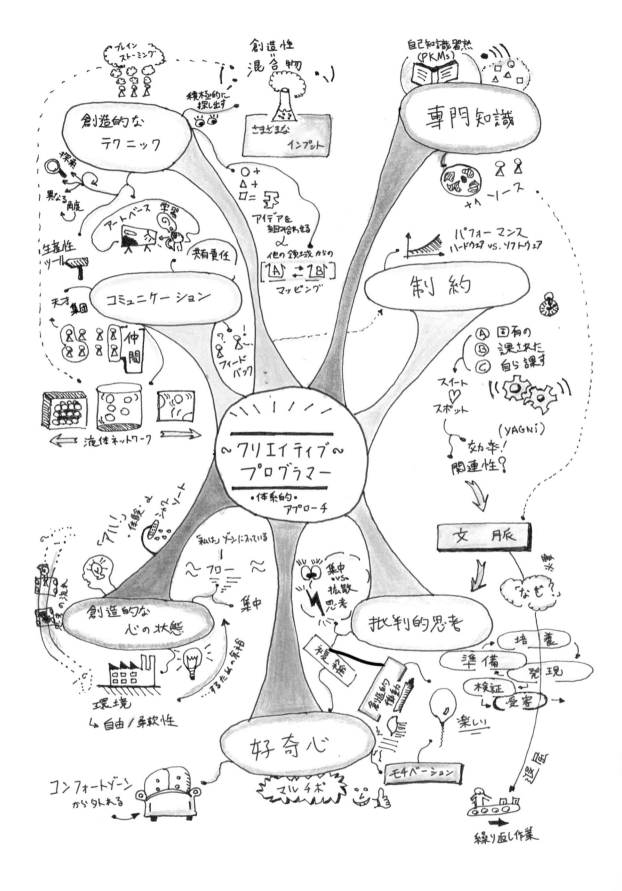

クリエイティブ
プログラマー

～創造力を駆使して
問題解決するための
7つのテーマ

Wouter Groeneveld 著

高田 新山・秋 勇紀 訳

水野 貴明 監訳

The Creative
Programmer

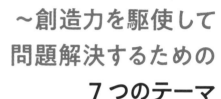

序　文

　ウーターがManningで本を書くと聞いたとき、私はとても興奮しました！　ウーターはプログラマーが生産的かつ創造的であるために必要なスキルについて研究していますが、彼のこれまでの業績が注目されていたのは、学術的な領域においてのみでした。本書を通して、より多くの読者が、仕事の中で創造的になれる方法について読めるようになったことは、この上なく素晴らしいことです。

　しかし、創造性とは奇妙なものです。プログラミングが創造的な取り組みであるということには誰もが同意しますが、創造性とはいったい何なのでしょうか？　そして、どうすれば創造性は育てられるのでしょうか？　創造的であるということは、ただ多くのことを知っていて、その中で最もふさわしいものを当てはめるだけではないのでしょうか？　ウーターは、確かにそれも正しいと同意しつつ、専門知識は必要条件ではあるものの十分条件ではないと主張しています。さらに、魅力あふれる歴史的な逸話、実践的な演習、論文、書籍、エッセイへの広範な参考資料を、プログラミング内外の側面から見事に読み取り、本書に詰め込んでいます。

　私は、ウーターが自身の戦略について誠実に振り返ってくれたことに大変感謝しています。読者に特定のこと（「常にメモを取る」または「コミュニケーションを増やすことでチームとしてうまく機能する」）をやってもらうように、ただ勧めるだけであれば簡単です。ウーターは、実践することがいかに難しいかについて当時の自身の失敗を率直に語り、（貴重な組み合わせである）実行かつ実現可能だと感じられる具体的なアドバイスで必ず締めくくっています。

　本書には多くの演習問題が収められており、それらを試すように奨励している点を私は気に入っています。なぜなら、理論的に実践が難しいのであれば、それは創造的であるに違いないからです！私の手元にある1冊は、ウーターの教えをすぐに実践するための走り書きやメモでページが埋め尽くされています。これは、彼の演習が本当に魅力的で励みになることの証です！

　本書は、メモの取り方やブレインストーミングから、創造的なチームワークや実用性を持った創造的なテクニックまで、創造性のさまざまな側面を深く掘り下げています。本書は確かな科学研究に基づいており、実用的なヒントに加えて、創造性に関連する理論的な構成概念を紹介しています。私は、知識の整理、批判的思考におけるよくある落とし穴、そして、制約を利用して創造性を高める方法について学びました。

　本書『クリエイティブプログラマー』は、Pythonで最初の一歩を踏み出した高校生から、数十年の経験を持つ熟練のC++開発者に至るまで、あらゆるプログラマーにとって有益であることは間違いありません。読者の皆さまが、これからどんな創造的なプロジェクトを生み出すのかを楽しみにしています！

フェリエンヌ・ヘルマンス
『The Programmer's Brain』著者
コンピュータサイエンス教育教授
アムステルダム自由大学

まえがき

　ソフトウェアエンジニアとして過ごした11年間、私は技術やプログラムのアーキテクチャによい意味で魅了されてきましたが、非技術的な面でのコーディングスキルの神秘が私の名前を絶え間なく呼び続けていました。コーチングやオンボーディングに関わっていく中で、いくつかの奇妙なことに気付いたのです。新入社員は、私たちのフレームワークやベストプラクティスを概ね理解できているのに、チームに溶け込んだり問題を解決したりといった本当に重要な事項を理解できないことがあるのはなぜだろうか？　本当に優れたプログラマーには、技術的な熟練という明確なことのほかに何が必要なのだろうか？

　この問いのせいで、私は夜も眠れなくなり、結局、学問の世界に戻ってきました。このテーマに関して4年以上徹底的に研究し、複数の科学論文を発表したことで、真に優れたプログラマー、つまり**クリエイティブプログラマー**とはどういう存在なのかを、ようやく私は理解できるようになったといえます。しかし、俗世間から隔離された学術出版物は、優れた読みやすさを備えているにもかかわらず、机上の空論であり、そして大学という壁を超えることがほとんどないという問題がありました。また、プログラミングコミュニティに何か恩返ししたいとも考えていました。今回、Manningの関心とサポートのおかげで、このアイデアは理解しやすい章構成にまとめられ、アーリーアクセスリリースへと進み、フィードバックと書き直しのサイクルが本格化したのです。

　そういった協業の結果、理論と実践の融合、つまり科学的根拠に裏付けられた実践的アプローチとなり、現場のプログラマーが複雑なプログラミングの問題を解決する役に立つものになったはずです。若手と経験豊富なプログラマーのどちらにも本書をできるだけ読みやすく（そして、おもしろく）するために、私は最善を尽くしました。本書を読み終える頃には、クリエイティブプログラマーになるために必要なツールが全て手に入っているでしょう。本書では、専門知識、コミュニケーション、制約、批判的思考、好奇心、創造的な心の状態、創造的なテクニックという、それぞれ異なりつつも密接に絡み合った全部で7つのテーマを取り上げます。

　本書で説明されている概念が、あなたの創造的な思考を活性化させ、今後も有用な道標となることを願っています。もし何か話し合いたいことや共有したいことがあれば、お気軽にご連絡ください。いつでも喜んでお手伝いいたします。フィードバックも大歓迎です。本書の中で紹介していますが、「創造的なコミュニティなくしてクリエイティブプログラマーなし」です。

　本書を購入いただき、ありがとうございます。どうぞお楽しみください！

謝 辞

　本書の最初の草稿は1人で書きましたが、それを形作るのに役立った多くのアイデアは、もちろん他の人の素晴らしい仕事に基づいています。中でも、アンディ・ハント（Andy Hunt）には特に感謝しています。2009年に彼の著書『Pragmatic Thinking & Learning』に出会っていなければ、おそらく認知とプログラミングの心理学に、私はまったく興味を示さなかったでしょう。

　これまで一緒に働いた素晴らしい人々と、本書の概念に関連するさまざまな側面について実験コースを企画することを許してくれた過去の雇い主に、心から感謝します。また、私の博士課程の指導教官であるルーベン・カトリック大学のヨースト・ヴェネッケンス（Joost Vennekens）とクリス・アーツ（Kris Aerts）にも深く感謝します。彼らは、私の研究テーマが自分たちの研究領域に収まることを強要せず、私自身の道を選択させてくれました。さらに、私の研究の一環としてインタビューを受けてくれた産業界と学術界の全ての参加者にも感謝します。

　私は決して認めたくはないのですが、本書の最初の草稿は、多くのよいアイデアを含みながらも、かなり荒削りな状態でした。批評的に各章をレビューし、必要なときには私のお気に入りの部分を削除することを強いた編集者のコナー・オブライエン（Connor O'Brien）には大変お世話になりました。これは険しい道のりであり、理論と実践の慎重なバランスを取る必要性から一度や二度の混乱があったかもしれませんが、最終的にコナーは私を常に正しい道に導いてくれました。

　また、本書の可能性を認めてくれたアソシエイトパブリッシャーであるマイケル・スティーブンス（Michael Stephens）にもお礼申し上げます。それ以外のManningの皆さんも、本書の出版に貢献してくれたことに深く感謝しています。

　原稿の執筆しているさまざまな段階で、早期のフィードバックを提供するために尽力してくれた人々に感謝します。アブドゥル・W・ユスフザイ（Abdul W. Yousufzai）、アレッサンドロ・カンペイス（Alessandro Campeis）、アンドレス・サッコ（Andres Sacco）、チャック・クーン（Chuck Coon）、ディエゴ・カセラ（Diego Casella）、ドルジェ・ヴケリッチ（Đorđe Vukelić）、エディン・カピッチ（Edin Kapić）、エドマンド・ケープ（Edmund Cape）、ジョージ・オノフレイ（George Onofrei）、ジェルマーノ・リッツォ（Germano Rizzo）、ハイム・ラマン（Haim Raman）、ジャウメ・ロペス（Jaume López）、ジェディダイア・リバー・クレモンズ＝ジョンソン（Jedidiah River Clemons-Johnson）、ジェレミー・チェン（Jeremy Chen）、ジョセフ・ペレニア（Joseph Perenia）、カール・ヴァン・ハイスター（Karl van Heijster）、マリサ・ミドルブルックス（Malisa Middlebrooks）、マヌエル・ルビオ（Manuel Rubio）、マッテオ・バッティスタ（Matteo Battista）、マックス・サドリエ（Max Sadrieh）、ムハンマド・ゾハイブ（Muhammad Zohaib）、ンギア・トゥ（Nghia To）、ヌーラン・マフムード（Nouran Mahmoud）、オリバー・フォラル（Oliver Forral）、オア・ゴラン（Or Golan）、オルランド・アレホ・メンデス・モラレス（Orlando Alejo Méndez Morales）、プラディープ・チェラッパン（Pradeep Chellappan）、プラジュワル・カナル（Prajwal Khanal）、リッチ・ヨンツ（Rich Yonts）、サミュエル・ボッシュ（Samuel Bosch）、セバスチャン・フェリング（Sebastian

Felling）、スワプニールクマール・デシュパンデ（Swapneelkumar Deshpande）、ヴィドヤ・ヴィナイ（Vidhya Vinay）。

それ以外にも、次に挙げた人には特別に感謝したいと思います。

- ヤニック・レメンス（Yannick Lemmens）は、最初期バージョンの原稿に目を通してくれました。彼の熱意は、このプロジェクトを前進させることに間違いなく役立ちました。
- リヌス・デ・マイエール（Linus De Meyere）は、当初は私のプロジェクトはばかげているように見えたかもしれないけれど、常にサポートしてくれました。
- ピーター・ブリジャー（Peter Bridger）は、私のレトロコンピューティングの連絡係であり、よき友人として楽しいことや悲しいことを共有し、必要なときは気晴らしに付き合ってくれました。
- フェリエンヌ・ヘルマンス（Felienne Hermans）は、同じくManningから出版された著書『The Programmer's Brain』で道を切り開き、プログラマー（および出版社）に非専門的な技術書が必要であることを明確に示してくれました。
- ダニエル・グラツィオティン（Daniel Graziotin）は、最終的には別の関連トピックを彼自身で追求することになったにもかかわらず、ソフトウェア開発の文脈における創造性の研究を私に教えてくれました。

最後に、私が最もお世話になっている人物に感謝します。（執筆の）壁にぶつかるたびにこぼす私の愚痴や不満を我慢してくれた妻、クリステン・トーレン（Kristien Thoelen）に感謝します。これが、決して最後の本ではないと思うんだ。ごめんね、愛してる！

本書について

　本書『クリエイティブプログラマー』は、タイトルが示すように、創造性の力を借りて問題解決スキルを向上させたいと心から願う、あらゆるレベルのプログラマーに向けた書籍です。本書を購入したことで、すでに創造的な可能性の最初で最重要な部分、つまり何か新しいことを学びたいという好奇心をあなたは解き放ったのです！　あなたのその好奇心を持続させるための十分な情報が含まれていることを願っています。

　多くのManningの書籍とは異なり、本書には特定のプログラミング言語や技術の事前知識は必要ありません。その代わり、クリエイティブプログラマーであるとはどういうことなのかを見つけるために、私たちは認知心理学の世界に深く入っていきます。過去のプログラミングの経験は役に立ちますが、絶対に必要なものではありません。いくつかのコード例は、特定の創造的な概念を使うための例であり、言語固有の構文を持たず、プログラミング言語やデザインパターンの知識は必要ありません。

　創造性へのこれらのアプローチは、平凡であれ型破りであれ、常にプログラマーの世界に転換されますが、テクノロジーに関わる非開発者にも魅力的かもしれません。テクニカルアナリストも、本書で示す概念から恩恵を受けることは間違いありません。他方で、エンジニアリングマネージャーは、自分のチームを創造的にしっかりとサポートする方法を学ぶことができるでしょう。少し努力すれば、ほとんどのテクニックは、ほかの分野に応用できます。本書を読み進めながら、そういった例を見ていきます。

● 本書の構成

　創造性という言葉は混乱を招く可能性があるため、最初に言葉の起源と創造的であることの意味、そして、それをどのように測定するのかについて、第1章で説明します。また、それは創造的になるための道標としても機能します。

　第2章から第8章までの各章では、創造性に関する中心的なテーマの詳細を明らかにし、深く探求します。これらのテーマは、口絵にあるコアコンセプトの図にも描かれています。専門知識、コミュニケーション、制約、批判的思考、好奇心、創造的な心の状態、創造的なテクニックです。読めばすぐに気付くはずですが、これらのテーマはお互いが密接に関連しています。本書は各章が順番に読まれることを意図して書かれていますが、自由にパラパラとめくり、あちこちのトピックを拾って、好奇心の赴くままに読んでいただいても構いません。ただし、重要な文脈は読み飛ばさないように注意してください。

　第9章は、コーディングの文脈における創造性についての最後の考察と、学んだことをプログラマーとしての日常業務へ組み込むために役に立つ、いくつかの振り返りを行います。また、本書を読み終えた後もさらに勉強したい人に向けて、主要なテーマごとにまとめた推薦書籍のリストも収録されています。

第2章から第8章までの各セクションには、立ち止まって考えるための演習が含まれています。これらの中には、簡単に行えるものもあれば、いつもより考えたり一晩寝かせて読み直したりする必要があるものもあります。これらの演習が、潜在的に皆さんへ変化を引き起こすように設計することに私は最善を尽くしました。読者の皆さんが、全ての演習をこなすことを強く期待しています。何か困ったことがあったり、具体的な状況への適用方法がわからなかったりした場合は、お気軽にお問い合わせください。できる限り、いつでも喜んでお手伝いします!

● liveBook ディスカッションフォーラム

本書を購入すると、Manningのオンライン読書プラットフォームであるliveBookへの無料アクセスが可能になります。liveBookの独自のディスカッション機能を使用すると、ブック全体、または特定のセクションや段落にコメントを追加できます。自分用のメモを作成したり、技術的な質問に答えたり、作成者やほかのユーザーからサポートを受けたりすることが簡単にできます。フォーラムに参加するには、https://livebook.manning.com/book/the-creative-programmer/discussion にアクセスしてください。Manningのフォーラムと行動規範の詳細については、https://livebook.manning.com/#!/discussion で確認できます。

Manningの読者への約束として、読者同士や、著者と会話ができる場所を提供します。著者のフォーラムの貢献は任意(そして無償)のもので、一定量の参加を約束するものではありません。回答したいと思わせる質問をして、著者の興味を惹き付けて離さないようにすることをお勧めします!本書が発行される限り、フォーラムとその過去の議論のアーカイブは出版社のWebサイトからアクセスできます。

著者について

ウーター・グローネフェルト（Wouter Groeneveld）は、ソフトウェアエ
ンジニアであり、コンピュータサイエンスの教育研究者であり、プロのパン職人です。ウーターは、エンタープライズソフトウェアエンジニアとして11年間勤務し、ほかの人にインスピレーションを与え、教育することに情熱を注ぎました。経験を積んだ数年後、教育やコーチング、オンボーディングにも携わるようになります。多くのソフトウェアプロジェクトの失敗を
目の当たりにしたことから、彼は「よいソフトウェアエンジニアになるためには何が必要なのか？」という疑問を持つようになりました。この問いがきっかけで、彼は、2018年に産業界の仕事を辞めて学術会に復帰しました。それ以来、ウーターは、ソフトウェアエンジニアリングの非技術的なスキルについて研究し続けています。彼はこのトピックについて幅広く執筆しており、彼の学術論文のリストは https://brainbaking.com/works/papers/ で閲覧できます（全ての論文はオープンアクセスです）。また、https://brainbaking.com/ でブログも運営しています。

表紙のイラストについて

本書の表紙の人物は、1788年に出版されたジャック・グラッセ・ド・サン・ソヴァール（Jacques Grasset de Saint-Sauveur）のコレクションから引用した「Homme Ostjak à la Chasse d'Hermine」または「オコジョを狩るハンティ人（オスチャーク族）」です。それぞれのイラストは細かく描かれており、人の手で着色されています。

当時、人々の居住地や職業、身分は、服装だけで簡単に識別できました。Manningは、このようなコレクションの絵によって蘇らせた、何世紀も前の地域文化の豊かな多様性に基づいた表紙で、コンピュータビジネスの創意工夫とイニシアチブを称えています。

日本語版のためのまえがき

親愛なる読者の皆さんへ

　本書に興味を持ってくださった方のおかげで、この日本語版を含む、いくつかの言語への翻訳が順調に進んでいます。英語という囚われた枠を超えて知識が広がり、より多くの人が私の仕事を楽しみ、恩恵を受けられることに大変感謝しています。

　研究者としてソフトウェアエンジニアリングの領域で創造性を研究していた数年間で、私はすでに文化の違いと呼べるものを垣間見ることができました。それは、創造性を定義し解釈する方法、他者と協力する方法、創造性への取り組み方、そして、創造性の概念へのアプローチの仕方です。このアプローチには、急激な変化を起こすものと、漸進的で小さな変化を引き起こすものの両方があります。

　ただし、私は、私が注力できる範囲だけに集中せざるを得ませんでした。つまり、ベルギーに住んでいるので多くの作業はオランダ語で、EUや米国を拠点とする国際的なインタビューは英語で行っているため、いずれにしても西洋側からのアプローチしかできなかったということです。そのため、世界的には「西洋 vs. 東洋」のアプローチと考えられている文化的な創造性に対する考えの違いについて、私はあまり言及できませんでした。しかし、このような西洋と東洋の間にある興味深い多様性へ注力する時間がもっとあったとしたら、間違いなくさらに深く考えたことでしょう。

　それでも、文化的背景に関係なく、本書がプログラマーやエンジニアに価値をもたらすことを願っています。創造性という概念は、私にとって非常に魅力的であり、解釈の微妙な違いを探るのに果てしない時間を費やすかもしれません。だから、おそらくいつか、私の脳が続編を生み出す準備ができたとしたら、そうするべきでしょう……。

　それはさておき、クリエイティブプログラマーであること、あるいはクリエイティブプログラマーになることを楽しんでください！

2024年5月
ベルギーにて
ウーター・グローネフェルト

監訳者まえがき

私は、コーヒーを日に何杯も飲み、SlackやSNSにフロー状態をかき乱されることに悩む、本書に登場するような典型的なソフトウェア開発者の1人として、20年以上仕事をしてきました。本書を読んだとき、「これは自分のような人間のために書かれたのだな」と思いました。

ソフトウェア開発というのは、世の中を少しでも便利にするため、役に立つものを作るための技術だと私は考えています。したがって、創造的であるということは、今まだ世の中にない便利なものを作り、「便利だね」といってもらうことが重要だと思っています。実際に、天才による創造的な発明によって、ソフトウェアそのものやソフトウェア開発のプロセスが革命的に進歩してきたことを、これまで何度も目の当たりにしてきました。ですから、私も心のどこかで「創造的であるにはどうしたらよいか」ということを考えながら、仕事や趣味の開発に取り組んできたのではないかと思います。しかし、その全ての思考プロセスや行動の理由が言語化されていたわけではなく、いわば感覚的に採ってきた行動も少なくなかったように思います。

本書は、プログラマーが創造的であるとはどういうことで、そうなるにはどうしたらよいかという事柄が、筆者の膨大な知識と経験に基づいて書かれています。本書を読むと、これまで自分でも気付いていなかったことや感じていたけれど言語化されていなかったことが具体的に書かれており、「そうそう、そうだよね！」と思うことが何度もありました。物事は言語化されることで観測が可能になり、それによってより深く考えることができるようになります。本書を読むことで、私だけではなく、多くのソフトウェア開発者が自分がどのように開発に向き合い、開発者としての人生を（できる限りおもしろく）生きるかを考えることができるのではないかと思います。

また、私は2年前、本書で何度も引用され、第9章では推奨書籍にもリストアップされているフェリエンヌ・ヘルマンス著の『The Programmer's Brain』（日本語版題名は『プログラマー脳』）を翻訳する機会をいただき、プログラミングを認知科学の観点から考え直し、より創造的なプログラマーになるために自分の行動を見つめ直すというよい機会に恵まれました。本書は、『プログラマー脳』でも触れられていたような事柄を「創造的なプログラマーになるにはどうしたらよいか」という観点から紐解き、実際のソフトウェア開発者としての視点から、より軽快な口調で語りかけてくれます。併せて読むと、より理解が深まるでしょう（注：これは宣伝です）。

さて、私は東南アジアを中心にソフトウェア開発の仕事をしており、今この文章を、シンガポールから東京に向かう飛行機の中で書いています。本書でも触れられている通り、長期間のフライト中は、ディープワークをするには最適な環境です。ここ10年ほどで多くの飛行機に機内電源が搭載され、ノートパソコンのバッテリー自体も進化したことで、かつてのようにバッテリー切れに悩まされることもなくなり、より集中して仕事ができるようになりました。

私は、今回だけではなく、これまで多くの集中力を必要とする作業を機内で行ってきており、たくさんのコードも飛行機の中で書いてきました。リリース直前にバグが発覚したiOS版のコードを、東京からハノイに向かう飛行機に乗る直前にチェックアウトし、飛行機の中で修正して、着陸後

にリリースしたたこともあります。言語やフレームワークのリファレンスはダウンロードしてパソコンに入れ、ローカルのみで開発が完結する環境を構築することを常に心がけています。

しかし最近では、機内Wi-Fiが充実しており、飛行機の中でもインターネットに接続できます。それにより、GitHub Copilotも使えますし、困ったらGoogleなどで調べものもできるようになりました。それはよいのですが、同時にフライト中でもメッセージを受け取れるようになり、割り込みを切断することが難しくなってきてしまっています。テクノロジーの進歩は、創造的になるための手法にも影響を与えるのだなと、つくづく思います。私たちは創造的になるために、創造的に考えなければならないのでしょう。

最近の生成AIの技術の進歩は目を見張るものがあり、コードもかなり自動的に生成できるようになりました。GitHub Copilot（本書ではその負の部分にも触れられていますが）の補完能力は凄まじく、自分でコードを書く量が劇的に減りますし、さらには仕様や画面設計を書くだけで自動的にコードを書いてくれるようなツールやサービスも多く登場し、人間が自らコードを書く機会はこれから減っていきそうです。

ソフトウェア開発者として、そんな世の中を生き残るには、創造的になることが不可欠です。単に与えられた仕様をコードに落とし込むだけの開発者はもうすぐ要らなくなってしまいます。「上流工程」「下流工程」という言葉はあまり好きではありませんが、下流工程だけを担当する開発者に未来はありません。上流工程ですら、その一部は人間がする仕事ではなくなるでしょう。そのような時代には、自分が何をできるのか、ソフトウェアをどのように役に立てるのかといった創造的な部分のみが、私たちソフトウェア開発者が価値を出せる点なのではないかと、最近非常に強く思います。

そのような私たちの仕事の仕方が大きく変わろうとしているタイミングで、本書が出版されることは決して偶然ではなく、私たちは少しでも早く、より創造的になるべき状況にいるのだと思います。

より創造的なプログラマーになれるように、本書を読んで一緒に精進しましょう。

2024年6月

水野 貴明

訳者まえがき

　本書の翻訳作業を行ったあと、Appleが新型のiPad Proを発表したので「このタイミングだ！」と思って購入してしまいました。本書を読み終えると、私がなぜそのような衝動に駆り立てられたかを理解できるでしょう。いざ、少しずつ本書に書いてあることを実践し、iPadに自分の頭の中をダンプしてみると、自分の中の情報や知識が整理され、目の前のことに集中でき、多くの作業でより洗練されたアウトプットを出せている気がします。この流れの中で、私は本当に本書の翻訳に携われてよかったと思えるようになりました。

　今回の翻訳でも、より日本の読者の方々に伝わるように多くの工夫をしています。iPadを活用し、そして原作者の了承もあって、本書にある数多くの図を日本語化したため、より本書を効果的に翻訳することができました。また、本書には、数多くの書籍からの引用がありますが、邦訳があるものについては、できる限り、邦訳から引用しています。それ以外については、訳者による私訳です。

　読者の皆さんは、おそらく本書の名前を書店やオンラインストアで見て購入したので、「クリエイティブ」という言葉に敏感になっているかもしれません。「自分たちの仕事は、果たしてクリエイティブなのか」「クリエイティブな成果を出せているか心配」などなど、さまざまな悩みを持っているかもしれません。本書ではそれらの全ての悩みに対して答えを出しているわけではありませんが、それでも大きな一歩になるヒントをもたらしてくれます。また、本書の分量や内容に圧倒されて読むのをためらいそうになっている人も、あきらめずにページを進めてみてください。著者が並べたクリエイティブな事例は、より多くの方々を懐かしませ、驚かせ、そして、楽しませると思います。私も、昔プレイしていたゲームの話が出てきたときは、目を輝かせながら翻訳していました。

　そして、冒頭に書いたように、iPadでも紙でも紹介されたツールでも、好みの道具を使い、本書に書いてあることを実践し意識してみてください。多くの研究やクリエイティブな事例の上に構築された多くのメソッドや考え方などが、皆さんの創造的な活動をサポートしてくれるはずです。

　最後に、このような素晴らしい本の翻訳に誘ってくれた高田新山さん、まとめ上げてくださった秀和システムの西田雅典さん、監訳してくださった水野貴明さん、そして、執筆されたWouter Groeneveldさんに大きな感謝を捧げたいと思います。ありがとうございました。

2024年6月

秋 勇紀

目　　次

Chapter 1　創造性の先にあるもの

Chapter 2　専門知識

Chapter **3**　コミュニケーション

Chapter 4　制約

Chapter 5　批判的思考

Chapter **6**　好奇心

Chapter 7　創造的な心の状態

<Chapter>

創造性の先にあるもの

本章の内容
- ●「創造性」の定義と語源
- ●創造的であることの根拠
- ●クリエイティブプログラマーについての7つのテーマの概要
- ●創造的プログラミング問題解決テスト

　人間は、創造することが大好きです。哲学者であり小説家でもあるウンベルト・エーコ（Umberto Eco）によれば、**ホモ・ファベル**（Homo faber）、つまり、運命や環境をコントロールするために創造することは、人間の本質が自然界に現れたものだそうです[注1]。本書を購入することで、あなたはクリエイティブプログラマーへの第一歩を踏み出したことになります。おめでとう、そして、ようこそ！

　おそらく、本書を読んで、プログラマーとしての能力を向上させようとお考えですね。はい、あなたは正しい場所にやって来ました。ただし、最新の技術的な驚異、たとえば仮想マシンのジャストインタイムコンパイラーやプログラミング言語XやYについて、さらに学べることを期待しないでください。本書は、一般的なプログラミングの本から遠く離れたところにあります。

※**注1**　『The Open Work』（Anna Cancogni 訳、Harvard University Press、1989年）。イタリアで1960年代に刊行された書籍を英語に訳し、再編集したもの。

そういった学びではなく、私たちは異次元のものに取り組んでいくことになるはずです。高度に創造的な人（およびグループ）が問題に取り組む方法、彼らの習慣や思考プロセス、より生産的かつ創造的な解決策に辿り着く方法を学びます。認定「クリエイティブプログラマー」になると、一瞬で技術的な驚異を簡単に解き明かし、一度に複数のプログラミング言語を学べるようになります……えぇ、少なくとも理論上は。新たな学問領域としてプログラミングを始めたばかりであっても、経験豊富な開発者であっても、本書を通して、いざというときのための新しい創造的な技を少なくともいくつか習得してほしいというのが私の願いです。

　プログラミングといった技術領域では、経験が増えたからといって、より創造的な成果が出せるとは限りません。私はソフトウェア開発業界に10年以上携わっており、数少ない成功と数多くの失敗を目撃してきました。どうやら、ソフトウェアというものは失敗に向かっていくように感じます。実践的なプログラマーであり、「アジャイルソフトウェア開発宣言」の共同作成者であるアンディ・ハント（Andy Hunt）は、その著書『Pragmatic Thinking & Learning』※注2をこれと似たような懸念から始めています。

> プログラマーであれ、ソフトウェアに不満たらたらの一般利用者であれ、すでにこう感じているのではないでしょうか——ソフトウェア開発というものは、人間がこれまでに考え、実行してきた試みの中でも最大級の難関に違いない、と。複雑なソフトウェア開発に、プログラマーは日々最大限の努力を強いられていますし、問題が発生した場合には、騒ぎが大きくなり、マスコミを賑わすことにさえなりかねないものです。

　アンディのアプローチは考え方や学び方を教えることですが、私の場合は、より創造的に問題に取り組む方法を教えます。多くのソフトウェアの失敗を目の当たりにして（そして（無）意識的に、それを生み出す手助けをして）、「不足しているのは、技術的な能力ではなく非技術的なスキルなのかもしれない」と私は確信するようになりました。この強迫観念が私を学問の世界へと引き戻すきっかけとなり、ソフトウェアエンジニアリングにおける創造性の研究に4年間を費やしました。今、産業と学術のハイブリッドな私の研究成果が（もし昔ながらの紙の書籍派であれば）あなたの手中にあります。しかし、始める前にいくつかの疑問を解消しておく必要があります。

※**注2**　Andy Hunt『Pragmatic thinking & learning: Refactor your Wetware』（Pragmatic Bookshelf, 2008）。邦訳『リファクタリング・ウェットウェア —達人プログラマーの思考法と学習法』（武舎 広幸、武舎 るみ 訳／オライリージャパン／ ISBN978-4-87311-403-3）。

1.1　創造性とはいったい何なのか？

　心理学者たちは、この問いについて何十年も論議を交わしてきました。その結果として、創造性に関して約百個の異なる定義が存在しています。10歳の娘に創造性について尋ねると、彼女は絵筆をシェアして一緒に調べようと主張するかもしれません。一方で、ケチな隣人は「脱税こそが創造的だ」と考えています。コンピューターの内部を注意深く調べた後であれば、あなた自身は「それらは全て間違っている（コンピューターを考え出したエンジニアこそが創造的なのだ！）」と結論付けるかもしれません。さて、いったい誰が正しいのでしょうか？

　あり得る回答の1つは、全ての異なる意見の重要な部分をまとめることです。創造性の研究者であるジェームス・C・カウフマン（James C. Kaufman）とロバート・J・スタンバーグ（Robert J. Sternberg）[注3]は、アイデアが次に示す定義に適合する場合、それは創造的であると述べています。

- 斬新で独創的だと見なされている
- 高品質である
- 目の前の課題と関連している

　ある問題にNoSQLデータベースを投入することが定性的な解決策なのは、すでに証明済みかもしれませんが、独創的なアイデアだと私は思いません。あなたが抱えている問題がデータに関するものでなければ、関連性すらないのかもしれません。それでも、あなたやあなたのチームがこれまでNoSQLデータベースを使ったことがないのであれば、斬新だと見なされるかもしれません。

　本質主義者の創造性に対するこのような見方には、さまざまな欠点があります。たとえば、文脈を完全に無視していることです。創造性の研究は、文脈によるパラメーターを考慮した**体系的**なアプローチへと徐々に移行しています。これは複雑なように聞こえますし、「またドライな学術的定義か」と身構える声が聞こえてきそうです。しかし、幸いなことに、実は真逆なのです。

※**注3**　James C Kaufman and Robert J Sternberg『Creativity』（Change: The Magazine of Higher Learning, Vol.39, Issue4, p55-60, 2007）。https://doi.org/10.3200/CHNG.39.4.55-C4

演習

あなたが何かを創造的だと考えるのは、どんなときですか？　数分間、考えてみてください。あなたが思いついたものが非常に創造的だと見なされた最後の瞬間は、いつですか？

　終わりましたか？　はい。では、模範解答を見せましょう。あるものが創造的であるかは、ほかの誰かが創造的だといったときです。ほら、簡単でしょう？　創造性は**社会的な評決**※注4なのです。あなたがプログラミングした努力が創造的な成果につながったかどうかは、同僚たちが決めます。あなた自身は宣言できません。つまり、これは社会文化的な現象なのです。

　特定の絵画を天才の渾身の作だと主張する美術の専門家たちは、素人である私たちの意見に影響を与えます（図1.1）。そして、私たちは、その意見に影響され、畏敬の念を込めて律儀にため息をつきます。その絵画は平凡でおもしろくないと批評家たちが見なしていたら、私たちは見向きもしなかったでしょう。それどころか、美術館の壁に飾られることもなかったかもしれません。絵画について必要な専門知識を持っていないため、私たちはその領域の専門家に頼るしかないのです。

　プログラミングやその他のどの領域でも同じことがいえます。あなたの同僚が「素晴らしいコードだ！　問題を回避する創造的な方法だ！」といえば、（単にふざけているだけでなければ）あなたは突然クリエイティブプログラマーに昇格します。ところが、別のチームやほかの会社では、まったく同じ解決策を「やったことある」「退屈な解決策だ」と見なす可能性もあります。

　創造性について体系的に考えることは、無名の天才がたくさん存在する悲しい理由も教えてくれます。いうまでもないことですが、フィンセント・ファン・ゴッホ（Vincent van Gogh）の絵画が1枚も見つかっていなければ、誰も彼を創造的な天才だと思わなかったでしょう。そして、ファン・ゴッホの絵画を感情に訴えかける画期的なものだと美術の専門家たちが認めていなければ、彼を創造的な天才だと思わなかったでしょう。それは、彼の生涯において実際に起こったことでした。彼の絵画は、1748年から1890年までの間、芸術アカデミー（Académie des Beaux-Arts）の公式美術展を担当していたサロン・ド・パリのキュレーターたちに、一貫して拒絶されていたのです。しかし、彼らの古典主義的な傾向は長く続きませんでした。印象派の画家たちが自ら独立した展示会を開催し

※注4　Vlad Petre Glăveanu, Michael Hanchett Hanson, John Baer, ほか。『Advancing Creativity Theory and Research: A Socio-cultural Manifesto』。(The Journal of Creative Behavior, 2020) https://doi.org/10.1002/jocb.395

始めると、大衆の古典主義に対する批判が増え、印象派が支持されて、古典主義者の地位を奪ったのです。時間と場所は、創造性にとって等しく重要な要素です。後の章で見るように、ファン・ゴッホの作品の多くは、現在最も高価な絵画のうちの1つになっています。

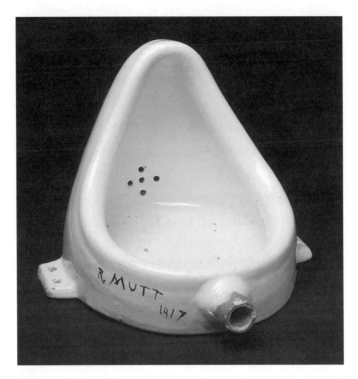

⊗**図1.1　芸術とは何か？**　マルセル・デュシャン（Marchel Duchamp）にしてみれば、署名入りの小便器も芸術になり得るのだ。しかし、ニューヨークのギャラリーはそれを拒絶したのである。このデュシャンの『泉』（Fontaine）は、20世紀の芸術界を大きく揺るがすものとなった。現在、この作品は高い創造性を持つと考えられている。出典：パブリックドメイン

創造性の起源

　創造性の捉え方は、人類の歴史の中で何度も変化しました。現在、その言葉を聞くと、私たちはすぐに芸術を思い浮かべます。古代ギリシャでは、芸術（ギリシャ語で *technê*、後の *technology*）には、「ルールを厳格に遵守する」という意味が含まれていました。画家や彫刻家は、模倣しますが創造はしません。詩人だけが「行動の自由」を許されていたのです。芸術家は、発見しますが発明はしません。

　後のキリスト教に支配されたヨーロッパでは、創造は無からの創造（*creatio ex nihilo*）として、神のみに許された行為でした。私たち卑しい人間は、ただ物を作る（*facere*）だけで、創造は許されていなかったのです。

ルネサンス期になって初めて、哲学者や芸術家たちは自分たちを発明家と見なし、自分たちのアイデアに基づいて新しい物を形作るようになります。そして、芸術が工芸から徐々に解放され、哲学者や芸術家たちを創造へと向かわせたのです。しかし、実際にこの用語が使われるまでには、さらに2世紀かかり、キリスト教徒の激しい抵抗にも遭いました。

科学研究において創造性が注目されるようになったのは、1950年代になってからでした。まさにプログラミングと同じく、創造性は比較的新しい概念なのです！

私は、ext4（Linuxで最も人気のあるジャーナリングファイルシステム）の巧妙な派生バージョンを思いつくかもしれません。そうしたら、おそらくWouterFSと呼ぶでしょう。そこには創造性（そして退廃）がにじみ出ています。しかし、ほかの誰にもいっさい紹介しなければ、私の死後に使われる可能性はごくわずかです。幸いにも、私は現実主義者です。テクノロジーはあまりにも急速に変化していますし、その頃にはおそらくext65が導入され、WouterFSは不要になっているでしょう。もしかしたら、いつか勇気を出して何名かのextメンテナーに私の実装を見せるかもしれません。つまらないものだとして無視されれば、その際は負けを認めざるを得ません。しかし、創造的だと見なされれば、メンテナーはWouterFSのいくつかの機能をext4に追加するかもしれません。つまり、私ができることは最善を尽くすだけで、私のやったことを私自身で創造的であるとは宣言できないのです。

1.2　なぜ創造性なのか？

かなり憂鬱に聞こえますよね？　他者の気まぐれに左右されるなら、どうしてクリエイティブプログラマーになるための本をわざわざ読む必要があるのでしょうか？　それは、次章で説明する多くの習慣や性格特性が、クリエイティブプログラマーになれる**可能性**を大幅に高めるからです。

しかし、**なぜ？**という疑問にはまだ答えていません。すでに有能なプログラマーなのに、なぜクリエイティブプログラマーになる必要があるのでしょうか？　その答えは、またしても複数の要素が関わっています。クリエイティブプログラマーとして人生を送るべき主な理由を検討してみましょう。

単刀直入にいうと、第一の理由は雇用主が求めているからです。何年にもわたり、ほとんどのソフトウェア開発の求人広告には「クリエイティブに（創造的に）」という言葉が入っています[注5]。できるだけ多くの候補者を惹き付けるため、求人広告には、人事部がでっち上げた意味のない言葉がたくさん盛り込まれているのを誰もが知っています。近年、**ソフトスキル**[訳注1]は大ブームです。同僚と私は、広告を精査する代わりに、ソフトウェア開発の専門家に「開発者として優秀であるためには、どのような非技術的スキルが必要だと思いますか？」と質問するだけの独自調査を実施しました[注6]。さて、どんな言葉が思い浮かびますか？　自分自身を売り込むためには、クリエイティブ（創造的）でなければならないでしょう。

> **演習**
>
> あなた自身のプログラミング作業を創造的だと思うのは、どんなときですか？
> 創造的ではないと思うのは、どんなときですか？　他者のコードを創造的だと思うのは、どんなときですか？　そこに違いはありますか？　これらの質問に答えると（嫌な）驚きを生むかもしれないので、このようなありふれた質問には、あなたは答えたくないかもしれません。

　なぜ創造力がこれほど求められるスキルなのかというと、その答えは問題解決にあります。従来の方法がうまくいかないときは、創造性を少しだけ採り入れることが最善策なのかもしれません。創造的なプロセスの仕組みを知ることが解決策の半分を占めます。たとえばWebアプリケーションが秒間数千件のリクエスト処理に苦しんでいる場合、メッセージキュー、負荷分散、キャッシュ、コルーチンを検討するのがよいアイデアであるかもしれません。チームの誰もこういった提案をしなければ、おそらく堂々巡りになるでしょう。クリエイティブプログラマーは、こういったマンネリを打破します。

　しかし、問題を解決するだけでは足りないこともあります。問題がまだ見つかっておらず、定義すらされていないこともあるのです。そのような場合、通常の問題解決スキルはあまり役に立ちません。問題を**発見する**ためには、創造的な感覚に頼る必要があります。

[注5]　Judy L. Wynekoop and Diane B Walz『Investigating traits of top performing software developers』(Information Technology & People, vol.13, no.3, pp.186-195/2000) https://doi.org/10.1108/09593840010377626

[訳注1]　仕事を進める上で基礎となる能力や個人特性のこと。コミュニケーション能力、問題解決力、リーダーシップなど、明確な基準で評価しにくいが、どんな職種でも求められる。

[注6]　Wouter Groeneveld, Hans Jacobs, Joost Vennekens and Kris Aerts『Non-cognitive abilities of exceptional software engineers: A Delphi study』(Proceedings of the 51st ACM Technical Symposium on Computer Science Education, (1096-1102). Presented at the SIGCSE '20, Portland, OR, USA/2020)。https://doi.org/10.48550/arXiv.1910.09861

チャールズ・ダーウィン（Charles Darwin）が、1831年に**ビーグル号**でプリマスから5年にわたる航海に出発したとき、自然淘汰と種の起源を結び付けようとは思っていませんでした。それどころか、それに関する問題領域自体もまだ存在していなかったのです。イギリス海軍の研究者たちは、南アメリカの海岸線を記録することだけが使命でした。しかし、ダーウィンが遭遇し、注意深く記録したエキゾチックな植物や動物は、その航海からわずか数年後に着想される彼の理論の種を蒔いていたのです。

ダーウィンは、問題解決者ではなく**問題発見者**でした。ダーウィンの考え方から、私たちプログラマーは何を学べるでしょうか？　いつもの私たちは、小さくて明確な（部分的な）問題やどうにかして「完了」の段階に到達させなければならないスイムレーン^{訳注2}のタスクで精一杯になっています。しかし、もしかしたら、旅の途中で点が十分に集まり、それが後でつながってまったく新しい疑問が生まれるのかもしれません。ひょっとすると、クライアントが気付いていてさえいなかった問題を、私たちが発見するかもしれません。クリエイティブプログラマーは、問題発見者であると同時に問題解決者でもあるのです。ダーウィンの世界一周の航海については、「第6章　好奇心」で再び取り上げます。

第二の理由は、仲間の意見が重要であり、他者の創造的な判断を気にする必要があるからです。まだ気付いてないかもしれませんが、ソフトウェア開発はチームベースの活動です。創造性は社会的に構築されるものであるため、1人では何も意味を持ちません（これについては「第3章　コミュニケーション」で詳しく説明します）。お互いの尊重から生まれる心理的安全性は、皆を安心させ、チームの結束力を高めます。そうすると、あなたは学び、成長し、さらにほかのメンバーが学び、成長する手助けもできるようになるのです。

創造的な製品 vs. プロセス

創造的な仕事を称賛する際、ほとんどの場合、私たちは**最終的な成果物**を称賛していることに注目してください。しかし、この成果物は、多くの血と汗と涙が流れた結果なのです。最終的な成果物が、巧妙なアルゴリズムや新たに発明されたデザインパターンであるかもしれません。こういったものは、主にソフトウェア開発者から称賛されます。また、（理想としては）エンドユーザーも「創造的だ」と呼ぶようなアプリケーション全体を指すこともあります。

最終的な成果物ではなく、そこに至るまでの**プロセス**が創造的な場合もあります。とはいえ、プロセスはほとんど目に見えないため、評価が非常に困難です。

訳注2　プロセスを1つのスイミングプールにたとえて、作業の役割を担う機能や組織グループごとに、専用レーンで仕切る可視化表現手法。

創造的なプロセスだからこそ、結果的に創造的な製品を生み出しているのかもしれません。ここで大事なのは、**かもしれない**という点です。最終的な成果物が大失敗に終わることもあり得ます。逆も然りです。つまり、従来のプロセスから創造的な製品が生まれることもあるということです。

また、専門家を招き、製品の創造性を評価してもらうことは、「Consensual Assessment Technique（CAT）」と呼ばれ、1988年にテレサ・アマビール（Teresa Amabile）が提唱した一般的な用語です。次に『アメリカズ・ゴット・タレント』^{訳注3}を観るときは、この番組が健全な学術的手法に則っていることを思い出してください！

　第三の理由は、創造性は**楽しみ**にほかならないので、創造的であるべきだからです。私たちがインタビューした多くの専門家は、プログラマーである唯一の理由は「創造的になれる可能性があるからだ」と述べています。クリエイティブプログラマーは、自分の仕事を心から楽しんでいます。そのような人々は、物事を深く掘り下げ、自分のコンフォートゾーンから抜け出し、異なるアイデアを結び付け、さまざまなアプローチを議論し、フロー状態^{訳注4}になることが大好きです。つまり、クリエイティブプログラマーは**創造的衝動**に身を任せるのです。そのような人々は、ウンベルト・エーコがいうところの**ホモ・ファベル**になります。

　多くのクリエイターは、己の弱い肉体を超越して存在し続ける創造的な仕事を通じて、不死を実現したいと望んでいます。世界に永続的な痕跡を残すという夢を実現したごく少数の幸運な人々は、真の天才と讃えられます。変化の激しいテクノロジーを扱う私たちプログラマーは、この不滅の痕跡を残すという欲望を抑えたほうがいいかもしれません。本書が出版される時点で、無数にあるプログラミングに関する既存の技術書は、間違いなく無事に「古本」の棚に移されていることでしょう。これがどういうことか、私たちはすでによくわかっています。

訳注3　アメリカのNBCネットワークで放送されている公開オーディションのリアリティ番組。審査員による審査のほかに、視聴者による投票も行われる。2013年には日本人ダンサーの蛯名健一が優勝しており、2019年には女性芸人のゆりやんレトリィバァが出場して話題となった。

訳注4　時間が経つのを忘れるほど作業に没頭し、外から受ける刺激にも気付かなくなる状態。

1.3 異次元の創造性

創造性の文脈で、私が**天才**という言葉をさりげなく使っていることにあなたはお気付きかもしれません。もちろん、創造的になるために天賦の才は必要はありません。研究者たちは、異次元の創造性を分類しようとし、次のような分類法を考案しました[注7]。

- **little-c**、すなわち**日常的な創造性**：個人的な創造性。それまでやったことのない何かをすること。たとえば、C++11で書かれたライフゲームの実装をゲームボーイアドバンスにクロスコンパイルするなど。
- **Big-C**、すなわち**傑出した創造性**：これまで誰もやったことがない何かの原則、たとえばRuby 3をMS-DOS 6.22の486マシンで動作するように移植することなど。おい、ここにいい考えがあるぞ……。

リーナス・トーバルズ（Linus Torvals）はBig-Cのクリエイターです。彼はオペレーティングシステム（および、バージョン管理）の領域を完全に変えました。一部の学者によると、「天才」とは、その領域全体を変えてしまうほどの重要で創造的な成果物の責任者のことだそうです。一方、Webアプリのリクエストのスループット問題に対して創造的な解決策を思いついたとしても、おそらく世間を揺るがすことはないでしょう。

もちろん、この世の全てのものがそうであるように、この分類法にも批判がありました。little-cは平凡でつまらないものといわれたこともあります。Big-Cの偉大さが、クリエイターたちをプレッシャーで圧迫する原因となっているのかもしれません。創造性の研究者であるマーク・ルンコ（Mark Runco）は、little-cとBig-Cの区別を完全に否定し、「分類するのは現実的ではない」と宣言しています[注8]。また、この分類法に応じて独自のバージョンを作り出した研究者もいます。たとえば、**H-創造性**（歴史的（Historic）：その発明が歴史書に影響を与えるか？）と**P-創造性**（個人的（Personal）創造性）があったり、little-cとBig-Cの間には**mini-c**や**Pro-c**と呼ばれるさらに隠れた層があったりします。ミハイ・チクセントミハイ（Mihaly Csikszentmihalyi）のような研究者は、普通のクリエイターのためのプラクティスを抽出するために、創造的な天才たちにインタビューを行いましたが、こうした行動は全体像を歪めてしまうと主張する人もいます。要するに、学術的な創造性の研究は少しごちゃごちゃしているのです。ただし、図1.2に明記されているように、異なる「次元」で創造性を考えると役に立つことはあります。

[注7]　Peter Merrotsy『A note on big-C creativity and little-C creativity』（Creativity Research Journal, Vol25, pp474-476, Issue4, 2013）。https://doi.org/10.1080/10400419.2013.843921

[注8]　Mark A Runco『Big C, Little c" Creativity as a False Dichotomy: Reality is not categorical』（Creativity Research Journal, Vol26, Issue 1, pp131-132, 2014）。https://doi.org/10.1080/10400419.2014.873676

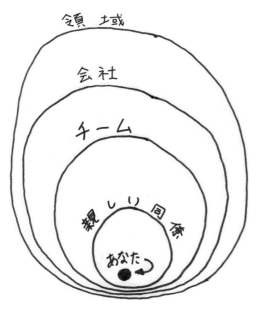

◎図1.2 さまざまなプログラマーがいるインナーサークルの例。親しい同僚が創造的だと認めたコードの一部は、チームでも創造的だと称賛される可能性はある。ただし、別のチームでも同じことをしていたかもしれない。そうすると、会社全体のレベルで見れば、あなたの名声は突然終わりを告げる。創造性は社会文化に依存するため、チームが変われば創造性の解釈も変わる。こういったインナーサークルに注目することは非常に有用である。チームと会社が創造的になることを助けるためには、それらの評判を広めることだが、まずは自分自身から始めよう。

1.4　より創造的になるためのロードマップ

　本書は天才になる方法についての本ではなく、天才は「創造的な遺伝子」（すぐにわかることですが、そんな遺伝子はありません）とはほとんど関係ありません。本書は問題解決のプロセスについての本です。さまざまな創造的なテクニックと創造性への洞察を適用し、それぞれが異なりつつも密接に絡み合った7つのテーマにきちんと整理することで、あなたがより優れたプログラマーになれることを願っています。もしプログラマーではなくても、安心してください。これらの方法の多くは、ほかの領域にも簡単に応用できることが、本書を読み進めていくうちにわかってくるはずです。

　アンディ・ハントの『Pragmatic Thinking & Learning』は、美しい手描きのマインドマップで始まり、それが道標としても機能しています。彼の著書はプログラミングのソフトな側面にも重点を置いているため、私は彼の描画に触発され、とある研究に光を当てるためにこれを使用しました※注9。そして、この研究は非常に創造的だと見なされ、あっと

※注9　Wouter Groeneveld, Laurens Luyten, Joost Vennekens, and Kris Aerts『Exploring the role of creativity in software engineering』（IEEE/ACM 43rd International Conference on Software Engineering: Software Engineering in Society, 2021）。https://doi.org/10.48550/arXiv.2101.00837

いう間に受け入れられました。図1.3と本書の口絵にあるマインドマップも、本書の道標として機能します。マップの各「触手」は、創造性に関連する明確なテーマを持つ章を表しています。

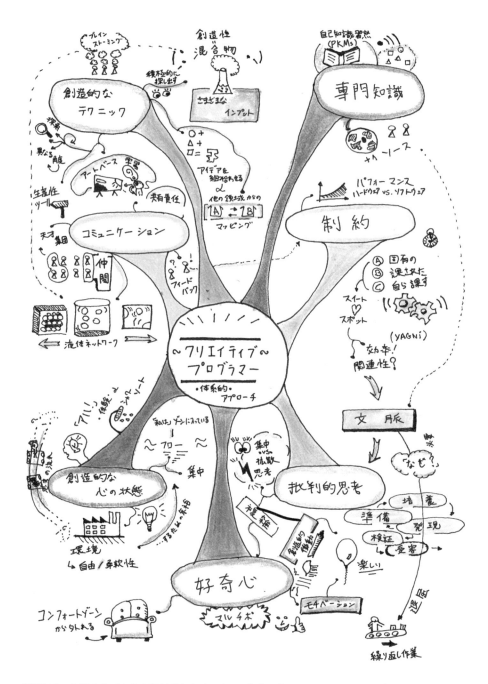

⊗**図1.3**　本書の全ての章を紐付けたクリエイティブプログラマーのマインドマップ。

> **〈Note〉**
> 本書に掲載されているイラストは、創造性のテーマに合わせて私が手描きしました。 ^{訳注5}

1.4.1 クリエイティブプログラマーの7つのテーマ

次のような冒険が、私たちを待っています。

●専門知識

何か創造的なものを生み出す人は、自分の領域の現状をしっかりと把握していなければなりません。このことはあまりにも当然であるため、これについて1つの章を割くのは無駄ではないかと感じるかもしれません。しかし、プログラマーは、まずプログラマーでなければクリエイティブプログラマーにはなれません。実際に行動する前に学ぶことが当たり前であっても、情報を消化し、常に学び続け、認知バイアスに気付き、知識を管理するさまざまな方法について立ち止まって考えることは、依然として有益です。

クリエイティブプログラマーは、知識の絶え間ない流れを新しいアイデアに変換する方法を理解しています。

●コラボレーション／コミュニケーション

アイデアの洗練は社会的なプロセスであるため、創造性は一人では決して生まれないのです。フィードバックがなければ、ちょっと独創的なアイデアを優れたアイデアにアップグレードすることはできません。あなたの仲間は、変化のきっかけになり得るのです。「第3章　コミュニケーション」では、天才集団の概念、ドリームチームの構築方法、チームの創造性を高めるためのテクニックについて探求します。私と同僚が発表した論文^{※注10}では、このテーマを**コミュニケーション**と呼んでいますが、後になって考えると、**コラボレーション**という用語のほうが適切だったかもしれません。

創造的なプログラマーは、アイデア、個人、チームの間の微妙な相互作用を常に意識しています。

●制約

いかなる問題に取り組む場合でも、自ら課すものであれ外部から課されるものであれ、制約を考慮に入れることが必要です。世間一般の認識とは違い、制約は創造性を刺激し、

訳注5　日本語版では、イラスト内の英語を日本語訳し、原著者の了承のもと、訳者の秋が日本語に置き換えた。本書冒頭のカラー口絵には、図1.3のオリジナルの英語版を、その裏ページには日本語化したイラストを収録している。

※注10　Wouter Groeneveld, Hans Jacobs, Joost Vennekens, and Kris Aerts『Non-cognitive abilities of exceptional soft-ware engineers: A Delphi study』(Proceedings of the 51st ACM Technical Symposium on Computer Science Education, pp1096–1102, 2020)。https://doi.org/10.48550/arXiv.1910.09861

減らすどころかむしろ増やします。本書では、煩わしい制限のように見えるものを思いがけない利点に変えた結果として、創造性が爆発した複数のケースを探っていきます。

クリエイティブプログラマーは、制約に対して後で不満をいうことはなく、逆にそれを利用する方法を知っています。

● 批判的思考

多くのアイデアを考え出すことは、仕事の半分に過ぎません。残りの半分は、間違いなくそれよりも難しいもので、最も優れたアイデアが残るまで熱心に削ぎ落とす作業です。そのときになって初めて、行動を起こすべきなのかもしれません。「第5章　批判的思考」では、批判的思考と私たちの無限に湧き出るクレイジーなアイデアの泉の間に共生関係を築くことを試みます。そこでは、創造性がアイデアを発生させるだけではなく、意思決定や実行にも関わっていることに私たちは気付くでしょう。

クリエイティブプログラマーは、乱雑に広がる発想と厳しい批評の間をスムーズに行き来できます。

● 好奇心

本書を手に取ったのは、なぜでしょうか？　内容について興味があったのでしょうか？　勉強熱心だからでしょうか？　本書を最初から最後まで読み切る覚悟はありますよね？「はい」と答えるなら、私たちは素晴らしいスタートを切っています！　創造性の研究者であるミハイ・チクセントミハイは、「好奇心と根気が創造性を手に入れるための最も特徴的な性格特性である」と述べています[※注11]。このテーマについては、以降の章でチクセントミハイの優れた著書を繰り返し取り上げます。

好奇心は、新しいこと（専門知識）を学ぶことへの暗黙的なモチベーションを生み出します。好奇心は「なぜ」という質問につながります（批判的思考）。さまざまなものに感嘆する心を持つことが、うっかり博士[訳注6]だけではなく、クリエイティブプログラマーにも役に立つ理由について、私たちは話し合います。

● 創造的な心の状態

私たちは皆、頻繁に作業が中断されるとプログラミングのフローに悪影響を及ぼすことを知っています。適切な心の状態に入ることで、創造的な活動は大いに捗るのです。

※注11　Mihaly Csikszentmihalyi『Creativity: Flow and the psychology of discovery and invention』(Harper Perennial, reprint edition, 2013)。邦訳『クリエイティヴィティ ―フロー体験と創造性の心理学』(浅川 希洋志 監訳、須藤 祐二、石村 郁夫 訳／世界思想社／ISBN978-4-7907-1690-7)。

訳注6　SFなどに登場する典型的人物の1人。1961年の映画『うっかり博士の大発明』では、主人公が研究中に偶然発明した不思議な物体「フラバー」を巡って繰り広げられる騒動を描く。1997年に『フラバー』としてリメイクされた。

私たちは、フロー状態と洞察がどう連動し、洞察のプライミング[訳注7]が何をもたらすのか、そしてどのようにして貴重な「アハ」体験を増やすのかを検討します。

個人の心の状態に取り組むことと、チームや会社の集団的な心の状態を高めることは別物です。クリエイティブプログラマーにとっては、どちらも同じくらい重要なのです。

●創造的なテクニック

最後に、これ以降の全ての章で説明される概念にポジティブな影響を与える、いくつかの実践上の創造的なテクニックについて議論します。創造性の体系的な定義と同様に、これらのテクニックは創造的な問題解決の全ての側面と結び付いています。これらは、必ずしも1つの明確なテーマにきっちりと収まるわけではありません。私たちは、ありきたりなブレインストーミングセッションはもちろんのこと、アイデアに脚を付ける[訳注8]といった慣例にとらわれないテクニックも批判的に概観します。

1.4.2 創造的プログラミング問題解決テスト

本書の内容に沿って進みながら、特定の課題やプロジェクトに関するクリエイティブプログラマーとしてのポテンシャルを測りたいとしたら、どうすればよいでしょうか？ 以降の章ですぐわかるように、特定の断片を測定するための創造性評価ツールは数多く存在しています。拡散思考スキルを測定するものもあれば、最終的な製品の評価に重点を置いたものもあります。しかし残念なことに、既存のツールのいずれもコンピューティング領域内で構築されておらず、システムビュー[訳注9]が適用されたものはありません。

まさにそれを測るために、本書で議論される7つのテーマに基づいた、創造的な問題解決のための自己評価アンケートを私と同僚は設計しました[※注12]。このアンケートは、ソフトウェア工学科の初年度と最終年度の学生を対象に実施され、数人の業界の専門家によって検証されました。これは創造性を測定するための包括的な解決策では決してありませんが、プログラマーが7つのテーマそれぞれに対してどのくらい取り組んでいるのかを特定するために現在利用できる最適な方法です。

訳注7 1つに刺激を与えると、意図せず後続の刺激に対する反応に影響を与える可能性があるという考え。

訳注8 スタンフォード大学のMarily OppezzoとDaniel L. Schwartzによる研究論文『Give Your Ideas Some Legs: The Positive Effect of Walking on Creative Thinking』に由来している。この研究は「歩くことが創造的思考によい影響を与える」というもの。

訳注9 システムを構成する複数の業務アプリケーションを端末に対して1つに見せること。

※注12 Wouter Groeneveld, Lynn Van den Broeck, Joost Vennekens, and Kris Aerts『Self-assessing creative problem solving for aspiring software developers: A pilot study』（Proceedings of the 2022 ACM Conference on Innovations and Technology in Computer Science Education, Vol1, pp5-11, 2022）。https://doi.org/10.48550/arXiv.2203.13565

各章を読み終えれば、これらの質問の意味がもっとわかるようになるでしょう。1つの
テーマにきっちり収まっていないと思われるかもしれません。しかし、心配は無用です。
多くの質問は単純に1つのテーマに収まるわけではありません。すぐにわかることですが、
創造性は1つのカテゴリーに簡単に押し込められるものではないのです。

　最初の章に進む前に、今すぐアンケートに記入して、クリエイティブプログラマーとして
の現在の状態を大まかに把握しておくとよいでしょう。覚えておいてほしいのは、これは
自己評価テストだということです。正直に答えてください。嘘をつくと、自分には改善の余
地がほとんどないと思い込んでしまうだけです！　アンケートに記入する際は、最近の具
体的な仕事と紐付けて質問に取り組んでください。おそらく、回答はプロジェクトによっ
て異なるでしょう。

　各質問に対して数字を記入してください。「1：完全に同意しない」「2：同意しない」
「3：同意も否定もしない」「4：同意する」「5：完全に同意する」です。適切なところに
鉛筆で「✔」を自由に記入してください。

1. 専門知識	1	2	3	4	5
プロジェクト中に多くの知識を得た					
新しい実践的なプログラミング技術を学び、適用した					
問題領域に対する洞察を得た					
プログラミングの技術的側面に魅力を感じた					
学習プロセスとその改善方法を思いついた					
このプロジェクトは知らない部分が多かったので、心地よく感じた					
新しい知識を自分の知っていることと関連付けようとした					
プロジェクトのおかげでコーディング以外の知識も得た					

2. コミュニケーション	1	2	3	4	5
同僚からのフィードバックを定期的に求めた					
問題をホワイトボードや紙に書いて可視化した					
クライアントやエンドユーザーからのフィードバックを定期的に求めた					
同僚のタスクを助けた					
チームメイトが締め切りに追われることがないように、自分自身の タスクは時間内に完了させた					
チームメイトのアイデアと努力をサポートした					
自分たちの成果がとても誇らしかったので、皆に披露した					
他者の提案を徹底的に考えた					

3. 制約	1	2	3	4	5
解決策の正しさを定期的に見直した					
時間的なプレッシャーのせいでパフォーマンスが低下したことはなかった					
コードをできるだけエレガントにしようとした					
課題の制約を見極めようとした					
（可能な場合）友人や家族にプログラムをテストしてもらった					
創造的な自由度が高くても、的確な決断ができた					
コーディング期間が短いことが、むしろ学習プロセスを加速させた					
プログラムを定期的に自分でテストし、使いやすさに気を配った					

4. 批判的思考	1	2	3	4	5
問題についての議論では、よく代替案を提案した					
私たちが持っているさまざまな選択肢を定期的に慎重に評価した					
うまくいかないときは、あえてコードを1から書き直すこともあった					
自分で複数の情報源を使って情報を探した					
チームメイトにどのように実装したのかを尋ねることは重要だったと思う					
何かを調べるときは常にソースの信頼性を確認する					
なぜそのように機能するのかを100％理解することは重要だった					
ほかのプロジェクトを見ることで、自分のプロジェクトについて考えることができた					

5. 好奇心	1	2	3	4	5
プロジェクトの進行中、自分のコンフォートゾーンから大きく外れた					
プロジェクトの多くの部分が好奇心をそそった					
プロジェクトの多くの側面に関わることが楽しかった					
プロジェクトのいくつかの側面に没頭するのは楽しかった					
プロジェクトの複雑さに刺激を受けた					
追加の機能を実装したくなった					
プロジェクトの開発中、とても楽しんだ					
プロジェクトを終わらせるために、自分を追い込む必要はなかった					

6. 創造的な心の状態	1	2	3	4	5
プロジェクトのある一点に長時間集中し続けた					
生産性ツールを使って、問題の本質により集中できるようにした					
この経験はとてもやりがいがあると感じた					
作業中、時間があっという間に過ぎ去っていくように思えた					

	1	2	3	4	5
プロジェクトの高い要求を満たすのに、自分は十分な知識を持っていると感じた					
プログラミングは、ほぼ流れるようにできた					
自分が何を達成したいのか、はっきりとわかっていた					
外部の人が自分のコードについてどう思うかは気にならなかった					
7. 創造的なテクニック	1	2	3	4	5
1つの問題を解決するために、さまざまな方法を使った					
問題を解決するために、ほかの領域の知識を使った					
問題に立ち向かうために、さまざまなアイデアを組み合わせた					
物事をじっくり考えるために、あえてときどき休憩を取った					
新しいアイデアを出すために、他者とブレインストーミングをした					
全体を見るために、ときどき一歩下がってみた					
問題がありそうなときは、ほかのプロジェクトからインスピレーションを得るようにした					
完全に行き詰まったと感じたことはなかった					

❷ **表1.1** 「創造的プログラミング問題解決テスト」（CPPST：Creative Programming Problem Solving Test）評価基準の全56問。

　各テーマの平均を計算すると、図1.4に示されているようなスパイダー図で結果を描けます。以降の章で遭遇する評価ツールとは対照的に、この結果をさらに1桁の数字にまとめることはできません。そうしてしまうと、細心の注意を払って私たちが保とうとしている創造的な問題解決という文脈上のつながりを完全に無視してしまうことになるでしょう。

　アンケートに回答することで、携わっているプロジェクトに応じて興味深いさまざまな結果が得られます。このテストは、あえて状況（プロジェクト）とかなり紐付けているので、想定したプロジェクトに飽きている場合、もしかしたら好奇心のスコアが低くなるかもしれません。別のプロジェクトでは技術面で全力を尽くしているため、専門知識のスコアが高くなるかもしれません。繰り返しになりますが、これらのスコアにあまり一喜一憂しないでください。CPPSTツールは、主に現在の個々の創造的プロセスについての洞察を得る手段として有用です。本書を読み進めながら、これらの質問にときどき立ち返り、実際に改善していっているのかを確かめてください。

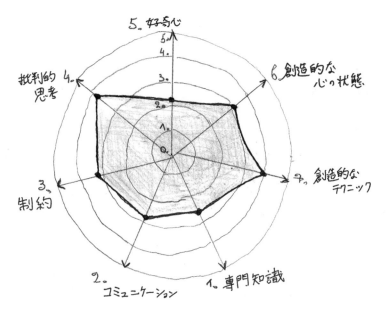

5. 好奇心

6. 創造的な心の状態

批判的思考

創造的なテクニック

3. 制約

2. コミュニケーション

1. 専門知識

◆図1.4 創造的プログラミング問題解決テスト（CPPST）の結果を示すスパイダー図の例。このような図を描くのが面倒な場合は、https://brainbaking.com/cppst/ のオンラインアンケートを試してみてほしい。

1.5 次章以降の構成

　以降の各章は、状況を説明し、テクノロジーの世界の内側と外側における創造的な思考の例を提供するために、背景となる話から始まります。また、背景をサポートするために、よくある例に続けてビデオゲームを引用する傾向があることにも気付くでしょう。これは、私がたまたまゲーム好きだからだけではありません。同僚と私自身の研究を含む数十の研究から、視覚的な例のほうが興味を惹きやすく、ゲームを例に使うことで遊びながら学ぶきっかけになることが証明されているからです。創造的なプログラミングについての本である以上、ゲーム開発に関するストーリーを掘り起こさないのはもったいないことです。要するに、ゲームも芸術作品じゃないかな？

　各章には、明確にわかるような形で演習問題が豊富に散りばめられています。本書は技術的なプログラミングの本ではないため、演習問題は従来の実践的なものとは異なります。しかし、それらは思考練習として価値があり、振り返りの題材としても役に立ちます。もちろん、あなたを突然創造的にすることは私にはできません。私にできるのは、正しい方向を指し示すことだけです。それらの指針を行動に変えるのは、あなた次第です。

時折、余談として本題から逸れ、おもしろく洞察に富んだ裏話を追加で提供しています。このような本題から外れたセクションは、通常の文章間のグレー地のブロックの中に書きました。急いでいる場合はスキップできますが、そうすると創造的になるきっかけを見逃してしまうかもしれません。

　各章の最後は、その章で扱った新しい概念をまとめたチェックリストで終わります。これらはリマインダーとして役に立つかもしれませんが、どうか各項目の文脈を考慮してください。まとめに目を通すだけでは、創造的なコーディングの達人にはなれません。また、これらはベストプラクティスの完全な概要としても機能しません。

　さて、創造的な冒険に向けて準備が整いました。さぁ、飛び込みましょう。

〈 *Chapter* 〉

専門知識

本章の内容

- 知識を収集し、内面化し、行動に移す方法
- ツェッテルカステン（Zettelkasten）の知識管理テクニック
- 賢くメモを保持するためのワークフロー

　孤独なカラスが、古代コルシカ島の平和な夜の静寂を乱しています。スペイン生まれのローマ市民の1人が、ペンとインクという親友とともに夜を過ごしていました。小セネカ（Seneca the Younger）^{訳注1}は、独裁者クラウディウス（Claudius）によってローマから追放された後、コルシカ島で非常に生産的な8年間を過ごし、怒りと死へのさまざまな慰めの本を出版しました。セネカが述べたように、書くことこそが自分を鍛える方法なのです。彼が日記を書かなかった夜はなかったでしょう。彼が友人に述べたところによると、「私は1日の全てを見渡し、自分の行いと言葉を全て辿り直します。私は何も隠さず、

訳注1　ルキウス・アンナエウス・セネカ。古代ローマ帝国の政治家、哲学者、詩人。同名の父親と区別するため、小セネカと呼ばれる。第5代ローマ皇帝ネロの幼少期の家庭教師としても知られ、ネロの治世初期にはブレーンとして彼を支えた。青年期には、病気療養のため、アレクサンドリアに滞在していた。クラウディウス皇の時代に、その妃メッサリナの画策により姦通罪に問われ、コルシカ島へ追放されて8年余りの追放生活を過ごす。その後、ローマに戻り、ネロの教育係となる。晩年はネロとの関係が悪化して彼のもとを去って隠遁生活を送っていたが、ネロ暗殺の陰謀が発覚した際、セネカも陰謀に加担したという嫌疑を掛けられ、自死するように追い込まれた。

何も省きません。これだけ自分自身と対話しているのに、いったいなぜ自分の過ちから逃げる必要があるのでしょうか?」と。自省後の眠りは、とりわけ満足のいくものだったことでしょう。

　毎日メモを取るセネカの習慣は、アレクサンドリアでの長期滞在中に定着しました。彼は、結核と闘うためにローマから離れ、長期休暇を余儀なくされたのです。療養中の約10年間、ストア派哲学者なら誰でもするであろうこと、つまり勉強と執筆に励み、精神と肉体の両方を鍛え上げます。彼は、ストア派とピタゴラス主義を組み合わせることを検討していました。また、彼の著書の中で最も引用された作家となるエピクロス (Epicurus) の著書を読んで論じています。彼は「私たちは敵陣に潜むスパイのように本を読み、知的で哲学的なライバルから常に学ぼうとすべきだ」と述べました。悲しいことに、彼のアレクサンドリア時代の著書は全て失われてしまったのです。最近の試算によると、彼の悲劇と哲学的エッセイの約半分が失われているようです。

　セネカの日記には、(1) 自省、(2) 知識の獲得と連結、(3) 知識の維持という3つの主な目的がありました。「模範を示すためには、まず自分自身の行動 (そして他者の行動) を分析する必要がある」と彼は主張するでしょう。当時のほかの人の日記とは異なり、彼は公開するつもりで日記を書いていました。自分の著書が発見されて読まれ、他者に影響を与えて彼の思想が残り続けることを望んだのです。

　19世紀後、あるドイツ人学者が、重厚な薬棚の小さな引き出しの中の書類整理をしていました。彼は小さな紙を手に取り、ある引き出しの中身を素早く見渡し、ふとした瞬間に「あぁ!」とつぶやいて正しい引き出しに移動させます。その紙はキャビネットの中に消え、学者はオフィスの椅子に座り直し、採点が必要な膨大な書類の山に目を戻しました (図2.1)。

◈図2.1　自宅オフィスでメモを参照しているニクラス・ルーマン。写真提供:ミヒャエル・ヴィーゲルト・ウェゲナー (Michael Wiegert-Wegener) ／ビーレフェルト大学アーカイブ

その人物とはニクラス・ルーマン（Niklas Luhmann）^{訳注2}で、20世紀で最も生産的で著名な社会科学者の1人です。学者としてのキャリアの中で、彼は50冊の書籍と600以上の論文を発表しました。どうやってそのような偉業を達成したのかを尋ねると、彼の答えはささやかなもので、彼の生産性はメモとの「対話」から来ていると述べたのです。彼の有名なシステム理論（コミュニケーション、社会、進化理論を統合した理論）は、彼と**ツェッテルカステン**（「スリップボックス」）との対話によって生み出されました。

この独創的な知識の蓄積／生成システムのおかげで、ルーマンは、一見無関係な領域を結び付け、斬新な洞察を生み出せたのです。そして、これらの新しい洞察は**ツェッテルカステン**に保存され、彼の外部の知識体系を着実に成長させていったのでしょう。知的作業を整理するために、相互につながる情報カードシステムを使用したのはルーマンが初めてではありません（たとえば16世紀の多才な学者のコンラート・ゲスナー（Conrad Gessner）は、アイデアを紙片に書き留め、大きなグループに整理することについてすでに言及していました）。しかし、**ツェッテルカステン**のアーカイブは、彼の多作な才能についてより深い洞察を提供し、現代のメモを取る人の多くやデジタルメモアプリに影響を与えました（現在、このアーカイブは完全にデジタル化されています）。

さらに1世紀が経ちました。2010年、ロシア人ソフトウェアエンジニアのアンドレイ・ブレスラフ（Andrey Breslav）とJetBrains^{訳注3}の研究開発チームは、大規模なバックエンドのコードベースにおける開発と生産の問題について議論していました。ホワイトボードに描かれたスケッチは、後に**Kotlin**として知られる新しいプログラミング言語の下地となります。しかし、ブレスラフと同社の言語設計チームは、流行に敏感な開発者たちがちょっといじるための、yet another^{訳注4}でピカピカな新しいおもちゃを新たに作るつもりはまったくありませんでした。KotlinのWebサイトによれば、Kotlinは「実用的、簡潔、安全、相互運用可能」であることを目指して設計されています。

これらの4つの基本原則によって、チームは既存のプログラム言語を徹底的に調査し、機能するアイデアを盗み出しました。しかし、もっと重要なのは、そこから派手な装飾を省いているという点です。ブレスラフは「GeekOUT 2018」の講演「Languages Kotlin Learned From」^{※注1}で、「既存のアイデアを使うことを警戒するのは逆効果だ」と述べ

訳注2　ドイツの理論社会学者。主著である『社会システム理論』『社会の社会』は、難解であることが知られている。死後も遺稿の出版が続いている。

訳注3　チェコ共和国の首都プラハに本社を置く技術主導型のソフトウェア開発企業。3人のロシア人エンジニアによって創業され、ロシア、ドイツ、アメリカなどにも開発拠点がある。Java用の統合開発環境の「IntelliJ IDEA」で有名。

訳注4　プログラマーの間で非公式であると自認するコンピュータープログラムのこと。https://ja.wikipedia.org/wiki/Yet_another

※注1　https://www.youtube.com/watch?v=Ljr66Bg--1M

ています。そうではなく、Java（クラス、Autoboxing、ランタイム安全性の保証など）と
Scala（プライマリコンストラクタ、valキーワードなど）、C#（get/setプロパティや拡張
のいくつかのアイデア、内部可視性、簡単な文字列補完など）、Groovy（it省略記法、
カッコなしでのラムダの渡し方など）に彼らは目を向け、そこですでに成功していたものを
実装しました。「Groovyの作者に感謝します。あなたから機能を借りることは楽しいこと
でした」とブレスラフは締めくくっています。

　彼らの設計思想は、明らかに実を結んでいます。Javaは別格として、KotlinはJava
Virtual Machine（JVM）で最も人気のある言語となりました（「Snyk」の2020 JVM
エコシステムレポートによると18%[注2]）。そして、「Stack Overflow Insights」[注3]の
年間レポートでは、全体的な人気が安定して増加し、Rubyを超え、Goに僅差で続いて
います。

2.1　インプットなくして創造的なアウトプットなし

　知識が豊富で今でも人気のあるセネカのストア哲学の著書、情報カードで溢れたニクラス・ルーマンの**ツェッテルカステン**の薬棚、Kotlinプログラミング言語の誕生の間にある注目すべき共通点は何でしょうか？　これらの3つの例は、創造性が創造性を生み出すことを示しています。全ての意図は、それ以前の意図に基づいているのです。セネカはライバル学派を注意深く観察し、その知識を内面化して新しいものを生み出しました。ルーマンはメモと対話することで、忘れていたかもしれない情報をつなげるようにメモから教わっていました。ブレスラフは、独創的でも結局は使い物にならないものを作らないように、まずはほかのプログラミング言語を調べ、そこで何が成功しているのかを確認しました。

　創造的な仕事は、全てインプットから始まります。インプットがなければ、アウトプットもあり得ません。私と同僚は、ソフトウェアエンジニアリングにおける創造性の役割をよりよく理解するために、多くの開発者に創造性の要件を特定してもらいました[注4]。あまり驚くことではないと思いますが、常に専門知識が要件として真っ先に挙がったのです。これこそが、専門知識がクリエイティブプログラマーの最初の主要なテーマとなっている理由です。

※**注2**　https://snyk.io/blog/jvm-ecosystem-report-2020/

※**注3**　https://insights.stackoverflow.com/survey/の2020から2021の間。

※**注4**　Wouter Groeneveld, Laurens Luyten, Joost Vennekens, and Kris Aerts『Exploring the role of creativity in software engineering』(2021 IEEE/ACM 43rd International Conference on Software Engineering: Software Engineering in Society (ICSE-SEIS))。https://doi.org/10.48550/arXiv.2101.00837

創造性は、**インスピレーション主義者**（自由連想、遊び心、水平思考など）、**状況主義者**（社会的文脈に依存し、コミュニティに組み込まれている）、**構造主義者**（テクニックや方法を研究し分析する）など、さまざまな観点からアプローチできます。「第3章 コミュニケーション」の状況主義的アプローチ、「第4章　制約」「第5章　批判的思考」「第6章　好奇心」で取り上げるインスピレーション主義的アプローチに移る前に、構造主義的アプローチについて見てみましょう。

楽器や既存の演奏スタイル、そして、おそらく多様なボーカルテクニックについてもほとんど知識がないようなミュージシャンから、真の意味で創造的なレコードが制作されることは期待できません。画家は、描画技術の幅広い知識なくしては創造的な作品を生み出せません。現代アート作品が体現していると思われるシンプルさに騙されているかもしれませんが、アートには色や構成をその本質にまで分解するための専門知識と長年の経験が必要になることが通常です。もちろん、原則には例外がつきものですが。

プログラマーにも同じことがいえます。Javaのコードで創造的になるためには、JVMとそのエコシステムに関する広範な知識が必要です。ブレスラフはGeekOUTの講演で、Swiftの潜在的な影響を見落としていたことを認めました。当時、Swiftは非常に新しく、チームの誰もそれについて知りませんでした。また、Groovyの影響がなければ、Kotlinの世界にはwithやitといったキーワードは存在しなかったでしょう[注5]。

しかし、**広範な**知識とは、具体的に何でしょうか？　知識を獲得し、保持し、新しい知識を創造するベストな方法は何でしょうか？　そして、創造性に関していえば、私たちは本当に**専門的な**知識だけについて話しているのでしょうか？　認知心理学の素晴らしい世界へようこそ。

先進的なテック企業の多くは、継続的な学習に真剣に取り組んでいます。ラーニングデーやハッカソン、コツコツ進められる数え切れないほどの書籍や講座のほか、週に1日、理想的にはGmailのような素晴らしいプロジェクトに成長するペットプロジェクト[訳注5]に取り組むことができる、Googleにインスピレーションを受けた「20%ルール」さえも提供しています（Googleは、この創造的な自由時間を徐々に縮小しました。「第8章　創造的なテクニック」で詳しく見ていきます）。**継続学習**であれ**生涯学習**であれ**自己研鑽**であれ、前提条件は同じです。私たちは、学ぶためここにいます。

インタビューに答えてくれた1人は、次のように語って本章の舞台を見事に演出してくれました。

※注5　itとmeキーワードは、実際にはGroovyよりもずっと古くからある。ブレスラフのチームは、GroovyもJVMの上で実行されるため、おそらくGroovyを通じてこれらのキーワードに注目したのだろう。

訳注5　個人や少人数で空いた時間に取り組むプロジェクト。

> 要するに、創造性とは、さまざまなインプットが混ざったものだということです。私は、たいていインプットしたものを積極的に調べます……そして、それらのインプットを構造化したり、あるいは検討するためにフィードバックを求めるとき、頭の中で何かを形づくります。これが、私がよくやることです。

　しかし、そのようなインプットはどこから来るのでしょうか？　一部の開発者は、好きなテックニュースサイト（例：dzone.com、slashdot.org、lobste.rs）やお気に入りのコーディングアイドルのブログと答えるかもしれません。これらはどれももっともである一方で、非常に視野が狭い情報源といえます。まずは全体像を考えるところから始めましょう。

2.2　知識を集める

　好奇心は、必然的に新しい知識の蓄積につながります。それについては「第6章　好奇心」で詳しく学びます。次の話に移る前に、あなたが情報を収集する主な方法について考えてみてください。

演習

あなたが新しい情報を取得する主な情報源は何ですか？　そういった情報源の内容をただサクッと読み流さず、最後に積極的に考えたのはいつでしたか？　最後にメモを取ったのはいつでしたか？　最終的に、そこから得た何かを最後に有効活用したのはいつでしたか？

　これらの情報源から、何かを最後に活用したときを思い出すのに苦労しなかったことを願っています。もし苦労したのであれば、何をインプットするべきかを再考する必要があるかもしれません。よくいわれるように、「ゴミを入れれば、ゴミしか出てこない[訳注6]」だけです。私はそこまではっきりとはいいませんが、Facebookをスクロールしているだけで（大事な情報源である**かもしれません**が）、あなたのチームが抱えているプログラミングの問題を解決する役に立つかといわれれば、あまり役に立たないでしょう。

　このような知識集め問題は、90年代よりも現在のほうがはるかに深刻です。インター

訳注6　原文は「garbage in, garbage out」。コンピューターがどんなに高性能でも、不完全なデータを入力すれば、不完全な答えしか得られないという意味で、おそらく、「First In, First Out（FIFO）」「Last In, First Out（LIFO）」に掛けた表現。

ネットへの唯一の入り口であったNetscape Navigator^{訳注7}でシンプルにブックマークを追加する日々は、過去のものとなりました。私たちは、興味のある情報をどのように追っていくべきでしょうか？

2.2.1 入れるものを多様化する

多様化には2つの意味があります。1つ目は、「全ての卵を1つのかごに入れない」^{訳注8}ことです。Java開発者として、JVM上のスレッドモデルやGoのGoroutine（ゴルーチン）、Rubyで実装された並行アクターについて読んでみてください。ほかの言語で並行処理がどのように機能しているのかを知ることで、現在使用している言語で何がうまくいくのか（いかないのか）をよりよく把握できます。Goroutineの使いやすさが気に入っているけれどもJVMから抜け出せないのなら、いくつかの巧妙なラッパーを考え出すことで、つらい部分を解消できるかもしれません。

開発者として、コンパイラーやプログラミング言語に関する本だけではなく、哲学や心理学についての本も読みましょう。物事の技術的な面に深く入り込むのは当然のことです。それがおそらく、そもそもあなたがプログラマーである理由の1つでしょう。しかし、ほかの領域もおろそかにしてはいけません！　さまざまな技術に関する話題に投資することは普遍的に受け入れられているようですが、非技術的な話題は無視されがちなので、ここは感嘆符（！）で強調する必要があると感じました。クリエイティブプログラマーは、自分が心地よく感じるプログラミング領域内だけではなく、さまざまな領域を**超えた**関係を築くことに長けています。心理学を学ぶことで、テクノロジーのさまざまな道徳的影響をよりよく理解できるようになるでしょう。歴史について学ぶことは、急速に進化するテクノロジーを把握し、評価するための役に立つ優れた方法です。多くの職場では、プログラマーがほんの1つか2つのトピックの専門家であることをますます期待するようになっています。これは非常に狭量な考え方であり、創造的ではありません。「第6章　好奇心」で、スペシャリスト対ジェネラリストの議論に詳しく取り組みます。

2つ目は、さまざまなメディアやリソースから情報を取得することです。1冊でも2冊でも書籍を手に取ってみてください（書籍の中で「もっと本を読みましょう！」と書くのは、メッセージの伝え方としてベストではないことは認めます。いささか当たり前すぎるように聞こえるなら、おそらくそうなのでしょう）。カンファレンスや講義に参加してください。

訳注7　1990年代に登場した初期のWebブラウザで、インターネットの普及に大きく貢献した。一時はデファクトスタンダードといえる存在で市場をリードしたが、Microsoft Internet Explorerとの競争に敗れ、1998年にソースコードを公開し、広く開発者の参加を募る戦略を採った。これが「オープンソース」と名付けられ、現在の活動の端緒となった。WebブラウザはプロジェクトMozillaへと移行し、Mozilla Firefoxへと受け継がれている。

訳注8　原文は「don't put all your eggs in one basket」という英語の慣用句。「たった1つの機会に全てを委ねないこと」の意味。

ニュースレターに登録してください。定期的なブログの読者に、あるいは（願わくば）執筆者になってください。あなたの悩みを他者に話してください。フィードバックを求めてください。読書会に参加してください。その他いろいろ、です。

> ### 領域横断 vs. 領域固有
>
> 創造性は領域横断的なものなのでしょうか、それとも特定の領域固有のものなのでしょうか？　これは、学者たちが敵意を持って答えたがる質問の1つです[※注a]。一方、Rubyで流暢に自分を表現するためには、Rubyを知るためにかなりの時間と努力を投資する必要があります。もしかしたら、有名なカナダのジャーナリストで作家のマルコム・グラッドウェル（Malcolm Gladwell）が著書『Outliers: The Story of Success』[訳注9]で提唱したような魔法の1万時間[訳注10]が必要なのでしょうか？　また、ドレイファスの技能習得モデル[訳注11]でも、完全に何かをマスターするためには10年の意図的な練習が必要である可能性が高いと主張しています。このモデルによれば、1つの領域を変えるためには、まずはその領域に完全に熟達しなければならないそうです。問題は、ここで指している領域が、Rubyプログラミングなのかプログラミング全般なのかということです。
>
> 一方、本書で説明している多くの創造的なテクニックは、領域横断的なものと見なせます。好奇心のある態度、知識の賢い管理、アイデアの培養、これらはどれも、プログラミングの世界から造園の世界に移植できます。さらに、ある領域の特定の知識は、別の領域でも役に立つことがあります。領域間の相互作用こそが真の創造性を高めるのです。ドレイファスのモデルは、これをあえて無視しているようです。結論？　そんなものは重要ではありません。創造性は特定の領域と領域横断的なものの両方に関わっているのです！

2.2.2　入れるものを控える

私の妻は本を読むのが大好きですが、定期的に本を買い漁ってはパニックになっています。彼女は「読みたい本はたくさんあるのに時間がない！」というのです。彼女は正し

※注a　Jonathan A. Plucker and Ronald A. Beghetto『Why creativity is domain general, why it looks domain specific, and why the distinction does not matter』(American Psychological Association, Creativity: From potential to realization, pp153-167, 2004). https://psycnet.apa.org/doi/10.1037/10692-009

訳注9　邦訳『天才！成功する人々の法則』（勝間 和代 訳／講談社／ ISBN978-4-06-215392-8）。

訳注10　「大きな成功を収めるには1万時間もの練習が必要」という説。1日3時間の練習だとすると、1万時間は約10年ということになる。

訳注11　スチュアート・ドレイファス（Stuart Dreyfus）とヒューバート・ドレイファス（Hubert Dreyfus）の兄弟によって提唱された、学習者が指導と練習を通じてどのようにスキルを習得していくのかを表すモデル。「初心者（Novice）」「中級者（Advanced Beginner）」「上級者（Competent）」「熟練者（Proficient）」「達人（Expert）」の5段階を定義している。

い。私のGoodreads^{訳注12}アカウントによれば、調子のよい年には何とか24冊は読めているようです。本書の執筆時点で、私は36歳です。たとえば、私が80歳になって目が悪くなる寸前まで、この傾向を維持できるとしましょう。それでも44年という素晴らしい期間があり、1,056冊の本が私を待ち受けています。平均的な書店は、おそらく毎年その5倍もの本を販売しています。1人の作家として、その貴重な棚の1つを埋めるために書籍をもう1冊出版することは、ほぼ無駄なように感じます。

ダイエッターが食品のカロリーを計算するように、知識のカロリー摂取を制限することが唯一の解決策です。読む価値のある情報なのか、あるいは無視しても安全な情報なのかは、自分自身で決めなければなりません（あるいは、他者に教えてもらうか）。この例えはWebにも当てはまります。おそらく私たちは、情報を取得するために、あまりにもWebに時間を浪費しているのでしょう。広告や繰り返されるニュース、王室のご懐妊の可能性を予測することに時間と視力を浪費するよりも、情報の流れを完全に制御できるRSSリーダーのようなシンプルなものに頼るほうがよいのかもしれません。

RSSリーダーのようなフィードアグリゲーター^{訳注13}は、後で読む用のブックマークシステムと組み合わせられますが、何でもかんでも購読して保存すると情報過多の危機に再び陥ります。時間管理の専門家であるデビッド・アレン（David Allen）が教えるように、これらのシステムをGetting Things Done^{※注6}用の別の受信トレイで扱うとうまくいくかもしれません。ただし、関連性のある情報とそうでない情報を選別するためには、依然として追加の認知的負荷（プログラマー用語でいえば、追加のRAMとCPUメモリ使用量）がかかることを覚えておいてください。

知識がありすぎると創造性が妨げられる？

知識豊富なプログラマーが、必ずしもクリエイティブプログラマーというわけではありません。私たちは、知識があることで盲目になり、創造的なアイデアへの寛容さを潜在的にかなり**減少させている**ことがあります。私たちは、それが不可能だと「ただ知っている」だけで、ばかげた提案をすぐに拒否する傾向にあります。「お任せください、私はこのことについての専門家です。これはうまくいきません」といった具合です。素直にやってみれば、もしかしたらうまくいく可能性だってあるのに。

訳注12　書誌情報や注釈、批評を閲覧できるWebサービス。友達申請をして受理されれば、友達の本棚や感想の閲覧、コメントができるといったSNSの側面も持つ。2013年、Amazon.comに買収された。

訳注13　ブログやポッドキャスト、ニュースサイトなどが配信するフィードを取得・購読するためのアプリケーションソフトウェアの総称。

※注6　David Allen『Getting things done: The art of stress-free productivity』（Penguin, 2001）。邦訳『仕事を成し遂げる技術 ―ストレスなく生産性を発揮する方法』（森平 慶司 訳／はまの出版／ ISBN4-89361-333-2）。

研究者は、これを**知識プライミング**^{訳注14}と呼んでいます。あるブレインストーミングの実験では、事前知識のある参加者はより多くのアイデアを生み出しましたが、事前知識のない対照群と比較すると、アイデアの独創性はに欠けていました^{※注a}。
　「第4章　制約」では、ナイーブさが制約に与える影響について探求します。「第5章　批判的思考」では、私たちが（知らないことも含めて）知っていることを評価するためのツールとして、批判的思考を紹介します。

2.3　知識の内面化

　素晴らしい。新しいワクワクするようなことをたくさん吸収しましたね。さて、次のステップは、その知識を自分自身の文脈に合わせて**内面化**することです。
　高校時代に物理と数学のまとめを丹念に手書きしたことを覚えていますか？　当時は嫌だったかもしれませんが、手で書くことは、知識を内面化するための数ある方法の中でもかなり効果的なものの1つなのです。まず、手書きで情報を書くと長期記憶に保存される可能性が高まります。パム・ミューラー（Pam Mueller）とダニエル・オッペンハイマー（Daniel Oppenheimer）は、「**ペンはキーボードよりも強し**」というキャッチーなスローガンで有名な研究を発表しました。この研究では、ノートパソコンでメモを取るよりも手書きでメモを取るほうが効果的だということを示唆しています^{※注7}。さらに、この研究では、情報を再構築することが重要である可能性も示しています。

　より多くメモを取ることが有益である一方、ノートパソコンでメモを取る人は、情報を処理して自分の言葉で再構築せずに講義を丸写しする傾向があり、それが学習に悪い影響を与えているようである。

　中世の修道士たちは、ペンとインクを使って写本していました。ひょっとすると、手書きすることで、よりしっかりと学べていたのではないでしょうか？　いくつかの研究では、

訳注14　事前に特定の刺激に接することで、特定の知識を活性化させることを「プライミング」と呼び、プライミングによって活性化した知識や概念が後続の情報処理に影響を与えることを「プライミング効果」と呼ぶ。

※注a　Eric F Rietzschel, Bernard A Nijstad, and Wolfgang Stroebe『Relative accessibility of domain knowledge and creativity: The effects of knowledge activation on the quantity and originality of generated ideas』(Journal of Experimental Social Psychology, Vol43, Issue6, pp993-946, 2007)。https://doi.org/10.1016/j.jesp.2006.10.014

※注7　Pam A Mueller and Daniel M Oppenheimer『The pen is mightier than the keyboard: Advantages of longhand over laptop note taking』(Psychological Science, Vol25, Issue6, 2014)。https://doi.org/10.1177/0956797614524581

キーボードでタイピングするよりも手書きによるゆったりとしたペースのほうが集中力を高め、ペンでメモやテキストを写すことが学習を促進する可能性を示しています。また、あらゆる形式の手書きに関わる触覚フィードバックは、脳の複数の領域、特に作業記憶と同じ領域を同時に活性化させます[※注8]。

しかし、知識を内面化する最も重要なポイントは、情報を再構成して、元の文脈から自分の文脈へと移行させることです。もちろん、ノートパソコンで入力しても可能です。ミュラーとオッペンハイマーの被験者は、学生でした。つまり、講義中は、いわれたことを丸写しするほうが手っ取り早いことがよくあるのです。内面化は、（結果的に）後でノートを読み返すときに起きます。

私は、同僚たちがWikiシステムを使っているのを見たことがあります。Webベースで相互リンクされた一連のページ群で、彼らのナレッジベース[訳注15]として機能します。中には、ほかのチームメンバーがアクセスしたり編集したりできるように、インターネットにWikiを公開している人もいました。複雑な正規表現のスニペット、Bashスクリプト、プロダクションログを迅速に調べるためのコマンドラインベースの検索コマンド、以前のプロジェクトで使用されたコードパターンなど、何でもあります。あるとき、同僚と私は、力を合わせてチームで共有するためのWikiナレッジベースを作成しました。

共有ナレッジベースは、ソフトウェアエンジニアリングではごく当たり前のものになってきています。しかし、ナレッジ**ベース**だと考えられるものが減っていくを見て、私は悲しく思うのです。SlackとDiscordは、一時的なコミュニケーションを促進するという点では優れていますが、永続的な共有ナレッジベースを構築することには向いていません。これらのツールは、永続的に情報が検索可能なフォーラムやWikiの代わりにはならないのです！

あなたのチームには、知識を共有する手段がありますよね？　いえ、電子メールでのやり取りだけでは足りません。もしないのなら、本書を読むのをやめてスクラムボード[訳注16]から全ての付箋紙を取り除き、「知識を共有すること」と書いて呼びかけてください！

どちらかというと、技術的なコードスニペットや既存のシステム内で新しいサービスを作成するためのチュートリアルは、おそらくちょっと編集するだけで済むでしょう。そういったものに留まらず、自分の読んだ本やコーディング以外の趣味に関する個人的なメモ、レシピや料理のテクニックなどを追加するWikiの管理者もいます。

※注8　Richard Tindle and Mitchell G Longstaff『Working memory and handwriting and share a common resource: An investigation of shared attention』（Current Psychology, Vol42, pp3945-3956, 2021）。https://psycnet.apa.org/doi/10.1007/s12144-021-01733-4

訳注15　「業務に関する知見」を1か所にまとめたデータベースのことを指す。

訳注16　アジャイルプロジェクト管理の環境で使用されるツールで、各タスクをカードにしてボードに配置する。

Wikiが知識を集めて内面化する唯一の方法というわけでは決してありません。次に示すのは、知識をデジタル化できる可能性があるものの一部です。

- ただメモを積み重ねて記録していくだけの、ある意味でシンプルな「ファットな」ファイル構造 ^{訳注17}
- Microsoft OneNote、DEVONthink、Evernote のような、OCR検索、文書スキャン、クラウド保存などの機能を備えた、手に余るほど存在するメモアプリ
- Obsidian や Zettlr のようなハイパーリンク中心のメモアプリ
- マインドマップツールや描画システム
- Markdown ファイルで動作する静的サイトジェネレーター

ベンダーロックインを避ける

メモを取る習慣をサポートするデジタルツールを選ぶ際には、使用するデータ形式に注意してください。あなたの外部ナレッジベースは、作成時に使われたソフトウェアよりも長生きするのが常なので、人が読める形式にエクスポートできる機能が重要です。

必要に応じて、データベースを変換するためのカスタムスクリプトを作成する準備をしておいてください。これは、Evernote は、単純なテキストベースのファイルではなく独自のXMLのような形式を使用しているため、Evernote から DEVONthink に切り替える際に私がやらなければならなかったことです。

同様に、メモを保存する場所にも気を付けてください。たとえば、Evernote は Google Cloud Platform 上のクラウドベースのソリューションを使用しています。つまり、パソコンとスマートフォンの間で簡単に同期できますが、メモが本当に自分だけのメモではないということです。「サーバーの不整合」のせいで重要なメモを事実上失った元 Evernote ユーザーを私は何名か知っています。やれやれ。

2.3.1　知識管理

リーダーシップの専門家であり講演者でもあるジョン・C・マクスウェル（John C. Maxwell）は、ミリオンセラーとなった彼の著書『Developing the Leader Within You』^{※注9}の中で、「システムが必要だ」と述べていたのは正しかったのです。このシステムは、あなたの中にリーダーを育てるだけでなく、知識を記録し、新しいアイデアを生み出すためものでもあ

訳注17　原文は「Some kind of simple fat-file structure to keep track of notes」で、MS-DOS用のシンプルな「FAT (File Allocation Table)」ファイル構造と、「肥大していく（fat）」だけということを掛けている。

※注9　John C. Maxwell『Developing the leader within you』Harper Collins Leadership, 2019）。邦訳『あなたがリーダーに生まれ変わるとき　リーダーシップの潜在能力を開発する』（宮本 喜一 訳／ダイヤモンド社／ ISBN4-478-36094-4）。原著は、2019 年に第2版が出版されている。

りります。つまり、情報を集めて処理するための一貫したシステムなのです。これは、（個人
による）**知識管理**システムとしても知られています。

　知識管理のアイデアは、知識管理ツールがそうであるように、決して新しいものではあ
りません。キケロ（Cicero）は、自分の思考を整理するだけではなく、他者を楽しませる
ために、政治や哲学に関するあらゆることを友人に宛てた手紙に書きました。レオナル
ド・ダ・ヴィンチ（Leonardo da Vinci）は、複数のメモ帳に思考やアイデアを細かく分類
し、詳細なスケッチを一緒に添えていました。彼は覗き見を防ぐため、いやあるいは左利
きなのでインクのシミを避けるためだけだったのかもしれませんが、鏡文字を使っていま
した。マルクス・アウレリウス（Marcus Aurelius）もメモを取りました。チャールズ・ダー
ウィンもメモを取りました。ミシェル・ド・モンテーニュ（Michel de Montaigne）もメモ
を取りました。アーサー・コナン・ドイル（Arthur Conan Doyle）もメモを取りました。
コンピューターのパイオニアであるアラン・チューリング（Alan Turing）もメモを取りま
した。**ドメイン駆動設計**という用語を作り出したソフトウェアの専門家であるエリック・
エヴァンズ（Eric Evans）も手書きでいっぱいのメモを持っています※注10。何らかのパ
ターンに気付いたでしょうか？

　どういうわけか、過去数千年の間に、日自分の感情を吐露するジャーナルの魅力は
失われてしまったのです。もちろん、タイプライターやコンピューターが発明されるまで、
ペンと紙でメモを取ることが知識を保存する唯一の手段でした。それでも、私の知る限
りでは、紙であれデジタルであれ、ごく少数の人々だけが自分の思考を記録しています。
しかし、創造性の研究者であるミハイ・チクセントミハイが創造的な天才たちにインタ
ビューしたところ、アナログなメモが彼らの創造的な成功のきっかけとなっていることを
全員が示唆したのです※注11。

　1685年、イギリスの哲学者ジョン・ロック（John Locke）は、熟考するために必要な
引用、アイデア、スピーチの一部を含む作品（彼は**ありふれた本**（commonplace books）
と呼んでいます）を作成する方法についてのエッセイを書いています。その発想は、こと
わざ、慣用句、格言、詩、手紙、レシピを集めたスクラップブックを作成し、時々めくって
読み返し、新たな洞察を得られるようにするというものでした。ありふれた本には、ほか
の著者の引用を写した後に個人的なコメントを追加します。そうやって彼は知識を内面化
していきました。16世紀と17世紀には、ありふれた本が知識を記録するための最も人気

※**注10**　エヴァンズは、2017年の『ドメイン駆動設計カンファレンス』で、人々にメモの中身をのぞく機会を与えている。
https://youtu.be/Zm95cYAtAa8を参照。

※**注11**　Mihaly Csikszentmihalyi『Creativity: Flow and the psychology of discovery and invention』
（HarperPerennial, reprint edition, 2013）。邦訳『クリエイティヴィティ　フロー体験と創造性の心理学』（須藤 祐二、
石村 郁夫 訳／世界思想社／ ISBN978-4-7907-1690-7）。

な方法になったのです（図2.2）。

　ロックのアイデアは、決して斬新なものではありません。アリストテレス（Aristotle）の「リュケイオン」（Lyceum）^{訳注18}における修辞学の授業では、**ありふれた**（commonplace）という言葉は、有名な歴史家、詩人、哲学者、政治家の賢明な言葉を指すために使われていました。後にセネカは、ありふれた名言から学び「自分のものにする」ために、それらを集めていたことをほのめかしています。

❖ **図2.2**　イギリスの船乗り兼起業家であるヘンリー・ティフィン（Henry Tiffin、1760年）のありふれた本。これらのページは、航海の方法について考えるために使われた。私と同様に古今東西のメモを覗き見することが好きなら、DKから出版された『Great Diaries: The World's Most Remarkable Diaries, Journals, Notebooks, and Letters』は、あなたの本棚に加えるのにぴったりだろう。写真提供：フィリップス図書館、ピーボディ・エセックス博物館

　現在、手書きで記録をつけること、あるいはペンを使うことでさえも、特に私たちテクノロジー好きの間では過剰に古くさいものと見なされています。アナログな記録であれデジタルなWikiであれ、**あなたにはシステムが必要**です。私は、デジタルなキーパッドよりもアナログで書き込むほうを好みます。手書きだと、簡単に絵を追加できたり、さまざまなペンや色を使えたり、新聞の切り抜きや写真を挿入できたり、矢印を書けたり、ひっくり返して書くこともできたり、ブルーベリーを潰したり、お茶の葉を乾燥させたり（ものすごく効果的です！）といったことができます。

　私のアイデアのほとんどは、たいていはコンピューター画面の前ではなく、思いがけない瞬間に浮かびます。Androidのキーボードを使うのは得意ではないですし、バッテリー

訳注18　古代ギリシアのアテネでアリストテレスが作った学校。

が切れる可能性もあります。最も簡単な解決策は、車の中やベッドのサイドテーブルの上にメモ帳（図2.3）または付箋紙の束を置いておくことです。

　デジタルメモの最大の欠点は、まさにデジタルであるということです。ASCIIから離れられず、適切なエクスポート機能を持たないひどい描画ソフトを使う必要があるかもしれません。とはいえiPadをうまく使っている人を見たこともあります。ぜひ自分に合った方法でやってください。でも、「**システムが必要である**」ことを忘れずに、そして、そのシステム自体のセットアップにこだわりすぎないように注意してください。『Pragmatic Programmer』のKISS（Keep It Simple, Stupid）の法則を使いましょう。これが解決策です！

演習

次回、オフィスに入る際に周りをよく見てください。どの机に手書きのメモがありますか？（落書きはカウントしません、悪しからず）。次回会議に参加する際、誰がノートを取り出しますか？　その人たちは、議論の内容を丸写ししているのか、議論の内容を内面化しているのかをチェックしてみてください。そのノートは業務時間中に使うものなのかを推測できますか？　この質問がよい会話のきっかけになることもあります！

⚫図2.3　私のノートの一部からの素晴らしく散らかった抜粋。読書やポッドキャストの中で拾った引用（左）と、ズンク・アーレンス（Sönke Ahrens）の『How To Take Smart Notes』を私なりに統合したものが、私が取り組んでいるほかのページや概念へのリンクと絡み合っている。

日記 vs. ジャーナル vs. メモ帳

　日記とジャーナルとメモ帳の違いは何でしょう？　そして、「親愛なる日記へ」^{訳注19}、今日は『クリエイティブプログラマー』を読んだけど、つまらなかったよ」と書くべき場所はどこでしょうか？

　古代の知識人たちはそれらを区別しなかったのに、なぜ私たちは分ける必要があるのでしょうか？　私は（恐ろしい家族の夕食などの個人的な話も含む）頭に思い浮かんだものを何でも書き込むためのメモ帳を常に1つ持ち歩いています。今のところ、非常に有用です。厳密に関心事を分離すると、領域をまたがる新しいつながりは構築できません。

　ここで重要なのは、プログラミングの考えはプログラミング用のメモ帳に書き、料理の実験は料理本用のブックレットに書くべきだという考えを手放すことです。単なる日々の行動記録を付けた日記から多くのアイデアが生まれることはないかもしれません。逆もそうです。ただコンパイル中の字句解析の仕組みをまとめるだけのメモ帳は、自然言語の構文解釈に影響を与えることはありません。

2.4　知識に基づく行動

　情報をあなたの文脈へと落とし込むために、新しい情報を消費する方法を決めてメモ帳を買ったり、あるいはデジタルにメモを取るシステムを試したりしたら、あなたは第三の、そして最も重要なパートへの準備が整いました。それは、これまで積み上げてきた知識の山を使って、実際に何かをしてみることです。情報を集めて自分用に解釈する唯一の目的は、斬新で実用可能なアイデアを生み出すことにあります。斬新さは知識の思いがけない組み合わせから生まれ、行動することでそれをコードの一部や出版物などの形ある成果物へと変換します。熱心にメモを取る人々は、**コレクターの誤謬**と呼ばれるものに陥ってはなりません。これは、二度と見返すことのない、一見おもしろそうな大量の情報の断片を溜め込んでしまうことを指します。特に私たちプログラマーの仕事では、専門知識はかなりの速さで使い物にならなくなってしまいます。だとしたら、できるうちにそれを有効活用したほうがよいでしょう！

　クリエイティブプログラマーは、これまでの知識と経験を新しい方法で組み合わせて、現在直面している問題を解決します。そうするためには、うまくいったことといかなかったことを記録する手段が必要です。「覚えているから大丈夫だ」と思わないでください。そんなことは決してありません。過去1年間に読んだほとんどの本の内容を覚えています

訳注19　日記の書き出しの決まり文句。

か？　あのフレーズが、なぜ当時のあなたには魅力的に映ったのかを覚えていますか？ メモを取らない限り、その背景にある情報を完全に忘れている可能性は高いのですが、それだけが問題なのではありません。私は、何をどこにメモしたのかを忘れてしまうことがあります。それはつまり、システムが正しく機能していないことを示しているのです！ 私の解決策は、メモをデジタル化して検索可能にすることでした。

　知識の定着に関する無数の研究は、全て同じ結論で終わります（まぁ冗談ですが）。忘れたくなければ、メモを取りましょう。関連がないと思われる断片のつながりを発見することこそが、情報集めと内面化のオーバーヘッド[訳注20]に価値がある真の理由です。エドワード・O・ウィルソン（Edward O. Wilson）は、社会生物学という概念を発明しました。彼は自分の創造的プロセスについてインタビューで尋ねられた際、「このアイデアは、社会科学と生物学の広範なメモを組み合わせて生まれた」とシンプルに答えています。

　ニクラス・ルーマンもまた、彼の生産性の源泉をメモとの対話によるものだとしています。本書もまた、膨大なメモを取り、それに基づいた行動がなければ、漠然とした、そして結局は儚いアイデアに過ぎなかったでしょう。

　プログラミングとは関係ないのではと疑問に思われているかもしれません。誰もが新たな科学的領域を開拓したいわけではなく、数百の論文を発表したいと考えているわけでもありません。しかし、開発者へのインタビューや私自身の経験からすると、テキストを公開することとコードを公開することの間にほとんど違いはありません。どちらも、知識と流暢さ、そしてよいアイデアが必要です。どちらも、思考、熟考、反芻が必要です。また、どちらも他者に読まれるものでしょう。

2.4.1　メモからメメックス、そしてジェネックスへ

　知識の保存は、古来より、写本や原稿、通俗的な書物によって行われてきました。ヴァネヴァー・ブッシュ（Vannevar Bush）の「記憶拡張機（memory expander、後述のmemex）」という思考実験は、写本の概念をさらに一歩先に進めました。1945年、彼は「As We May Think」という記事で、彼が未来をどう予見しているのかを説明しています[※注12]。

> メメックスは個人が自分の本、記録、通信すべてを保存する装置で、機械化されていて驚くほどの速度と柔軟性で参照できる。それは彼の記憶の拡大した密接な補助物なのだ。

訳注20　本来の目的以外に必要な処理のためにかかる負荷。

※注12　Vannevar Bush et al『As we may think』（The Atlantic Monthly, 1945）。邦訳『考えてみるに』（山形 浩生 訳）。http://cruel.org/other/aswemaythink/aswemaythink.pdf

この記憶拡張パック（これはDDRなのでしょうか。そうでないなら、私の頭の古いマザーボードをアップグレードする必要があります）は、知識を保存するだけではなく、関連するアイデアを半自動的にまとめて洞察力を高め、アイデアの創出を促進するためにも使われ、ひいては創造性も促進します。データは、ブッシュの実験に大きく影響を受けたWeb上のハイパーリンクと同様に、関連リンクの形式で保存されているのかもしれません。

この「As We May Think」はまだ実現されていませんが、私たちはかなり近づいています。個人同士がお互いにつながった思考のデータベースは、2000年代初頭にブログという形で現れ、メメックスマシンがやろうしていたことを完璧に模倣しました。自己改善の専門家であるジョン・ノートン（John Naughton）は、自身のブログを『Memex 1.1』※注13と名付け、ブロガーで作家のコリイ・ドクトロウ（Cory Doctorow）は、自身のブログを『Outboard brain』※注14と名付けました。これらのWeb上のブログに掲載された記事は、内部および外部のブログ記事へのリンクで埋め尽くされています。

しかし、ブログ内にハイパーリンクを設定することは、まだ執筆者の仕事です。テクノロジーは、これらのリンクを発見する役に立つことがあります。Obsidian※訳注21やZettlr※訳注22などのデジタルツールを使用すると、個人のメメックスを簡単に作成できるのです。Obsidianの**vault**と呼ばれるメモのリポジトリには、特別な[[link]]構文を使用してほかのファイルにリンクできるMarkdownファイルが含まれています。また、Obsidianは、コンテンツをスキャンして、たとえリンクされていなくても別の場所でリンクされることが確実であろう単語を、関連性があるメモとして検出します。このようなリンクは、おそらくあなたが思い付かなかったものなので、最も興味深いものでしょう。

Obsidianのもう1つの斬新な機能は、バックリンクの使用です。バックリンクとは、メモを読み込んでリンク先を確認する代わりに、現在のメモにリンクしているほかのメモの情報を集めるというものです。たとえば、図2.4に示されているように、「creativity」という名前のメモを参照します。「リンクされたリファレンス」ペインには、「拡散思考」と「ビッグファイブ性格特性」という創造性について書かれているメモが示されています。このように、バックリンクを調べることで、新たな気付きにつながる可能性があります。

※注13　https://memex.naughtons.org/

※注14　https://pluralistic.net/

訳注21　「第2の脳」を目指したメモアプリ。Markdownで整形されたテキストを作成し、リンクを使ってノート間の関係を視覚化する。プラグインで機能を拡張し、バージョン履歴で編集を追跡できる。個人利用は無料で、モバイル版もある。https://obsidian.md/

訳注22　個人の知識管理と思考プロセスを支援するために、人間の脳がネットワーク形式で機能することを模して考案されたツェッテルカステンシステムに基づき、研究者などに向けてオープンソースで開発されているMarkdownエディター。LaTeXやZoteroとの統合、強力な検索機能、ノート間リンク、柔軟なエクスポートオプションを備えている。https://www.zettlr.com/

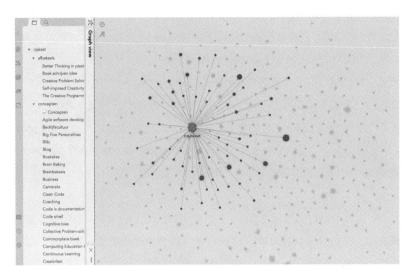

❷**図2.4**　Obsidianのグラフビュー。大きな星座図のように見える。このビューにより、関連するテーマやメモが発見しやすくなるが、大きなvaultでは非常にごちゃごちゃした表示になってしまう。ハイライトされているメモ「創造性」(Creativiteit) は、そのトピックに関連する私のほかのメモにリンクしている。

　ベン・シュナイダーマン (Ben Shneiderman) は、**ジェネックス** (genex、generators of excellence（卓越性の生成装置）の略) という言葉を導入することで、メメックスの概念をさらに進化させました[注15]。

> ジェネックスは、ユーザーが芸術、科学、工学などの領域でイノベーションを生み出すサポートをするための直接操作する統合されたツール群である。これは、高度に社会的な枠組みの中で、ユーザーが希望を抱き、計画を立て、夢を実現する役に立つ。また、同僚やメンターとの対話を促し、その後、潜在的に利益を受け取る人に普及するだろう。

　シュナイダーマンは、メメックスをデジタルにお互いがつながっている図書館を超えたものとして捉えており、創造性を支えるツールになるべきだと考えました。ジェネックスは、メメックス2.0なのです。

[注15] 『Codex, memex, genex: The pursuit of transformational technologies』(International Journal of Human-Computer Interaction, 1998)。2010年、オンライン上に公開。https://www.tandfonline.com/doi/abs/10.1207/s15327590ijhc1002_1

　メモを取ることと、実際に活用して行動することは別物です。理想は、関連する全ての
メモを再度読み直すための振り返り時間をワークフローに組み込むことです。単にメモを
システムに保存するだけで、それを読み返して再編集しない限り、役に立ちません。メモ
をただのTODO項目管理に使用している場合であったとしても、定期的に確認しなけれ
ば、多くの項目にチェックが入ることはないでしょう。

　デビッド・アレンによる有名な**Getting Things Done**（GTD）システムは、「メモを取
ること」と「それを活用して行動すること」を分けることで、うまく機能しています。彼は、
考えること（メモを取る）と**行動すること（チェックボックスにチェックを付けること）**の
2つの役割について書いています[※注16]。プログラマーは、**リファクタリング**の帽子から
機能追加の帽子に被り替えることに慣れているため、そのシステムにもすぐに慣れるで
しょう。

　私は、仏教の格言に触発された「水のような心」というアレンの姿勢が特に好きです。
作業中は、ほかに片付けなければならない雑務に頭を悩ませるべきではありません。
そうではなく、メモを取って忘れてしまいましょう。もちろん、メモを読み返さないと、
雑務が山積みになってしまいますが。

　ニクラス・ルーマンが、どのようにしてさまざまなトピックに関する多くの本を出版できた
のかを調べてみましょう。彼によると、成功の最大の指標は、**ツェッテルカステン**（英語で
スリップボックス）と呼ぶ特殊なメモシステムだそうです。**ツェッテル**とは、ルーマンが大き
な引き出し（**カステン**（Kasten））に保管した情報カードまたはメモのことです（図2.5）。

◎図2.5　ニクラス・ルーマンのメモ取りシステムの一部。手書きの情報カードで一杯の大きなファイリ
ングキャビネット。写真提供：ビーレフェルト大学

※注16　David Allen『Getting things done: The art of stress-free productivity』（Penguin, 2015）。邦訳『仕事を
成し遂げる技術 —ストレスなく生産性を発揮する方法』（森平 慶司 訳／はまの出版／ ISBN4-89361-333-2）。

　ルーマンは、関連するメモを迅速に見つけるために、メモ同士をつなげるシンプルで効果的な方法を考案しました。カードの左上に数字、必要であればそれに続けて文字を追加することで、前のカードとの直線的なつながりと分岐する可能性の両方をサポートしたのです（図2.6）。たとえば、**32**番のメモは、たとえ内容が関連していなくても**33**番に続きます。それと同時に**32a**番を作ることで、追加情報を**32**番に加えます。**45/7a/21b**のような奇妙なIDも珍しくありませんでした。

　大きなテーマを指し示すキーワードが書かれた情報カードのセットは、ルーマンのキャビネットのナビゲーションをさらに最適化しました。ある特定のメモを引き出すと、関連するメモを辿るだけで特定のアイデアを再作成できたのです。

　ObsidianやZettlrなどのデジタルなメモ取りシステムは、ルーマンの**ツェッテルカステンメソッド**に大きく影響を受けています。重たいファイルキャビネットを収容するための大きなオフィススペースは、もはや必要ありません。メモに番号付きのIDを持たせる必要もありません。参照するためのユニークなファイル名だけで十分なのです。あいまい検索可能な強力なサーチエンジンが、既存のメモを探すためのあなたの中途半端な試みを補完し、残りの仕事をしてくれます。

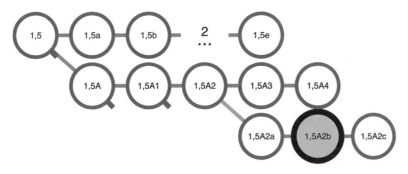

◈図2.6　ルーマンメソッドのつながり機能の例。https://niklas-luhmann-archiv.de/bestand/zettelkasten/zettel/ZK_1_NB_1-5A2b_Vで確認できる。

　ルーマンの**ツェッテル**は、さまざまな点で画期的でした。各カードには、たった1つのアイデアや思考だけが含まれています。これは、ソフトウェアの設計原則である関心の分離のようなものだと考えてください。新しい情報を消費する際、**クリエイティブプログラマー**というメモを作成して、そこにあなたの目を惹く全ての要素を詰め込みたくなるかもしれません。確かに、これらのメモは関連があるかもしれませんが、システムの効果を最大限引き出すためには、それぞれを別個の要素として扱うべきなのです。

　もう1つの興味深い事実は、図2.7で見られるようなメモの書き方です。それらは完全な文章で書かれています。ルーマンは自分自身の言葉で**ツェッテル**を書き、それを彼自身

の文脈に翻訳していました。彼は、一般的な作家がするような、文章の丸写しをすることは決してありません。裏側にまで何かが書かれているメモもあります。大量の紙を消費するため、彼は常にメモが書ける何かを探していました。一部のメモは、彼の子供たちの絵の裏に書かれています。

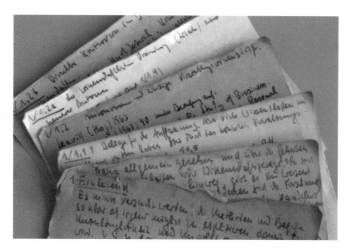

⚛ **図2.7**　ニクラス・ルーマンのメモ取りシステムから抜粋した数枚の番号付きのツェッテル。もしドイツ語に挑戦したければ、全てのメモはニクラス・ルーマン・アーカイブ・プロジェクトの一部としてデジタル化され、https://niklas-luhmann-archiv.de/bestand/zettelkasten/suche/ で閲覧できる。写真提供：ビーレフェルト大学

　もちろん、**ツェッテルカステン**システムを構築して日々のメモを追加するのには、相当な時間を費やす必要があります。ルーマンが「**ツェッテルカステン**メソッドは本を書くよりも時間がかかる」と述べたことは有名な話です。しかし、メモが増え、つながりが作られていけばいくほど、そこから価値のあるものを抽出して公開することは簡単になります。**ツェッテルカステン**は、ルーマンにとっての**ジェネックス**、つまり彼の個人的な卓越性の生成装置だったのです。

　作家で教育研究者のズンク・アーレンス（Sönke Ahrens）は、ルーマンのシステムがどのように機能し、なぜ強力なツールになり得たのかを詳細に説明し、まさに「賢いメモの取り方」と呼んでいます。彼の著書『How to Take Smart Notes』[注17]では、書くことによる学習方法について詳しく解説しています。

※**注17**　Sönke Ahrens『How to take smart notes: One simple technique to boost writing, learning andthinking-for students, academics and nonfiction book writers』（Sönke Ahrens, 2017）。邦訳『TAKE NOTES! ―メモで、あなただけのアウトプットが自然にできるようになる』（二木 夢子 訳／日経BP ／ ISBN978-4-296-00041-8）

> 私たちは何かを学ぶとき、それをこれまでの知識とつなげて広い意味を理解しよう
> とするだけではありません（精緻化）。さまざまな時間（スペーシング）にそれを取り
> 出そうとすることや、異なる文脈（バリエーション）でそれを試みるときにも学ぶの
> です。理想的には偶然な助け（文脈的干渉）とよく考えた努力（習得）とともに……。
> 変動、間隔、文脈的干渉のような操作やプレゼンテーションではなく学習イベントと
> してテスト（試験）を使うことなどは、すべて学習過程では妨げになるように見えま
> すが、トレーニング後の定着度テストや移行度テストで測定されるように、学習が促
> 進されることが多いという性質が共にあります。

　以降の章の途中において、これらの学習テーマ（**精緻化**、**スペーシング**、**バリエー
ション**など）について再考し、展開していきます。同様のシステムを作りたい場合は、
アーレンスの本をチェックするか、https://zettelkasten.de/ を訪れて、始め方を把握して
ください。

2.4.3　メモのメンテナンスに関する注意点

　メモを取る人の中には、自分たちのシステムに愛情を込めて**デジタルガーデン**と呼ぶ人
もいます。エクストリームプログラミングのアーリーアダプター[訳注23]であり、テスト駆動開発
を推奨する**スティーブ・フリーマン**（Steve Freeman）と**ナット・プライス**（Nat Pryce）
がプログラミングを**成長する**ソフトウェアと呼ぶように、そのような人々はメモを取ること
を**成長するアイデア**と呼びます[※注18]。

　ガーデニングと似ている部分は、それだけではありません。ソフトウェアを成長させる
際には、時折、庭の手入れをしなければなりません。剪定ハサミに手を伸ばす代わりに、
機能を変更せずにコードを再構築し始めます。つまり、リファクタリングです。メモを取る
場合にも同じルールを適用します。新しいメモを追加して紐付けることで再利用するメモ
もあれば、すでに枯れてしまっていると思われるので安全に刈り取れるメモもあります。

訳注23　新しい商品やサービスなどを早期に採用する人や企業。

※注18　Steve Freeman and Nat Pryce『Growing object-oriented software, guided by tests』（Pearson
Education, 2009）。邦訳『実践テスト駆動開発　テストに導かれてオブジェクト指向ソフトウェアを育てる』（和智 右
桂、髙木 正弘 訳／翔泳社／ ISBN978-4-7981-2458-2）。

メモを捨てたり1から作り直したりすることを恐がらないでください。全ては、ある特定の文脈の中に置かれていることを忘れてはなりません。そして、文脈とは、専門知識とあなたが今いる環境、つまり時間の経過とともに変わる可能性が高い2つの要素に応じて変化します。小説家のウィリアム・フォークナー（William Faulkner）は、彼が最初にいったわけではありませんが、もっとズバリと「愛したものを殺せ」^{訳注24}といいました。コードであれメモであれ、書くということは削除するということなのです。

枯れた枝を剪定することと、全てのメモを完全に根絶することは別物です。私は、作業が完了するか全てをデジタル化すると、すぐに紙のメモを破り捨てるのが大好きなアナログ派の人々を知っています。メモを処理直後に破棄すれば物理的なスペースの節約になることはわかっているのですが、私はそうする気にはなれません。私のノートは、単なるメモ以上のものなのです。特定の人生のステージと期間に埋め込まれています。物理的にメモをめくると、過去のアイデアを思い出せるだけでなく、喜びをももたらしてくれるのです。認めましょう。私はノスタルジーに弱い、と。

デジタルガーデニング（さらにいえばメモを取ること）はスキルなので、ドレイファスモデルの対象になります（図2.8参照）。最初のうちは、メモの構造とリファクタリング方法に関する明確なルールが必要になるでしょう。そして、初心者からエキスパートへとスキルレベルが徐々に上がるにつれて、ルールよりもそのときの状況や重要な直感に頼る回数が増えていきます。

次のように考えてみてください。私の妻は料理が嫌いで、私が家でシェフをしているので、料理を学ぼうとすらしません。彼女がスパゲッティを作るときは、パッケージに印刷されている調理方法に厳密に従います。たとえば、12分間調理するということは、タイマーをセットして、きっちり12分間調理することを意味します。ただし、書かれている調理法どおりにいくとは限らないのです。スパゲッティが茹ですぎになっているときもあれば、まだ下茹で状態のときもあります。しかし、料理を続けていくうちに、いつスパゲッティを湯から取り出すべきかの感覚が身についてくるのです。そうなったら、もはやタイマーをセットする必要はなくなっています。

訳注24 原文は「Kill your darlings」というフレーズで、ウィリアム・フォークナーを含む多くの作家が述べている有名な執筆アドバイス。「murder your darlings」として、サー・アーサー・クイラー＝クーチ（Sir Arthur Quiller-Couch）が、ケンブリッジ大学での講義で使ったのが最初といわれている。このフレーズは、物語に役立たない場合は、たとえ最も愛着のある部分であっても削除することを恐れてはならないという意味で広く解釈されている。

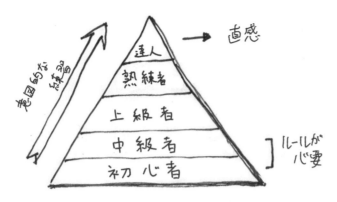

図2.8 スキル習得のドレイファスモデル：ガイドラインとして厳密なルールに頼る必要のある完全な初心者から、そういったルールへの依存を超越する達人まで

> **公共の庭 vs. 私有の庭**
>
> 　公共の庭は、細心の注意を払って維持されています。人々は通路を妨げるイラクサが好きではありません。きちんと整った垣根に見事に覆われた、美しいバラの花壇が好きなのです。一方、私有の庭は、あなた専用の景色で、常に進化し続ける作業中の作品である可能性がさらに高まります。デジタルガーデンでも同じことがいえます。あなたの思考は、まさにそう、あなた専用の思考なのです。
>
> 　それでも、メモを取る人の中には、メモを公開し続けることを好む人もいます。その場合、訪問者がメモの前提を理解できるように、メモを特定の方法で書き、さらに文脈を提供しなければなりません。読者を意識してメモを書くことは、捉えどころのない思考を一連の具体的なアイデアに変える役に立ちます。あなたのチームが開発情報を保管するWikiを管理しているのなら、チームメンバーがWiki上の情報を簡単に理解できるようにしなければなりません。ここでの誤解は、別のソフトウェアバグに容易につながる可能性があるからです。

2.4.4　中断から行動へ

　メモはシンプルかつ強力な行動開始の合図となることがあります。その際、メモ同士が関連し合っていたり、ある文脈の中に落とし込まれていたりしていなければならないということはありません。そのようなメモは、作業の短い中断後に、あなたを正しい軌道に戻すためだけに機能します。2010年、行動計算科学者のクリス・パーニン（Chris Parnin）とロバート・デリーン（Robert DeLine）は、開発者が中断されたタスクを再開するために行う戦略について調査しました。彼らは、大多数のインタビュー対象者が、さまざまな種類の

メディアを駆使して、メモを取ること自体に大きく依存しているのを発見したのです※注19。

　この種のメモは**永続的**なものではありません。作業再開後は役に立たない、使い捨ての走り書きです。このようなTODOメモは、おそらく本書を読んでいるほとんどのログラマー（あるいはもっと一般的に、頻繁にタスクが中断されて妨げられる知識労働者）には、お馴染みのものでしょう。中断とそこからの復帰については「第7章　創造的な心の状態」で説明します。走り書きは一時的な効果しかありません。先述の研究の参加者は次のように述べています。

> 　私は無造作に紙切れにメモを取ります。たまにそれを参照することもありますが、たいていはオフィスの片隅に放置し、次のオフィスの引っ越しのときの捨てる直前を除いて見返すことはありません……メモを捨てないときはいつも家に置いてきてしまい、翌日のオフィスにはもうないのです。

　ルーマンの**ツェッテルカステン**は、彼の学習に役立つメモで溢れていますが、中断から作業に復帰したり本題から逸れないようにしたりするために有用なものではありませんでした。メモを取ることから何かを得るためには、先ほど引用した研究の参加者が述べているような**一時的な**紙切れのメモから、ルーマンのメモような学習を助ける**永続的**なメモへと進化させる必要があります。

　どちらにも利点があり、最後はどちらも行動につながります。ただし、その違いを過小評価しないように注意してください。

演習

メモを書き留めた後、どうしていますか？　全てのTODO項目を定期的に見直し、チェックを入れていますか？　より永続的なメモについてはどうでしょうか？　以前作成したメモとつなげて、独自の洞察を生み出す方法を見つけられますか？

2.5　ワークフローの例

　個人の知識管理の専門家であるハロルド・ジャーキ（Harold Jarche）は、自身のワークフローを「**探索 ＞ 感知 ＞ 共有**」※注20としてまとめました。これは、継続的な知識の

※注19　Chris Parnin and Robert DeLine『Evaluating cues for resuming interrupted programming tasks』（In Proceedings of the SIGCHI conference on human factors in computing systems, pp93-102, 2010）。https://doi.org/10.1145/1753326.1753342

※注20　Harold Jarche『The seek-sense-share framework』（2014）。http://jarche.com/pkm/

共有によって知識を表現することに重点を置いた、個人で知識を管理するための枠組みの3つの重要な要素です。簡単にいうと、次のような枠組みです。

- **探索する**

  同僚間のネットワークを構築することで、情報を見つけて最新情報を保つこと。これにより、旧来の情報源から情報を引き出すだけでなく、信頼できる情報源から情報を受け取れる（例：RSSを介して）。ジャーキは、あなたのために情報をフィルタリングしてくれる優れたキュレーターを知識ネットワークの大切な一員であると評した。

- **感知する**

  どのように情報を個人化し、内面化するか。これには、見直しや物事の整理、以前得た知識とつなげることなどが含まれ、実験を伴うこともある。

- **共有する**

  リソース、アイデア、経験を他者と交換すること。不意に、あなたは誰かの**感知する**インプットのためのキュレーターになる！

知識を共有することに対してジャーキが重点を置いたことは、他者だけではなく、私たち自身にも利益をもたらします。それは、ルーマンが自身の言葉で書いたメモのように、私たちが物事をどう理解するのかについて改めて考えさせてくれます。物理学者のリチャード・ファインマン（Richard Feynman）は「学習するベストな方法は教える（そして知識を共有する）ことだ」と述べました。

本当に驚かされたのは、ジャーキの詳細なメモを漁っている最中に見つけた次のような抜粋です。

現在、コンテンツキャプチャと作成ツールによって、人々は自身のストーリーを語り、それらを組み合わせてネットワークで共有できる。これは、作業の共有と呼ばれるものであり、コーダーやプログラマーが、協力して学ぶ際に何十年も行ってきていることだ。フォーラムやWikiとして始まったものは、より堅牢なネットワークとコミュニティへと瞬く間に進化した。自分の作業プロセスや解決策を公開するプログラマーは、同じような仕事をするほかのプログラマーのためのリソースを構築しているのだ。これにより、プログラミングを取り巻く環境全体がより洗練される。組織でも同じことが可能だ。

知識の共有について、少し考えてみましょう。私たち技術オタクは、知識の共有に関しては先駆者だと認識されています！　ただし、その栄光にずっとすがっていてはいけません。私が知るほとんどのコーダーは公開されている知識を消費していますが、積極的に提供しているのは、そのうちのほんの一部でしかありません。私たちは皆、**潜伏者**なのです。さぁ、レベルアップして提供者になる時間です。ただし、荒らしにエサを与えてはいけないことは忘れないようにしましょう。

図2.9に簡略版の私自身のワークフローの要点を示していますが、それがあなたの役に立つかどうかはわかりません。これは、知識を集め、内面化し、行動するための数百の可能性の1つです。パーツを交換したりゼロから作り直したりして、自分自身のものにしてください。

あなたのプログラミング脳がすでに教えてくれているかもしれませんが、これは段階的なプロセスなのです！　私は、自分に合った安定したワークフローが確立されるまで、うまくいかないものは定期的に捨てていきました。

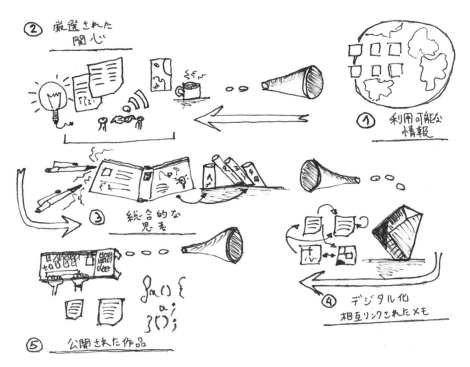

⛰ **図2.9**　利用可能な情報から公開された作品まで、各ステップごとにフィルターを介した情報処理ワークフローの簡略バージョン。

● 1. 利用可能な情報

利用可能な情報は、あらゆる物と人の集合体であり、システムを使わなければ手に負えないほどの知識の山です。

● 2. 厳選された関心

厳選された関心は、私の関心を惹くものの中から選び抜かれたものであり、RSS、メール、Wikipediaの閲覧、会話、博物館や図書館への訪問、雑誌などを通じてもたらされます。研究のために特定の情報を求めて引き出すものもあれば、信頼して購読している同僚からの情報もあります。これは、ジャーキの**探求**のようなものです。

● 3. 総合的な思考

総合的な思考は、ペンとインクを使い、ノートの中で文脈に落とし込んでまとめた厳選された関心のことです。つまり、ジャーキの**感知**です。実際、このステップはフィルターとしても機能します。取り込んだ知識や情報の全てが、自分の取り組んでいることに対して有益であるわけではないのです。

ここでは、緩く手を動かすことを心がけましょう。ラフにメモを取り、図やシンボル、矢印を描きましょう。一部は取り消し線で削除しても構いません。このように、空間的な手掛かりや関係性を強調することで洞察力を高めます。マインドマップやメモ作成ツールを使えば、整理されてハイパーリンクされているかもしれませんが、この段階では、まだ学習を促進するために有用なところはほとんどありません。アンディ・ハントは、この手法の詳細を彼の著書『Pragmatic Thinking and Learning』で説明しています。

● 4. デジタル化、相互リンクされたメモ

約1か月ごとに、私はメモをスキャンしてタグ付けすることでデジタル化しています。そして、それらはObsidian内にリンクが貼られたメモとして残ります。これは面倒に聞こえます（し、実際に面倒です）が、過去数年分のノートを快適に相互参照するためには必要悪だと思っています。また、これまで書き留めたものをはるかに簡単に素早く見つけられます（もちろん、タグ付けが間違っていなければ）。残念ながら、OCR技術はまだ非常に信頼性が低いのです。

Genius Scanのようなモバイルアプリを使えば簡単にできるので、私は全てをスキャンしています。しかし、全てのページをタグ付けしているわけではありません。日記のような

物語は、相互リンクする必要はないからです。デジタル専用システムの中には、3、4段階目を1つにまとめているものもあります。しかし、私はこうしないように強くお勧めします。なぜなら、ペンで思考を形作ることで得られる学習効果が失われてしまうからです。また、異なるフィルター間の境界をあいまいにし、何を保持する（破棄する）べきかの判断も難しくします。要するに、関心の分離を侵害してしまうのです。

● 5. 公開された作品

最後に、リンクされている全てのメモをデジタルリポジトリから取得し、特定の順序で並べ替えて要約を開始するだけです。執筆と思考に関するほとんどの作業は、この段階までにはもう完了しているはずです。ルーマンが述べたように、こうしておくと、公開するのはとても些細な作業になります。ただし、生産性に対する誤った認識に注意してください。多くの作業はこれ以前の段階で完了していますが、まだ作業が必要です。ほとんどのメモは公開されることはありませんが、それは構いません。また、浮かび上がってくるまでに複数年かかるメモもありますが、それも構いません。創造的な作家、写真家、そして熱心な日記作成者のスザンナ・コンウェイ（Susannah Conway）は、これを**堆肥化**と呼んでいます[注21]。私は、ソフトウェア開発のマネージャーがこれを**根回し**と呼んでいるのを聞いたことがあります。この言葉は、情報を集めて共有することで、将来の重要な変更を行う際の基盤を構築するための土台を築く、トヨタのリーン生産方式を参照しています。熟成されたワインやチーズのように、よいアイデアは熟成させる必要があるのです。

私自身がプロのパン職人なので、アイデアが製品化されるまでのプロセスを説明する際に、**発酵**のプロセスのたとえ話を使用するのがお気に入りです。そこそこのパンであれば、ゼロから作り始めて4時間後にオーブンから取り出せます。素晴らしいパンは36時間の事前準備が必要です。とはいっても、ほとんどの時間は生地をほったらかしにするだけで十分なのですが、これで風味が増します。

時には、図2.10の瓶のようにサワードウスターターが過剰に反応して発酵が早まり、パン職人を驚かせることがあります。ゆっくり考え抜く時間を取らずに早急にアイデアをまとめると、パンと同じく味気ないものになってしまうのです。

時には、（あまりにも）発酵しすぎると酸味がパンを台無しにしてしまうこともあります。古くなったアイデアは、通常は5段階目にはたどり着きません。

もちろん、アイデアを発酵させるためには、まずそれを「捕まえる」必要があります。実際には3段階目で行うことです。アメリカのジャーナリスト兼作家のエリザベス・ギル

※**注21**　https://www.susannahconway.com/

バート（Elizabeth Gilbert）は、彼女の創造的な自己啓発本『Big Magic』※注22で、ほかの誰かにアイデアを奪われる可能性について嘆きました。彼女によれば、時間内にアイデアを捕まえることに失敗すると、そのアイデアを捕まえる能力がより高い開放的な頭脳へ飛んでいってしまうそうです。大きなアイデアは、誰かが大きな行動を起こす意志を持つまで、起業家から起業家へと「飛び回り」続けます。このおとぎ話を理解するのは難しいかもしれませんが、ここでのメッセージは明確です。自分自身の網を取り出し、逃げ回るアイデアを捕まえる準備をしておくことです。

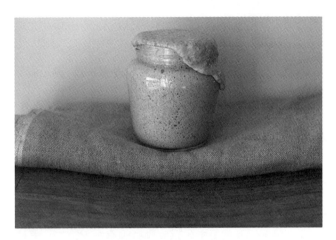

⚛ **図2.10**　あまりにも楽しそうに発酵を続けるサワードウスターター。小麦粉、水、塩の次に、素晴らしいパンを作るための最も重要な要素は、時間である。

2.5.2　ワークフロー実践：コーディング

　数年前、私の厳選された関心のフィルターを通じて、Webアプリケーションについてのエンドツーエンドテストを書く経験や、それにかかる苦労についてのプログラマーの記事を読みました。職場では、自動テストはベストな状態であっても完全に止めてしまうことを検討するくらいに不安定で、多くのメンテナンスが必要であることがわかったため、私と同僚は自分たちの手法にイラ立ちを感じていました。

　しかし、私の読んだブログ投稿が、現状の手法についての議論を巻き起こし、その中で、無数の非同期クライアントサイドのリクエストに対して適切に対応するための、最初の大まかな改訂版を設計できたのです。私個人の知識管理システムには、過去のプロジェクトで行われたエンドツーエンドテストに関するメモが相互リンクされており、その選択の

※注22　Elizabeth Gilbert『Big Magic: Creative Living Beyond Fear』（Penguin Publishing Group, reprint edition, 2016）。邦訳『BIG MAGIC「夢中になる」ことからはじめよう。』（神奈川 夏子 訳／ディスカヴァー・トゥエンティワン／ ISBN978-4-7993-2178-2）。

背後にある根拠も考慮に含めることができました。

　もし、以前保存した（自分の）テストの書き方の知識を（再度）読まずにエンドツーエンドテストを書いていたら、私たちのテスト戦略はもっとひどいものになっていたでしょう。自分の知識システムが、車輪の再発明や劣化した解決策の実装を幾たび防いでくれたことか、数え切れません。ほかの例を挙げると、一度作成した複雑な検索ルーチンに手を伸ばしたり、ソートアルゴリズムの図解を参照したり、Linuxカーネルの内部に関する長文記事のURLを保存したり、OAuthをレガシーコードベースに統合しようとした際に何を間違えたのかを読み直したりなどがあります。

　これは、コーディングやソフトウェアアーキテクチャに限った話ではありません。他者の検索バーやWebアクセシビリティのスタイルガイド、ボタンやラベルの配置などのさまざまなUIの考慮事項についても、私は「盗む」のが好きです。「第8章　創造的なテクニック」では、他者からアイデアを盗む方法について、もっと詳しく説明します。

2.5.3　ワークフロー実践：新しいプログラミング言語の学習

　今年、私はGoプログラミングを学びました。そして、Node.jsベースのプロジェクトをJavaScriptからGoに変換したくなったのです。その途中、問題の大小を問わず、メモのおかげでうまく取り組むことができました。リフレクションに頼ったりコピー＆ペーストを使ったりせずにRESTリクエストを構築する方法がわからなかったので、私はデータベース（メモ）に相談しました。すると、ちょうど1か月ほど前に、GoのWebサービスのベストプラクティスを紹介しているいくつかのGopherConのビデオを視聴していたことをデータベースは思い出させてくれたのです。

　その代わりに、古きよきGoogleやStack Overflowに頼っていたら、何年もかけて私が蓄積した関連するプラクティスにリンクしているビデオについてのメモの文脈を見逃していたでしょう。このようなメモだけで十分なこともあるのです。APIドキュメントを丸ごとメモシステムに詰め込んでも意味がありません。

2.5.4　ワークフロー実践：執筆

　いうまでもありませんが、このワークフローは執筆にも完璧に応用できます。実際のところ、本書はこのワークフローなしには存在しなかったでしょう。しかし、あなたはプログラマーであって、作家ではありません。なぜ執筆に関して気にする必要があるのでしょうか？　それは、プログラマーが、クリーンなコードを書くだけではなく、要件文書、プロジェクトの提案、APIドキュメント、パフォーマンスレビュー、リモートチャットメッセージ、技術デモ、ブログ投稿などを通じて、アイデアを伝えなければならないからです。

多くのトップソフトウェアエンジニアは、優れたテクニカルライターでもあります。Amazon.comのような企業が、エンジニアリングマネージャーの選考プロセスを執筆演習から始めるほど、執筆は非常に重要なものとなっているのです[注23]。ズンク・アーレンスが述べたように、たとえそれが自分自身のためだけであったとしても、学習は書くことを通じて行われます。

執筆は、概要を示したメモやアイデアが含まれたシステムのような頼れる存在があれば、はるかに容易でしょう。そこからパズルを始められます。新しいメモを作成し、適切な名前を付け、概念をリンクさせていきます。これらは、テキストの構成要素になるでしょう。

知識管理システムは、数年前に書いて以来、すっかり忘れてしまっていたメモを読み直すべきだということを教えてくれます。リファクタリング、ドメイン駆動設計、創造的な問題解決の間につながりがある可能性を示唆してくれるのです。つまり、私たちがより優れたコーダーと作家になるのを助けてくれます。

演習

初心者には、メモを取ること自体が難しいかもしれません。まず始めるためのベストな方法は、とにかく書き始めることです。次の2週間、毎日学んだことを（デジタルの）紙に、ただ収集してみてください。ざっとやるだけでも徹底的にやるのでも、そこはあなたの自由です。プロセスに縛られないでください。ビジュアル思考のエキスパートであり創造的ディレクターであるダン・ローム（Dan Roam）は、これが「紙ナプキンの裏」に描かれたラフなスケッチでも問題ないことを示しています[注24]。

14日後、メモを読み返しましょう。何か気になるものはありますか？　一見無関係なメモの間につながりはありますか？　つながりを感じたら、お互いをつなげてください。近い将来、その新しい知識を使って何かしませんか？

この演習が楽しめなかったとしたら、別のアプローチでリトライしてください。最終的に、図2.9に示したイラストのあなたバージョンのワークフローを作り上げられるでしょう。それは、利用可能な情報をフィルタリングし、関心を厳選し、さまざまな思考を総合してデジタル化し、公開する価値があるものになるのです。

※注23　https://blog.pragmaticengineer.com/becoming-a-better-writer-in-tech/

※注24　Dan Roam『The back of the napkin: Solving problems and selling ideas with pictures』（Portfolio, 2008）。邦訳『描いて売り込め！　超ビジュアルシンキング』（小川 敏子 訳／講談社／ISBN978-4-06-214690-6）。

まとめ

- Pythonの知識がなければ、Pythonによる創造性もない。インプットが何もなく、かつ技術的な知識基盤もないと、創造的な問題解決はほぼ不可能だろう。

- 創造性は創造性を生み出す。創造による意図は、前の意図に常に基づいている。したがって、ナレッジベースは最新に更新し続けることが重要である。

- 新しい知識を集め、既存の知識を再構築すること。情報源について考えてみること。おそらく、情報源を多様化したり情報の摂取量を制限したりする時期ではないだろうか?

- 知識を収集することと、その知識を内面化することは別物である。読んだことをまとめるだけではなく、自分自身の言葉で書き直して独自の文脈を加えよう。

- 何もするつもりがないのに全ての情報を内面化する目的は何だろうか? 重要なのは、斬新で実行可能な洞察を生み出すことである。

- よく整備された個人の知識管理システムは、知識の収集・内面化・実践のループをかなり容易にする。本章で提供されている例に基づき、自分に合うシステムを開発してみよう。このシステムを正しく使えば「外部メモリ」として機能するだろう。

- 最も興味深く斬新な洞察は、一見、関連性のない情報のつながりや組み合わせから生まれる。これが、全てが一元管理された個人の知識管理システムが重要なもう1つの理由である。

- メモは不変である必要はない。読み直したり、再編集したり、破棄したりできる。メモのメンテナンスは、メモの作成と同じくらい重要である。定期的に過去のメモを読み直すことで、間違いなく新しいアイデアが生まれるだろう。

<Chapter>

3 コミュニケーション

本章の内容

- **カメラータ、シンマセシー、そして、それらを動かす要素**
- **液体ネットワークと天才集団**
- **テクノロジー採用曲線**
- **社会的負債とコミュニティの臭い**

　アテネの城壁のすぐ外側にある柱廊から、不思議な声が響いています。アリストテレスの教えに興味を持つ学者や弟子たち、つまりペリパトス派の人々（The Peripatetic）は、**リュケイオン**と呼ばれる開放的な建物群に集まっています。**ペリパトイ**（あるいは散歩道）に反響する主な声はアリストテレス自身のものであり、彼はイカの繁殖について講義をしています。定期的に聴講している人々の中には、最初のペリパトス派の1人であるパレロンのデメトリオス（Demetrius of Phalerum）、後に歴史上最大の帝国の1つを築くことになるアレクサンダー大王（Alexander the Great）、そして当初はプラトンのアカデメイア（Plato's Academy）で学び、後にリュケイオンの学長になるテオプラストス（Theophrastus）もいました。

　アリストテレスは、何よりもまず**なぜ**に興味を持っていました。事実から出発する彼の哲学への科学的アプローチは、最終的には帰納的／演繹的推論の礎を形成したのです。推論は一方通行ではありませんでした。ペリパトス派の仲間たちと、政治、形而上学、

倫理学、論理学などの問題について、たくさんの議論が行われたのです……なるべく歩きながら。リュケイオンは、プラトンのアカデメイアのような私的な場ではなく、多くの講義や討論が無料で開催されました。この開放的なアプローチが、最終的に現代科学の基礎と見なされているアリストテレスの著書をさらに発展させたのでしょう。

数世紀後の16世紀末、フィレンツェでも同様のことが起こりました。人文主義者、音楽家、詩人、政治家、哲学者たちが、おそらく暇を持て余していたのであろう1人の裕福なイタリア人ジョヴァンニ・デ・バルディ伯爵（Count Giovanni de' Bardi）の下に集まり、当時の芸術、音楽、演劇の風潮について議論し、最終的にはその風潮を変えるまでに至りました（図3.1）。この集まりは、フィレンツェの著名な賓客たちが集まることで知られ、後に**フィレンツェのカメラータ**（The Florentine Camerata）[※注1]として有名になります。

カメラータでの議論の前提はシンプルでした。メンバーにしてみれば、当時の音楽は退屈で腐敗していたのです。そこで彼らは、芸術の形を古代ギリシャ様式に回帰させようとしました。音楽の構成と流れに対する自由な見解は、カメラータ最大の遺産です。間接的にしか影響を与えてはいないものの、このフィレンツェのカメラータがなければ、バッハ（Bach）やモーツァルト（Mozart）がストーリー性のある世界的な音楽作品を作曲することはおそらくなかったでしょう。

図3.1　アントン・ドメニコ・ガビアーニ（Anton Domenico Gabbian）作『フェルディナンド・デ・メディチ王子の音楽家たち（The Musicians of Prince Ferdinando de' Medici.）』。この絵画はデ・バルディのカメラータの活動に関連したものと考えられていたが、最近は論争が巻き起こっている。カメラータの活動は、後の交響曲やオペラの形成に重要な役割を果たし、集団的創造性が個々のアイデアに勝ることを証明した。出典：パブリックドメイン

※注1　Ruth Katz『Collective problem-solving in the history of music: The case of the Camerata』（Journal of the History of Ideas, Vol45, No3, pp361-377, 1984）。https://doi.org/10.2307/2709230

　それからさらに数世紀後、今度は19世紀末のパリとその賑やかなカフェに焦点を当てます。古典主義に執拗にしがみつくことにうんざりした彫刻家、美術商、画家から成る小さなグループは、サロン・ド・パリ（the Paris Salon）の美術キュレーターたちに挑むため、印象派、点描法、キュビスム、モダニズム、ダダイスムなどの無数の新しい芸術の**主義主張**を生み出しました。芸術とその未来についての活発な議論は、必ず葉巻の煙と厳選されたワインとともに、カフェで日常的に行われました。

　パリのアヴァンギャルド芸術運動は、フランス国内（ポール・セザンヌ（Paul Cézanne）、ジョルジュ・ブラック（Georges Braque）、クロード・モネ（Claude Monet）、エドガー・ドガ（Edgar Degas））に留まらず、はるか遠く（パブロ・ピカソ（Pablo Picasso）、フィンセント・ファン・ゴッホ、ピエト・モンドリアン（Piet Mondrian）、ワシリー・カンディンスキー（Wassily Kandinsky））に至るまで、若い才能を惹き付けたのです。オランダ人のモンドリアンやロシア人のカンディンスキーなどのフランス国外の人々は、故郷にアイデアを持ち帰って芸術革命を引き起こし、オランダでは**デ・ステイル**（De Stijl）が刊行され、ドイツでは**バウハウス**（Bauhaus）が設立されました。

　もうさらに1世紀進み、2000年代の初頭から中頃に移ります。今度はロンドンです。具体的には、その中の数多くあるビジネスの中心地にいます。ここでは、エクストリーム・チューズデイ・クラブ（The Extreme Tuesday Club）が開催されていました[注2]。このクラブは、アジャイルとエクストリームプログラミング運動の初期段階において、ソフトウェア開発者たちのプラットフォームとして機能していました。週ベースで多くのアイデアが提案され、批判的な評価が行われています。クラブには、ジェズ・ハンブル（Jez Humble）、ダン・ノース（Dan North）、クリス・リード（Chris Read）、クリス・マッツ（Chris Matts）などの著名なソフトウェア開発者がゲストとして参加していました。また、このクラブは、実質的にはThoughtWorksという有名なコンサルティングファームに優れたプログラマーをリクルートするためであったことも判明しています。

　エクストリーム・チューズデイ・クラブは、継続的インテグレーション、継続的デリバリー、DevOps、カンバン、技術的負債の概念、マイクロサービス、モックテクニックなど、挙げればきりがないほど多くのものを誕生させることに成功しました。そういった独創的で新しいものを生み出すテスト環境だったのです。同じ志を持つ人々は、ほかの場所でも同様のクラブを模倣し、シリコンバレー・パターンズ・グループ（The Silicon Valley Patterns Group）、ポートランド・パターンズ・グループ（The Portland Patterns Group）、ソルトレイクシティ・ラウンドテーブル（The Salt Lake City Round Table）など

[注2]　クリス・マッツのブログレポート：https://theitriskmanager.com/2019/05/25/the-london-agile-software-camerata/

を誕生させています。エクストリーム・チューズデイ・クラブの精神は、世界中に無数に存在するソフトウェア職人とテストがテーマのミートアップに受け継がれました。

3.1 協力的なチームワーク

　ペリパトス派の人々、カメラータ、エクストリーム・チューズデー・クラブ、歴史の教科書が私たちに示してくれる無数のその他の例の間にある注目すべき共通点は何でしょうか？　これらの集まりは、何らかの形で参加者が従事している領域を完全に変えることに成功しており、チクセントミハイによると、それは真の創造性の基準を満たしているのだそうです。さらに一歩進めて、私はこれを**集団的創造性**（collective creativity）と呼びたいと思います。集団がなければ、これらの集まりに参加した各天才の創造性は、ここまで到達することはなかったでしょう。

　チームワークは、21世紀の私たちが非常によく使う言葉です。チームワークは、大規模でリスクの高いソフトウェアプロジェクトをハッピーエンドへと導くために欠かせません。チームワークは、お互いを励まし続け、日々がんばるために欠かせません。個人としても、チームとしても、そしてチームを超えて学ぶためにもチームワークが欠かせません。求人広告、成功の秘訣についての本や失敗の教訓についての本、ビデオ通話ソフトウェアや会社の発表、リモートワークのガイドライン、カリキュラムの成果、会議のスライド、レストランのメニューカードの裏側、ソーシャルメディアの人気ハッシュタグやテレビ広告、あらゆるスポーツ、楽しいチームビルディング中にも、チームワークは見られます。チームワーク、チームワーク、チームワーク！

　調査によると、チームワークは最も一般的に教えられる非技術的なスキルであり、ヨーロッパにある大学のコンピューティング学科における学習成果の34%を占めています。書面および口頭のコミュニケーションスキルとプレゼンテーションスキルも、同じく学術界のオールスターです。一方で、**創造性**という言葉が大学の学科の説明文に見られるのは、わずか5%にも満たないのです[※注3]！

　リュケイオンでの古えの集まりは、哲学の領域を進歩させるために最初期に行われたチームベースの取り組みの1つだったのでしょうか？　デ・バルディのカメラータと現代のプログラミングチームとの間には、何か違いがあるのでしょうか？　このような集団が成功した要因は、コミュニケーションスキルを活用していたことは間違いないとして、それ

[※注3] Wouter Groeneveld, Brett A Becker, and Joost Vennekens『Soft skills: what do computing program syllabireveal about non-technical expectations of undergraduate students?』（Proceedings of the 2020 ACM Conferenceon Innovation and Technology in Computer Science Education, pp287-293, 2020）。https://doi.org/10.1145/3341525.3387396

以外に具体的な要因は何であったのかを明らかにするために、もう少し詳しく探ってみましょう。

3.1.1　カメラータを動かしたもの

　ルネサンス時代の音楽集団とグレゴリー・ベイトソン（Gregory Bateson）のプログラミングに関するサイバネティックス[訳注1]の思想を結び付けることに成功したジェシカ・カー（Jessica Kerr）の2018年のブログ記事[※注4]のおかげで、**カメラータ**という言葉はプログラマーの間で非常に有名になりました。カーによると、ソフトウェアエンジニアリングを未来へとうまく送り出すために、私たちはカメラータの方法から学ぶべきだそうです。

　第一に、カメラータのメンバーは何をしようとしていたのでしょうか？　メンバーは古典的なルネサンス音楽にうんざりしており、「一部を古代ギリシャの素晴らしさに立ち返らせたい」と思っていました。つまり、解決すべき問題（**共有された**問題）が存在していたのです。カメラータのメンバーは皆、その問題に等しく関心を持っていました。誰も強制的に参加させられたわけではありません。実際のところ、この共通の目的に心から参加するモチベーションがなければ、まったく歓迎されなかったでしょう。

　第二に、問題だけでなく、各個人の知識も共有されていました。彼らは互いに教え合っていたのです。ジェシカ・カーによると、カメラータは目に見えざる大学のようなもので、これこそが科学における創造性の鍵なのだそうです。また、この「見えざる大学」は、アイデアを共有し、新しい現実を共同で作り上げ、それを広めて文化を発展させる人々の集まりでもありました。

　これは極めて普通のことのように思えますが、集団で成功するためには重要な要素なのです。知識の流れが一方通行であれば、その知識は遠くにまで届きません。さらにカメラータは、異なる背景を持つ人々で構成されていました。そして、これが領域を超えたアイデアの交配を促進したのです。

　第三に、カメラータのシステムは**生きたシステム**でした。序文で説明したように、創造性は体系的であるという前提を思い出してください。これは、（各部分がほかの部分と周りの環境の両方と相互につながっている）カメラータのような創造的な集団でも同じです。生きたシステムは**学習する**システムであるため、絶えず進化します。環境は変化し、それに適応するにつれて私たちも変化していくのです。私たちは同志から学び、同志も私たちから学びます。こうしてシステムは少し混ざり合い、新しいつながりが現れ、古いつながりは消えます。これは終わりのないフィードバックループだと考えてください。

訳注1　通信工学と制御工学を融合し、生理学、機械工学、システム工学、さらには人間、機械の相互関係（コミュニケーション）を統一的に扱うことを意図して作られ、発展した学問。

※注4　https://jessitron.com/2018/04/15/the-origins-of-opera-and-the-future-of-programming/

```
func changeSelf() {
  changeEnvironment()
}
func changeEnvironment() {
  changeSelf()
}
```

　サイバネティックスの先駆者であるグレゴリー・ベイトソンは、システム思考[訳注2]家でした。彼は、各部分や部分間の関係の一部を見るのではなく、**全体**の観点で考えることを好みます。彼は以前「進化は文脈の中にあり、主体や現代の私たちが好んで考えるような個人の中にあるのではない」と述べました。彼の娘であるノラ・ベイトソン（Nora Bateson）は、父の考えをさらに改良しています。彼女は、生きた文脈の中で相互学習することに対する言葉がないことに違和感を覚えていたのです。そこで、この問題を解決するために、ギリシャ語の接頭辞の**sym**（「一緒に」）と**mathesi**（「学ぶ」）を組み合わせた**シンマセシー**（symmathesy）という言葉を作りました[※注5]。この概念の実際の定義は次の通りです。

> シンマセシー（名詞）：相互作用[訳注3]を通じて文脈に応じて相互学習するもの[訳注4]から構成される存在。この相互作用と相互学習のプロセスは、シンマセシーの大きさにかかわらず、生きた存在の中で起こる。
>
> シンマセシー（動詞）：相互学習する文脈を生み出すために、さまざまな変化するものと相互作用すること。

　カメラータはシンマセシー、つまり生きた学習システムだったのです（図3.2）。

訳注2　個々の要素がどのように相互作用し、全体としてどのような振る舞いをするかを理解するためのアプローチ。単一の要素ではなく、全体のパターンを見ることを重視する。問題の根本原因を特定し、より効果的な解決策を見つけるのに役立つ。

※注5　Nora Bateson『Small arcs of larger circle: Framing through other patterns』（Triarchy Press/ISBN978-1909470965）。

訳注3　お互いに影響し合うこと。

訳注4　お互いの目的のために、お互いが協力し学び合うこと。

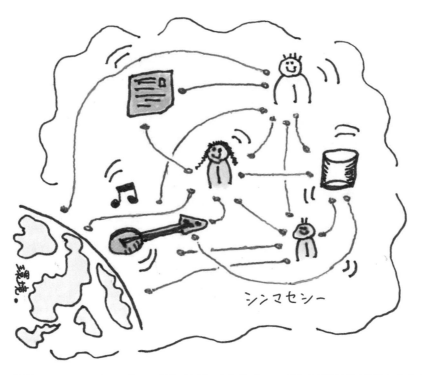

シンマセシー

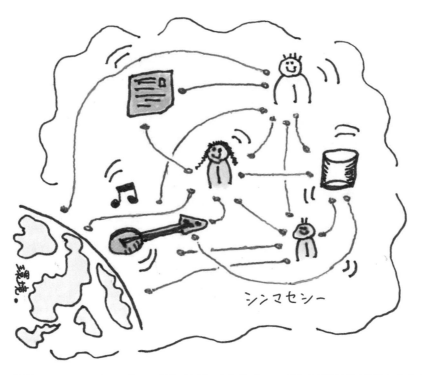 はキャプション下に配置

◆図3.2 シンマセシー：全ての部分がお互いから学び合い、それらを取り巻く環境を含めて相互につながっているシステム。このようなシステムを実際に描くと時間が固定されているので、その実態が明らかになる。描かれている環境には、顧客、ほかのチーム、会社など、そのグループ内で相互作用するあらゆるものが含まれている。

　第四に、カメラータでは、ただフィードバックを与えるだけではなく、**批判的な**フィードバックも与えていました。これにより、集会で似たような意見ばかりが話され、アイデアが真に突き抜けなくなるのを防いでいたのです。クリエイティブプログラミングにおける批判的思考とその役割については、「第5章　批判的思考」で詳しく議論します。

　多様な見解が出ることを制限し、共通の特定の見解を組み立てて強制する、同じような考えを持つ人々のグループを形成することを、社会学では**エコーチェンバー効果**と呼びます[※注6]。このような隔離は、ソーシャルメディアプラットフォームだけではなく、多少なりとも延命装置に支えられて生きているような多くの討論グループにも蔓延しています。

 上部右側

※注6　Matteo Cinelli, Gianmarco De Francisci Morales, Alessandro Galeazzi, Walter Quattrociocchi, and Michele Starnini『The echo chamber effect on social media』（Proceedings of the National Academy of Sciences, 2021）。https://doi.org/10.1073/pnas.2023301118

アイデアをただ提案されたまま受け入れるのではなく、自由に議論しているコーディングに関するミートアップに最後に参加したのはいつですか？　エコーチェンバー効果がどれほど広まっていたか思い出せますか？　次回はまずそこから議論を始めるとよいかもしれません。

私と同僚の創造性に関する研究中にインタビューした開発者も、ベイトソンが文脈に応じた学習に焦点を当てるのと同様に、文脈の重要性を強調しています。

結局のところ、私たちはチームで働いています。したがって、創造性に欠けているかもしれない誰かを適切な文脈に置いて適切な人々で囲めば、その状況という制限にいる限り、創造的な解決策に到達できると少し思い込んでいました。

優れたチームが優れた人材を生み出す

　情熱のあるソフトウェア開発現場は、シンマセシーを実践しています。ジェシカ・カーによれば、優れたチームは優れた人材を生み出しますが、逆はないそうです。確かに、優秀な開発者たちをただ雇い、部屋に迎え入れたら完了！というわけにはいきません。バナナを数本放り込むことを忘れないでください。しかし、これは優れたチームは作り出すことができないという意味なのでしょうか？

　私自身の見解は、もっと微妙です。私はたまたま優れたチームに「落とされた」経験があり（コンサルタント会社、ありがとう）、その経験が私をより優れたプログラマーにしてくれたことは間違いありません。数年間、私もシンマセシーの綱を引っ張るシステムの一部だったのです。

　一方で、ほかの有能な開発者と一緒でありながら、共生関係が非常に不安定で未完成な状態のチームを作ってしまったこともあります。問題領域（と、お互い）を理解していくうちに発展したチームもありました。対照的に、比較的すぐ衰退していくチームもありました。鶏が先か、卵が先か？　答えは、どっちもどっちです。ご清聴いただき、ありがとうございました。

カメラータ、生きたあるいは共進化するシステム、シンセマシー、体系的なチーム、共生……どんな言葉で表されていたとしても、それらは常に4つの原則から成り立っています。共有された問題があること、お互いに学び合っていること、お互いにつながっていること、批判的なフィードバックを与えていることです。

「第2章　専門知識」で探求したベン・シュナイダーマンのジェネックスシステムだけでは限界があるのかもしれません。彼は「ジェネックスシステムを洗練されるのは社会的なプロセスである」と結論付けました。仲間からの建設的なフィードバックだけが、あなたの創造的な仕事を次のレベルへと導けるのです。

3.1.2　ドリームチーム

よくコミュニケーションの取れる人々が集まったさまざまなグループでは、1人で悩むよりも創造的に問題を解決する可能性が高まります。順風満帆なチームで働いていれば、難しい問題を1人で解決しようとしたときに比べると、より創造的に問題を解決できた経験があるはずです。

カメラータなどの集団は、大きな問題を素早く発見して解決するだけではなく、感情的な関わりも高めます。この効果は、昔所属していた集団を「ドリームチーム」と頻繁に呼び、「あの頃」を懐かしく振り返るクリエイターたちとのインタビュー中に明確に見られました。チームが夢のような存在になるのは、仲間とうまくやれているのに加えて、継続的に高い創造性を持った製品を生み出しているときなのです。

たとえば、LucasArtsです。1990年代初頭、Lucasfilmのゲーム部門は、ゲーム業界でのいくつかの成功、特に『Maniac Mansion』や専用のSCUMM (Script Creation Utility for Maniac Mansion) エンジン[訳注5]のおかげで、LucasArtsとしてリブランディングされました。その後、LucasArtsは『Monkey Island 1/2』『Loom』『Indiana Jones and the Fate of Atlantis』『Day of the Tentacle』『Sam & Max: Hit the Road』『Full Throttle』『The Dig』といったヒット作を次々に発売します。

複数の情報源によると、ジョージ・ルーカス (George Lucas) がゲームに興味を失った後、つまりリブランディング後、会社は徐々に衰退していったとされています。しかし、結果から判断すると、ソフトウェア開発部門は少なくとも5年間は成功を収めていたようです。

訳注5　LucasArtsが開発したゲームエンジン／スクリプト言語であり、クロスプラットフォームでゲームを開発できるようになっていた。オープンソースのSCUMMの実行環境であるScummVMは、現在でも公開されている。https://github.com/scummvm/scummvm

『Retro Gamer』^{訳注6}は、LucasArtsが遺した遺産を再発見するために、最初のクルーの何名かに取材を行いました^{※注7}。元クルーは、かつての「星の正しい配置」について考察し、それ以降は同じ高みに再び到達できなかったことを告白しました（図3.3）。なぜそうならなかったのかを尋ねられた際、元クルーたちは2つの理由を挙げました。第一には、『Monkey Island 2』のリリース後、クルーの構成も完璧であったチームが、さまざまな理由で分裂し、解散してしまったことです。第二には、そのようなアドベンチャーゲームのリリースタイミングが適切ではなかったことです。

　このインタビュー記事を読むと、さまざまなスキルセットが生産的に組み合わさり、全員がお互いに影響を与え合っていたことがくっきりと浮かび上がってきます。コードデザイナーであり作家のデイブ・グロスマン（Dave Grossman）は、ディレクターのロン・ギルバート（Ron Gilbert）が主導する日々のブレインストーミングミーティングを楽しみ、アーティストのスティーブ・パーセル（Steve Purcell）は、おもしろいイラストをよく描いていました。デイブ・グロスマンは、次のように回想しています。

　私はかつて、アイデアが糸くずや塵のようなものであるという詩を書きました。アイデアはどこにでも漂っているだけなので、そこから何かおもしろいものを生み出すことこそが肝心なのです。

　ティム・シェーファー（Tim Schafer）がインタビューに加わり、チームをリードしたロンの努力を称え、LucasArtsでの彼との時間を愛おしく思い出しています^{※注8}。

　当時は本当に特別な日々でした。特に、創造的な人々がリラックスして心地よく働くためだけに用意されたLucas Ranchという素晴らしい環境で働けたことです。楽しい環境でしたし、一緒に働く人々も楽しい人ばかりでした。大学卒業直後に、この仕事に就くことができたのは幸運でした。まさに当時の求人内容にぴったりの準備ができていてよかったです。

訳注6　イギリスの雑誌。世界中で発行されており、レトロビデオゲームを扱っている。

※注7　『The legacy of Monkey Island』（Retro Gamer, no212, p18）

※注8　The Retro Gamer guide to Tim Schafer & Double Fine。Retro Gamer、No.216、P.46

ロン・ギルバートと彼の仲間の最新ポイントアンドクリックゲームである『Thimbleweed Park』は、ピクセル化された2Dアドベンチャーを再現しただけではなく、90年代のアドベンチャーゲームを特別な存在にしたものを模倣しようと試みています。そこからもわかるように、『Monkey Island』の初期の成功に強く影響を受けています。ロンは、新しいゲームを始めるたびに『Monkey Island 1』と『Monkey Island 2』をやり直し、当時の雰囲気を再現しようとしました。しかし、結局は、その理由を見付けることはできなかったと語っています。そして、そのクルーは、すでに出航してしまっており、戻ることはないのです。『Retro Gamer』は「『The Secret of Monkey Island』の秘密は、おそらく集団力学にあったのだろう」と結論付けています。

⚓**図3.3**　LucasArtsのクルーが「ロン・ギルバートの日」と題した撮影のためにポーズを取っています。彼らが楽しみ続けるための多くのいたずらのうちの1つで、皆がロンと同じスタイルの服（縞模様の上着）を身に着けています。写真提供：The International House of Mojo

　ソフトウェア開発業界内の数多くの熟練開発者たちは、集団力学の重要性について、さらに多くの証拠を提供しています。たとえば、アダム・バー（Adam Bar）（Microsoft）、デイビッド・ハイネマイヤー・ハンソン（David Heinemeier Hansson）（Ruby on Rails、Basecamp）、ゲルゲイ・オロス（Gergely Orosz）（Uber、Skype）は、どのサクセストーリーのインタビューでも、かつての中心メンバーは自分たちのチームを暗黙的または明示的にドリームチームと呼んでいるのです。

　懐古趣味の色眼鏡はさておき、チームの結束、メソッド、構成要素、影響などに関するさまざまな学術出版物の中には、これを裏付ける真実があると考えて問題ないでしょう。**夢のような仕事がチームワークを生み出す**のです。あるいは、逆なのでしょうか？

3.2　集団地理学

　ミハイ・チクセントミハイは、フローと創造性の心理学に関する著書を「個人の創造力は無視できるほど小さい」とかなり悲痛なメッセージから始めています。それにもかかわらず、たった1人で専門領域全体を変えることに成功する創造的な孤高の天才の理想像は、なぜか頑なに残り続けています。

　アルベルト・アインシュタイン（Albert Einstein）は、相対性理論の論文を発表して、私たちの物理学に対する考え方を根底から覆したかもしれませんが、彼にも**アカデミーオリンピア**（Akademie Olympia）と呼ばれる、哲学や物理学について議論する友人グループが存在しました。彼の理論の最初のほんのわずかであるものの、彼の理論にとって重要な種は、おそらく、そのグループの議論の中で蒔かれたのでしょう。チクセントミハイがいうように、創造性は体系的なのです。

　では、個人として創造的な成功を増やすために、私たちは何ができるのでしょうか？　これまでのドリームチームに関する議論では、素晴らしいチームの一員になるか、素晴らしいチームを作ることが答えである可能性を明らかにしました。自身のパフォーマンスを高められる優秀な人々に囲まれましょう。専門家を探しましょう。しかし、**どこで**志を同じくする人々を探すべきでしょうか？　実際、カメラータのような物理的な場所が重要であることは、歴史が証明しています。

3.2.1　液体ネットワーク

　家族や友人にアイデアを売り込もうとして、生ぬるい反応しか返ってこなかったことはないでしょうか？　もしかしたら、間違った相手にアプローチしていたのかもしれません。他者からの絶えず進化し続ける（おそらく優れた）アイデアたちの巨大な海の中で、あなたのアイデアは遭難してしまったのでしょうか？　もしかしたら、その環境が文字通り不安定すぎたのかもしれません。

イノベーションの専門家であり科学コミュニケーター[訳注7]のスティーブン・ジョンソン（Steven Johnson）は、著書『Where Good Ideas Come From』[※注9]の中で、この現象を見事に象徴的な表現で捉えています。彼は、「アイデアの誕生、成功、死は**液体ネットワーク**（liquid network）として要約できる」と説明しています。

　図3.4に示されているように、化学では、物質は「固体」「液体」「気体」のいずれかの状態にあります。固体のブロック状態では、分子は液体状態の水よりも動きにくいのです。水を加熱すると蒸発中に別の状態変化が起こり、分子は非常に動きやすくなります。簡潔さのために、気体よりも不安定なプラズマは省略します。

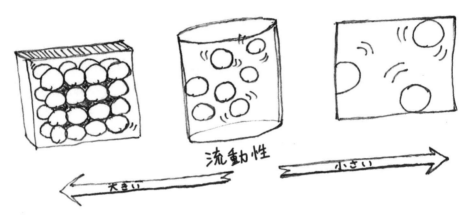

◈図3.4　左：固体、明確な形状とボリュームによりアイデアが固まる。中央：液体、新しいつながりを作成できる。右：気体、揮発性が高すぎてアイデアを定着させられない。

　ジョンソンは、初期の狩猟採集民を気体状の物質にたとえています。地域を転々とし、広く移動する遊牧民は、定住して都市を形成し始めるまで、ほかの少数の人間集団とのアイデア交換はほとんどありませんでした。凝縮が生じると、人々のネットワークが液体に似た形で現れます。そこから初期の文明を促進する多くの発明が生まれました。ジョンソンが好んでそう呼ぶように、定住することでアイデアが人から人へと「溢れ出す」ようになったのです。

　ただし、アイデアが広がるためには、ネットワークが液体状態を維持し、固まらないようにする必要があります。そうしないと、イノベーションは停滞し、最悪の場合退化してしまいます。ジョンソンは「イノベーションが地理的に大都市に集中することがある理由は、

訳注7　学術研究に関する知識を持ち、わかりやすく簡潔な方法で科学的知識を広めることを目的とした活動を行う人。

※注9　Steven Johnson『Where good ideas come from: The natural history of innovation』（Penguin Publishing Group, 2011）。邦訳『イノベーションのアイデアを生み出す七つの法則』（松浦 俊輔訳／日経BP ／ ISBN978-4-8222-8517-3）。

ここにある」と主張しています。

　異質なアイデアを（適度に）受け入れることは、創造的な成果を生み出す可能性を高めます。心理学と歴史の研究者であるディーン・サイモントン（Dean Simonton）は、文化的な流入が最も閉鎖的であった社会の1つである中世日本に与えた影響を研究した結果、同じ結論に達しました[注10]。医学、哲学、執筆、詩、特に芸術などの多くの領域で、その業績と異国の影響に対する国家の寛容さの間に正の相関関係が見られたのです。

　液体ネットワークという概念を用いて、1人の人間の頭の中においても、人間の集団の中においても、新しいつながりを作るプロセスがどのように増幅されるのかを説明できます。ビジネスベンチャーの専門家であるセス・ゴーディン（Seth Godin）も、アイデアの幸運な偶然を強調し、「アイデアは異なる世界が衝突するときに生まれる」と述べています[注11]。

　「第2章　専門知識」の個人の知識管理システムを思い出してみてください。ほとんどのメモが同じアイデアを何度も繰り返すだけであれば、知識の流れは固まってしまう可能性があります。一方で、かなり独創的なアイデアがほんのわずかしか記録されていない場合、ほかのアイデアと衝突して進化し、はるかに優れたアイデアに発展する機会が得られません。あなたの知識管理システムは、理想的にはこれら2つの極端な状態の中間に位置します。つまり、液体ネットワークです。

　集団力学にも同様のことがいえます。突飛なアイデアがあまりにも多く、誰もじっくりと時間をかけて要約したり組み合わせたりすることがないと、アイデアが飛散してしまう可能性があります。一方で、アイデアが足りなかったり同じアイデアが多すぎたりしても、創造性が発揮されるわけではありません。クリエイター集団のグループ構成は、その両極端の間に位置します。つまり、液体ネットワークです。

　スティーブン・ジョンソンによれば、人々が訪れ、働き、暮らす場所も、固体または液体ネットワークだそうです。つまり、地理は創造的な成功の決定要因となるのです。あなたが田舎で育ったのだとしたら、「今起こっている」場所に移住しない限り、創造的な成功の可能性はほとんどないでしょう。

　もちろん、グローバリズムの時代において、光ファイバーネットワークとZoomは、完全ではないにせよ、この状況を根本的に変えました。有名な企業や研究大学は、今でも

※注10　Dean Keith Simonton『Foreign influence and national achievement: the impact of open milieus on Japanese civilization』(Journal of Personality and Social Psychology, Vol72, Issue1, pp86-94, 1997)。https://psycnet.apa.org/doi/10.1037/0022-3514.72.1.86

※注11　Seth Godin『Linchpin: are you indispensable? How to drive your career and create a remarkable future』(Piatkus Books, Hachette UK, 2010)。邦訳『「新しい働き方」ができる人の時代 —大切なことは「価値」「挑戦」「つながり」』(神田 昌典 監訳／三笠書房／ ISBN978-4-8379-5728-7)。

世界中から多くの若い有望な人材を惹き付け、待ち望んでいる創造性の爆発を期待し、最高の人々と一緒に働けるという約束を餌に数千マイルを移動するように若者たちを説得しています。そして、おそらく期待通り、創造性の爆発が起きるのでしょう。

> **演習**
>
> Meetup[訳注8]、Skillshare[訳注9]、Eventbrite[訳注10]、Airbnb Experiences[訳注11]のような取り組みは、ほかの文化のアイデアを体験するための素晴らしい手段です。この演習では、数多くのユニークなバーチャルコミュニティのどれかに参加してみてください。コーディング以外の領域にも挑戦してみましょう。たとえば、哲学的な議論に参加したり、数百人の異なる志を持った人々と一緒に絵を描いたり、書籍の装丁の基礎を学んだりするなど。さまざまな可能性を覗き見て、どれか1つを選んで「登録」をクリックしてください。世界中の多くの専門家は、喜んで知識を共有してくれます。専門家たちは、あなたが参加するのを待っています！

3.2.2 　創造性は伝染する

　　化学の世界から借りてきたジョンソンの巧みな類推は、化学的な成分がお互いに反応することで、お互いの状態に影響を与え合うことも伝えています。言い換えれば、アルベルト・アインシュタインが述べたように、創造性は伝染するのです。複数の研究によっても、創造的な同僚に囲まれていると、より創造的になることが確認されています[※注12]。そのような同僚が近くにいるだけで、自身の創造的衝動が高まるのです。私たちは、大学を横断し、異なる複数の領域にまたがったハッカソンを主催する際にも同じ効果を見てきました。同じ広い部屋で作業する学生ペアは、「たとえ課題の解釈がまったく違っていても、ほかのグループに囲まれることでインスピレーションが高まった」と報告しています。学生たちは、歩き回ってほかのグループと交流することで、他者のアイデアを集め、自分たちの解決策に応用していました。

訳注8　共通の地域や興味に関するコミュニティを運営できるプラットフォームサービス。https://www.meetup.com/

訳注9　オンラインの学習コミュニティで、さまざまな教育用ビデオを提供している。https://www.skillshare.com/

訳注10　イベント計画立案や価格設定を促し、SNSと連携させて宣伝を行うオンラインチケットサービス。https://www.eventbrite.com/

訳注11　Airbnbが運営する体験プログラムの仲介サービス。オンライン版である「Airbnb Online Experiences」も提供している。https://www.airbnb.com/experiences/

※注12　Randall G Holcombe『Cultivating creativity: market creation of agglomeration economies』（Handbook of creative cities, Edward Elgar Publishing, Chapter19, 2011）。https://doi.org/10.4337/9780857936394.00028

これは、それほど驚くことではないかもしれません。私たちは社会的な動物であり、私たちの脳はいかなる行動でも模倣するように設計されています。もしクリエイティブプログラマーたちに囲まれれば、「そのうちの1人」になれる可能性が高まるのです。これは、『The Pragmatic Programmer』※注13の著者であるアンディ・ハントとデイブ・トーマス（Dave Thomas）によってプログラミングの世界にもたらされた、**割れ窓**（broken window）理論に非常に似ています。ゴミをたくさん残しておくと、人はさらにその山にゴミを投げ込むでしょう。コードを整理整頓して一貫性を持たせれば、同僚は自然に責任あるコーディング市民として振る舞うようになるでしょう。

3.2.3　刺激的な環境への移動

1952年、スイスの彫刻家であるジャン・ティンゲリー（Jean Tinguely）は、27歳のときに妻とフランスに移住し、芸術家としてのキャリアを追求しました。彼は、人口約18万のそれほど小さくはない都市であるバーゼルで育ちました。ルネサンス以来、バーゼルは商業的にも文化的にも重要な拠点です。それにもかかわらず、ティンゲリーはそこが嫌で窒息したように感じ、創作意欲がほとんどなくなってしまいました。ところが、パリに到着した瞬間、彼は若返ったような気持ちになったのです。「スイスは刺激的な環境ではありませんでした。パリは本当に刺激的です。私は水を得た魚のように感じています」。

バーゼルのネットワークは彼の趣向にとっては固着したものでしたが、パリではニューリアリズム訳注12のアバンギャルド訳注13の一員として、液体ネットワークを見つけたのです。彼の移住の成果（少なくとも、その一部）は、世界中の美術館に展示されています。ティンゲリーの最も有名な作品は、観客の前で自爆する息を呑むような機械です。心配無用、ラスベガスの砂漠は何も感じませんでした訳注14。

私がプロのパン職人として修行中、インターンシップの機会を提供してくれるパン屋を探していました。主にサワードウブレッドに興味があり、最高のものを学びたかったため、ヘント市の「デ・スプレッテ」（De Superette）へ行くことにしました。なぜかって？当時のトップパン職人であるサラ・レムケ（Sarah Lemke）は、アメリカ人の専門家であり、チャド・ロバートソン（Chad Robertson）とともにリチャード・ブルドン（Richard

---

※注13　Andy Hunt and Dave Thomas『The Pragmatic Programmer: from journeyman to master』（Addison-Wesley Professional, 1999）。邦訳『達人プログラマー（第2版）熟達に向けたあなたの旅』（村上 雅章 訳／オーム社／ ISBN978-4-274-22629-8）。

訳注12　1960年、ミラノで結成された前衛美術集団。フランス語では「ヌーボーレアリスム」（Nouveau Réalisme）。

訳注13　第一次世界大戦頃から、フランスなどで起こった芸術運動。既成の芸術観念や形式を否定し、革新的芸術をつくり出そうとした。

訳注14　ティングリーは、ラスベガスの砂漠で観客の前で作品を爆破させた。

Bourdon）から技術を学んでいたからです。

　サワードゥに詳しくない人のために説明すると、サンフランシスコのチャドの「タルティーンベーカリー」（Tartine Bakery）は、世界で最も尊敬される有名なパン屋の1つです。チャドは、パンに関する私の多くのアイドルの1人でした。もちろん、チャドは、有名なパン職人としてパンの焼き方に関する多くの書籍を出版しており、そのうちの1冊『Tartine Bread』（Chronicle Books、2010年）は不朽の名作です。大量のカッコやピリオド、カンマを打つよりもパンを焼くほうがあなたをワクワクさせるのであれば、どうぞ読む本を替えてください。

　私はベルギーに住んでいるので、スプレッテで働くことは、セカンドベストの選択肢でした。サンフランシスコに行ってパンの修行をするような大それたアイデアには、私のパートナーの承認が必要だったのです。今振り返ると、全てを投げ出してサンフランシスコに向かい、午前5時30分にオーブンの熱に立ち向かっていたとしたら、少しやりすぎだったかもしれません。

　あなたがベルギー出身で、本当に素晴らしいパンを焼くことに全力を注いでいるのであれば、いずれスプレッテに辿り着くでしょう。インターンシップ中、同じような考えを持つ何名かに出会いました。その人たちは、サラと会話し、アイデアを共有するためにベーカリーを訪れ、彼女の方法論と非常に湿った生地の使い方に刺激を受けていました。また、デ・スプレッテはレストランでもあり、ヨーロッパ各地から優れたシェフたちが協力し、独創的でおいしい料理を提供しています。

　もちろん、自宅に近いパン屋はたくさんありましたし、おそらく近所でインターンシップの機会を得られたでしょう。しかし、私はパン作り思想という高速道路のインターチェンジの真ん中で働きたかったのです。私は液体ネットワークを求めていました。これが、カメラータになったとはいえません。なぜなら、私の滞在期間は非常に短く、インターンとしての私の責任は、黙って指示通り行動することに限られていたからです。しかし、実をいうと……、インターンシップは大成功でした。

　New York Times紙に掲載されたGoogleの広報担当者のインタビューによると、刺激的な環境が持つ魅力が、GoogleやYahoo!のような「職場の限界を押し広げる」ハイテクキャンパスに開発者を集めているそうです[注14]。綿密に設計された従業員同士の何気ない衝突が、創造性と生産性を促進します。

※**注14**　James B. Stewar『Looking for a lesson in Google's perks』（New York Times, March 15, 2013）。
https://www.nytimes.com/2013/03/16/business/at-google-a-place-to-work-and-play.html

　なぜ西洋の哲学は、ほかの多くの文化的に重要な概念が生まれたギリシャやその周辺で起こったのでしょうか？　なぜルネサンス期にはフィレンツェがイノベーションの中心となり、音楽だけではなく、美術、建築、経済、政治の未来にも影響を与えたのでしょうか？　19世紀になると、なぜ多くの才能あるアーティストがパリに集まったのでしょうか？その100年後、芸術の震源地は、どういうわけかヨーロッパからニューヨークに移動しました。そして現在では、なぜ多くの技術者にとってシリコンバレーで働くことが夢なのでしょうか？

　海外特派員でジャーナリストのエリック・ワイナー（Eric Weiner）は著書『The Geography of Genius』[注15]において、これらの疑問を探究するために世界中を旅しました。ワイナーは創造性に魅了されており、自分の娘をよりよく育てるのに役立ついくつかの答えを見つけたいと考えていました。「私自身の創造性を育むには遅すぎたので、代わりに創造性について書くことで満足しよう」と、彼は結論付けています。

　残念ですが、多くの場合、この大きな地理的創造性の疑問に対する唯一無二の答えは存在しません。ワイナーが**天才集団**（genius clusters）と呼ぶクリエイター集団は、権力が特定の地理的領域に集中したり離散したりするのに合わせて、現れたり消えたりします。

　たとえば、アレクサンダー大王の飽くなき征服への渇望は、最終的にギリシャ文学を古代ペルシアにも広める役に立ちました。アレクサンドリアは彼のエジプト滞在中に設立され、プトレマイオス（Ptolemy）と彼の後継者の献身によって世界で最も影響力のある都市の1つに発展したのです。

　アレクサンダーは、常にホメロス（Homer）の『**イーリアス**』（Iliad）の写本を携えているほど、ギリシャ文学に魅了されていました。アレクサンダーの当時の忠実な従者であったプトレマイオスはこれに気付き、アレクサンドリアにあったパピルス製の書物を片っ端から押収して写本し始めたのです。やがてアレクサンドリアの大図書館は本であふれかえりましたが、残念なことに、ローマ人の無頓着さや後のムスリムの侵攻によって大多数の本は火事で失われてしまいました。

　大図書館は多くの知識人を惹き付けました。そして、アレクサンドリアは、ある意味で世界初の国際的な研究拠点の1つとなったのです。アルキメデス（Archimedes）は、大図書館で研究しながらアルキメデスの螺旋を発明したといわれています。古典古代のあ

※**注15**　Eric Weiner『The geography of genius: a search for the world's most creative places from ancient Athens to Silicon Valley』（Simon & Schuster, 2016）。邦訳『世界天才紀行 ソクラテスからスティーブ・ジョブズまで』（関根 光宏訳／早川書房／ ISBN978-4-15-209645-6）。

らゆるものに魅了された歴史研究者のイレーネ・バレイヨ（Irene Vallejo）は、本の歴史についての解説の中で、古代図書館への興奮を次のように語っています※注16。

> *完全書き下ろしの記録とその蓄積を取り巻く感動的な雰囲気は、間違いなく（インターネットと）シリコンバレーがもたらす現在の創造性の噴出のようなものだったのだろう。*

知識だけがアレクサンドリアを畏れ敬う唯一の理由ではありません。パピルス草（カミガヤツリ）はナイル川デルタ全域で繁茂していたため、穀物に次ぐ理想的な輸出品となったのです。古代エジプトは地中海世界の倉庫として機能しており、穀物の流れが止まると、この地域全体で飢饉と戦争が勃発しました。穀物は今日の石油のような役割を果たし、圧力をかける理想的な手段だったのです。

ほかの天才集団も有機的に、そして徐々に誕生していきました。フィレンツェでは、教会が煉獄の発明とそれに続いで罪深い精神を浄化するための「免罪符」を売ることで、今でも私たちが称賛する印象的なモニュメントの制作を委託するための大量の資金を得ていたとと、ワイナーは指摘しています。ゴールドラッシュは、当然、当時の天才たちを自然と惹き寄せました。彼は「個人ではなく（創造的な）仕事を委託する組織や都市そのものこそが真の天才である」と結論付けています。

ワイナーが研究したほとんどのクリエイターは、出生地で天才になっていませんでした。彼らは移民になってようやく活躍したのです。つまり、天才は生まれつくものではなく、作られるものなのです。条件さえ合えば、ジャン・ティンゲリーがパリに魅了されたように、天才は特定の場所に惹き寄せられます。

それらの条件が正確に何なのかは依然として不明にもかかわらず、創造性を駆り立てるに違いないと考えて作られた派手なビジネスパーク、あるいは（たとえば図3.5の中の1つのような）トレンドとなっている**キャンパス**（campus）で、天才集団を再現しようとする試みは止まりません。このような称賛に値する取り組みにより、企業間の対話やパートナーシップが増加することはおそらく間違いありませんが、もしかしたら真の天才集団を人工的に生み出すことが不可能であることを証明するかもしれません。

※注16　Irene Vallejo『Papyrus: een geschiedenis van de wereld in boeken』（Meulenhoff ／ ISBN978-90-290-9420-7）。

⚑**図3.5** ベルギーのハッセルトの私の家の近くにあるコルダキャンパスは、複数のビジネス企業の集合体やオーナーが「ビジネスコミュニティ」と呼ぶものに焦点を当てた、現代のテクノロジー拠点の1つの例である。ここでは、大きな企業から小さな企業まで、人々や企業がアイデアを育てるために集まっている。要するに、天才集団の骨組みとして設計された多くのビジネスパークの1つなのだ。写真提供：カレル・ヘメリクス（Karel Hemerijckx）

　ゲームデザイナーのティム・シェーファーは、おそらく創造的な流れを加速させるために設計されていたLucas Ranchについて、特別な作業場だったとはっきりと言及しました。「第7章　創造的な心の状態」では、創造性を刺激する要素やブロッカーとしての物理的な作業環境について取り上げます。

　都市計画家や建築家は、都市研究の理論家であるリチャード・フロリダ（Richard Florida）の著書『The Rise of the Creative Class』※注17の中にあり、ワイナーの前述の結論とも一致している「才能のプールを提供するのは、企業ではなく場所なのです」という言葉をよく引用しています。それにもかかわらず、私たちは場所よりも企業を崇拝しています。**起業家精神**、**方針の見直し**、**戦略的**などの用語がこの引用文の近くあるのなら、バズワードビンゴ訳注15で遊ぶ時間なのかもしれません。

※**注17**　Richard Florida『The rise of the creative class, volume 9』（Basic Books, 2002）。邦訳『クリエイティブ資本論 ―新たな経済階級の台頭』（井口 典夫 訳／ダイヤモンド社／ ISBN978-4-478-00173-8）。なお、改訂版として、『The Rise of the Creative Class--Revisited: 10th Anniversary Edition--Revised and Expanded』が2012年に刊行されている。『新クリエイティブ資本論 ―才能が経済と都市の主役となる』（井口 典夫 訳／ダイヤモンド社／ ISBN978-4-478-02480-5）。

訳注15　会議やプレゼンテーションなどでよく使われる流行語や専門用語（バズワード）がランダムに配置されたビンゴカードを使って遊ぶゲーム。退屈な会議やプレゼンテーションを少しでも楽しくするため、またはスピーカーが使う陳腐化したフレーズや専門用語の多用を皮肉るために生まれた。邦訳『新クリエイティブ資本論 ―才能が経済と都市の主役となる』（井口 典夫 訳／ダイヤモンド社／ ISBN978-4-478-02480-5）

集団のサイズと創造性

　創造的な成果を促進するためには、チームやカメラータ、天才集団は大きく大胆であるべきなのでしょうか？　それとも小さく控えめであるべきなのでしょうか？　多くの変化に依存するため、またしても悩ましい質問です。

　創造性の研究者であるユーナ・リー（You-Na Lee）と同僚は、チームのサイズは新規性と逆U字の関係にある一方で、成果とは比例関係にあることを発見しました[注a]。つまり、一般的にいうと、チームは小さすぎても大きすぎてもあまり創造的な仕事をしませんが、大きなチームのほうがより多くの成果を出すということです。もちろん、例外はありますが。

　なお、リーらの調査は学術界の科学チームで実施されたものであり、業界のソフトウェア開発者が実施したものではないことに注意してください。ほかの論文では、大きすぎるグループ内では衝突が増え、口論がたくさん生じ、生産的な成果はほとんど得られなくなってしまうことを示唆しています。

　理想的なチームのサイズは、どのくらいでしょうか？　スクラムのルールでは約7人ですが、スクラムは創造性について言及していません。それは、仕事を完遂させるための手段にすぎないのです。一般に、チームが小さいほど俊敏性があり、チームが大きいほど多くのコミュニケーションオーバーヘッドがあるものです。たとえば、テクノロジー企業におけるニアショアリングやオフショアリングという憂慮すべきトレンドを考えてみましょう。複数の（遠隔にある）チームと同期を取る作業に対して（不）快感を持っている人は、この文章を読みながら頷いていることでしょう。

演習

あなたの現在の職場環境は、ティンゲリーがいったような水を得た魚のように感じられる液体ネットワークに近いでしょうか？　それとも、ほとんど刺激がなくアイデアもあまり流れない固体ネットワークに近いでしょうか？　もしそうなら、異なる世界との楽しい衝突を促進するために、どのような行動が採れるでしょうか？

[注a]　You-Na Lee, John P. Walsh, and Jian Wang『Creativity in scientific teams: Unpacking novelty and impact』(Research Policy, Vol44, Issue3, 2015) https://doi.org/10.1016/j.respol.2014.10.007

3.3 時間と創造的な仕事

　時間は、地理的な要因に次いで創造性を促進（阻害）するもう1つの大きな要因です。あなたの創作物が創造の爆発として受け入れられるのは、専門家がそうだと認めたときだけであることをお忘れなく。あなたの発明に対して、世界がまだ準備できていないこともあります。あなたがマシュマロで街路を舗装すれば自治体職員は信じられないと首を振るかもしれませんが、ロアルド・ダール（Roald Dahl）が描いたウィリー・ウォンカ（Willy Wonka）^{訳注16}なら、間違いなくその努力を認めるでしょう。そのような粘っこいアイデアは、やや前衛的すぎると考えられることもあります。

　社会学者であり創造性の研究者でもあるピーター・J・ファン・ストリーン（Pieter J. van Strien）は、適切なタイミングで創造することの重要性を認めています。彼は著書『Het Creatieve Genie』（創造の天才）^{※注18}の中で、歴史に名を残せなかった多くの時代を間違えた天才たちについて嘆いています。あと2、3年待っていれば……。

　世界には時代を先取りした技術的発明で満ち溢れています。たとえば、1999年のビデオゲーム『Outcast』^{訳注17}を例に挙げましょう。批評家からは絶賛されたものの、ゲームの売れ行きは芳しくありませんでした。最終的に、開発元のAppealは、続編の制作を中止し、破産申請することになってしまいました。2006年、変化の激しいゲーム業界にとっては非常に長期間といえるリリースから7年後、当時は見向きもされなかった自由に探索できる3Dオープンワールドを実現していたという理由で、『Outcast』は複数のジャーナリストから革新的だと称賛されたのです。2001年には、『Grand Theft Auto III』が、そのコンセプトを引き継ぎました。いったい、なぜこんなことが起きたのでしょうか？　1999年の時点では、世界のほうがまだ準備できていなかったのです。

　Microsoft 365やXbox Cloud Gamingのようなクラウドを利用したサービスは、目新しい発明だと思いますか？　実は1994年の時点で、セガチャンネルのサービスが、同軸ケーブル^{訳注18}テレビインターフェイスを通じてオンラインコンテンツを配信するシステムを市場に導入する最初の挑戦をしていたのです。その革新的な取り組みは称賛されたものの、発売したタイミングが悪く、製品はあっという間に忘れ去られてしまいました。あるいは、1990年代半ばに登場した、テレビを使ってインターネットに接続する初めてのセット

訳注16　ウィリー・ウォンカは、児童小説『チョコレート工場の秘密』の主人公。ロアルド・ダールは原作者。1971年に映画化されたが、2005年に『チャーリーとチョコレート工場』としてリメイクされ、世界的なヒットとなった。

※注18　Pieter J van Strien『Het creatieve genie: het geheim van de geniale mens』（Amsterdam University Press, 2016）。

訳注17　その後、『Outcast』はパブリッシャーを変えて再リリースされ、2024年にはオリジナルのスタッフによる続編『Outcast - A New Beginning』がリリースされている。

訳注18　電気通信に使われる被覆電線の一種。高周波（RF）信号を効率よく伝送する目的で利用されている。

トップボックス^{訳注19}であるWebTVシステムは、どうでしょうか？　あるいは、1987年に登場した、ハイパーメディア^{訳注20}を使用して仮想「カード」のスタックを接続するAppleのHyperCard^{訳注21}ソフトウェアは？　歴史は繰り返され、Web（とWikiとJavaScript）は、これらの概念を取り入れて発展していきました。

　元LucasArtsの複数のメンバーが、『The Secret of Monkey Island』を作る「適切なタイミング」について考察しています。舞台が中世という設定だという理由（おそらく）で、当時『Maniac Mansion』よりも売れていたSierra On-Lineの『King Quest』シリーズと競合していたのです。しかし、SCUMMエンジンを導入することで、ストーリー、パズル、グラフィックに多くの時間を費やせる可能性が彼らにはありました。歴史が、今こそ海賊が題材のゲームの時代が来たことを証明していたのです。

　最初の『Monkey Island』が1年ほど遅れて登場していたとしたら、Sierra On-Lineはそれを超える何かを生み出していたかもしれません。ロン・ギルバートの頭にアイデアが数年早く浮かんでいたら、『猿の島（Monkey Island）』は『猿の村（Monkey Village）』になっていたかもしれません。チャンスの窓は常に小さい^{訳注22}のです。

　本書の序文では、画家として生計を立てようとしたフィンセント・ファン・ゴッホの不運について触れました。これは、芸術の世界ではよくあることです。最初はまず、新しい技術やアイデアはばかげていると見なされ、すぐに拒絶されます。ジョルジュ・ブラックとパブロ・ピカソは、キュビズムが正式な芸術運動になるまで、長年にわたってキュビズムを繰り返しました。批評家を納得させるには、少なくとも10年の我慢が必要です。残念ながら、ゴッホにとって10年は長すぎたのです。

　世間に認められるまでに1世紀以上かかる場合もあります。ギュスターヴ・クールベ（Gustave Courbet）の『L'Origine Du Monde（世界の起源）』は、1866年に裸の女性の性器をクローズアップして描いたもので、1988年のニューヨークで先見の明のある学芸員が一般向けに公開できると判断するまでに、実に122年を要しました。それだけの時間が経った後でも、その絵は皆に衝撃を与えました。この絵を依頼した人物は、ゲストを迎える際に『L'Origine』の前に置くための同じサイズの平凡な風景画をもう1枚購入したといわれています。「大騒ぎになるよりは隠しておけ」というわけです。私にはこの芸術作品の写真を本書に掲載する勇気はありませんでしたが、どこで見られるかはきっとおわかりでしょう。

　アムステルダムの市立美術館を訪れた際、イタリアの現代アーティストであるルーチョ・

訳注19　ディスプレイに接続して動画などのコンテンツを表示させる機材。

訳注20　ハイパーテキストを論理的に拡張し、グラフィックス、音声、動画、テキスト、ハイパーリンクなどを絡み合わせて、一般に非線形な情報媒体を形成したもの。ヴァネヴァー・ブッシュのメメックスに影響を受けて、テッド・ネルソン（Theodor Nelson）が「ハイパーテキスト」と「ハイパーメディア」という言葉を生み出した。

訳注21　ハイパーテキスト（複数の文書（テキスト）を相互に関連付け、結び付ける仕組み）を実現した最初の商用ソフトウェア。Mac OS X（macOS）以前のいわゆるClassic Mac OSに同梱されていた。

訳注22　原文は「window of opportunity」で、「絶好の機会」という意味で使われる。

フォンタナ（Lucio Fontana）訳注23は、私を困惑させました。キャンバスにきれいにまとめられた絵の具の筆触を眺めているのではなく、ただの穴を見ていることに私は気付いたのです。フォンタナは、その作品を『Concetto Spaziale』（鋭いナイフで作られた曲線の切れ目のついた白いキャンバス）と呼びました。それは、絵画は平面上に絵を描くことで奥行きの錯覚を生み出すという考えを捨て去っていたのです。

私は、キャンバスの前に立つ画家を想像してみました。集中し、深呼吸します。もしかしたら、1時間はそこに立っていたかもしれません。そして、突然ナイフを取り出してキャンバスに突き刺し、その奥の暗闇の一部を明らかにします。……あきらめました。私には、その芸術作品を受け入れる準備がまだできていなかったのです。

3.3.1　採用曲線

新しい考えや製品、実践方法は、広まるのに時間がかかります。この考えは、農業研究者のブライス・ライアン（Bryce Ryan）とニール・C・グロス（Neal C. Gross）によって広められたものです。彼らは、1943年にハイブリッドコーンの普及に関する素晴らしい研究を発表しました※注19。彼らの論文には、新しいトウモロコシの品種の採用を望んでいる農家と望んでいない農家を分類した曲線（図3.6）が描かれています。この研究から、次の2つのことが明らかになりました。

- 採用プロセスは、新しいことに挑戦する意欲がある一部の農家から始まる。そこを起点に、そのイノベーションはほかの農家に連鎖的に広まる。
- 最も影響力があったのは、近隣の農家であった。ハイブリッドコーンを採用した農家を見たり話を聞いたりすると、その他の農家もそれを採用した。

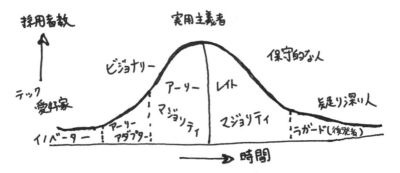

⊘図3.6　新製品が徐々に採用される過程を説明するために、ビジネスやマーケティングで広く使用されているイノベーション曲線。理論上、イノベーターとアーリーアダプターは、アーリーマジョリティとレイトマジョリティの市場を獲得する役に立つはずである。

訳注23　「空間主義」と呼ばれる、既存の絵画の枠に囚われない作風で知られる。「Concetto Spaziale」は、日本語では「空間概念」と訳される代表的なシリーズである。

※注19　Bryce Ryan and Neal C Gross『The diffusion of hybrid seed corn in two Iowa communities』（Rural Sociology, Vol8, Issue1, pp15-24, 1943）。https://ndlsearch.ndl.go.jp/books/R100000136-I15705726998686413952

ほかの研究者たちは関心を抱き、このプロセスのさまざまな段階（認識、情報、評価、試行、採用）を説明するために、独自のイノベーション曲線を描き始めました。ThoughtWorksの有名なテクノロジーレーダー※注20を信奉するプログラマーであれば、間違いなく、これらに使われている用語を知っているでしょう。

要するに、左から右まで市場全体を獲得しようとするのには、時間がかかるということです。あなたの代わりにクチコミで拡散してくれるイノベーターたちに影響を与えようとするのが適切な場合もあります。一方で、グループが小さすぎて、適切ではない場合もあります。過去70年間、ライアンとグロスの採用曲線はかなり批判されています。クチコミを通じて広まるイノベーションは決して均一ではなく、農家が1つのカテゴリーにきちんと収まることはまずないからです。

そういった欠点があるにもかかわらず、新しい市場に参入しようとする際、採用曲線は依然として人気があり、発見に満ち溢れています。90年代のビデオゲームである『Outcast』は、技術愛好家の間にしか広まりませんでした。ファン・ゴッホの絵画は広まりましたが、あまりにも時間がかかりました。本書がこの曲線上のどこに位置するのかは、誰にもわかりません。

> **演習**
>
> ある特定のプロジェクトに新しいテクノロジー使うかを決めるとき、あなたのチームは採用曲線を考慮しますか？　アーリーアダプターまたはラガードとして、あなたのチームはその選択を後悔したことがありますか？　顧客を採用曲線上に置くとどうでしょうか？　彼らはあなたの最新のソフトウェアに常にアップグレードしてくれますか、それとももっと疑い深いですか？

3.4　創造的な流れが妨げられるとき

これまでのところ、自分の想像力を燃料にするためには、他者に頼ること、つまり巨人の肩の上に立つことが重要であることがわかりました。また、こういった巨人が特定の場所に集まる傾向があることもわかりました。最終的には、適切なタイミングで巨人に出会う必要があります。早すぎれば、私たちのアイデアを受け入れてくれる人はいないでしょう。遅すぎれば、誰かに計画を盗まれてしまうかもしれません。

※**注20**　Thoughtworksが発表している技術トレンドの調査結果。それぞれの技術を「Adopt（採用）」「Trial（試す価値あり）」「Assess（調査の価値あり）」「Hold（待ち）」という評価に分類し、「Techniques（開発手法・理論）」「Platforms（プラットフォーム）」「Tools（ツール）」「Languages & Frameworks（言語とフレームワーク）」というカテゴリで4象限に分割したレーダーチャート上にプロットしたもの。https://www.thoughtworks.com/radar

ソフトウェアエンジニアリングにおける創造性の役割を調査するためのインタビュー中、多くのプログラマーがコミュニケーションの必要性を認識し、チーム内（またはチーム間）でうまく協調できなかったことが失敗の一番の原因だったいくつかの悲惨なプロジェクトを思い出していました。

3.4.1 社会的負債

ソフトウェア開発チームでコミュニケーションがうまくいかないことに関して、行動ソフトウェアエンジニアリング研究者のダミアン・タンブーリ（Damian Tamburri）は、**社会的負債**（social debt）という特別な言葉を使っています。おそらく、この言葉を見て最初に思い浮かんだのは**技術的負債**（technical debt）でしょう。少なくとも『The Architect's Role in Community Shepherding』[※注21]という学術記事で社会的負債について読んだとき、私が最初に思い浮かんだのはこの言葉でした。

私たちソフトウェア開発者は、古いコードやレガシーコードを扱う際の技術的負債や、それに伴う多くのコードの問題を十分に認識しています。運がよければ、「コードの臭い」のごく一部は、最終的に技術的なユーザーストーリーに変換されてスプリントで取り上げられます。運がなければ、これらの臭いがさらなる臭いを生み、気付けば事態は完全に制御不能になってしまうでしょう。

ソフトウェア開発者は、常にコードの臭いについて話します。コードの臭いを特定して取り除くために、ワーキンググループとアンサンブルプログラミング[訳注24]セッションを企画したり、コラムで説明する『Refactoring』やロバート・C・マーチン（Robert C. Martin）の『Clean Code』[※注22]などの書籍を読んだり、時間的制約のせいで今日もまた新しいショートカットを生み出さなければならず、コードをきれいにするどころか新たな臭いを導入してしまったことについて、自宅でパートナーに不満を漏らしたりさえしているかもしれません。しかし、ソフトウェア開発の問題はそれだけではありません。技術的負債はただの顕在的な問題に過ぎないのです。

※注21　Damian A Tamburri, Rick Kazman, and Hamed Fahimi『The architect's role in community shepherding』（IEEE Software, Vol33, Issue6, 2016）。https://doi.org/10.1109/MS.2016.144

訳注24　いわゆるモブプログラミングのこと。

※注22　Robert C. Martin『Clean code: A handbook of agile software craftsmanship』（Pearson, 2008）。邦訳『Clean Code アジャイルソフトウェア達人の技』（花井 志生 訳／KADOKAWA／ISBN978-4-04-893059-8）。

コードの臭いと技術的負債

　この2つの違いを明確にするために、いくつかの定義を再確認しましょう。実際のところ、技術的負債とは何でしょうか？　これは、本来はもっとよい技術的アプローチが採られるべきだった場合に「手っ取り早い方法」で物事を処理することで発生するコストです。しばらく修正されなければ、「利子」が積み上がっていきます。つまり、その問題の改善は時間の経過とともに難しくなっていくということです。

　着手が遅すぎて、多くのものを壊さずにコードをリファクタリングできなくなるまで放置された、繰り返し悪用されているデザインパターンが1つの例です。また、静的変数の乱用も、コードに潜むよりも大きな問題を示す有名な特徴です。これは「コードの臭い」とも呼ばれ、ケント・ベック（Kent Beck）によって名付けられ、マーティン・ファウラー（Martin Fowler）の著書『Refactoring』[注a]で有名になりました。もちろん、技術的負債の中には、通常の負債と同様に、正当化されるものもあります。常に怠惰な選択をしているわけではないのです。

3.4.2　技術的負債から社会的負債へ

　コード内には、技術的負債に対して@TechnicalDebtアノテーションを付加することがあります。そして、それが運よく無視され続けてるのを私は見てきました。しかし、開発チームにおける社会的問題はどうでしょうか？　私たちは皆、それがチームのパフォーマンスに深刻な影響を与えることをよく知っています。もしかしたら「単純な」コードの臭い以上に回避（理想的には修正）しなければならない、桁外れに大きい問題である可能性があります。また、いくつかのコミュニティの臭いも、私たちは暗黙的に知っています。それらは（開発）コミュニティで何度も何度も現れ、コードの臭いと同様に、コミュニティの創造的な取り組みに悪影響を与えるアンチパターンです。

　私は**社会的負債**と**コミュニティの臭い**という言葉が大好きです。なぜなら、それらは**技術的負債**と**コードの臭い**という、もっとよく知られたものに完璧に追従しているからです。私は、ダミアン・タンブーリの論文で、これらの言葉に出会いました。彼の論文では、ソフトウェアアーキテクト（または、チーム／テックリードなど）の「羊飼い」としての役割、つまり、コードとコミュニティ両方の臭いの影響を最小限に抑えようとするべき交渉人としての役割について話しています。

※**注a**　Martin Fowler『Refactoring: Improving the design of existing code, 2nd ed』（Addison-Wesley, 2019）。邦訳『リファクタリング（第2版）既存のコードを安全に改善する』（児玉 公信、友野 晶夫、平澤 章、梅澤 真史 訳／オーム社／ ISBN9978-4-274-22454-6）。

次に示すのは、多くの開発者へのインタビューの中で、ダミアン・タンブーリのチームが特定したコミュニティの臭いの抜粋です。

- **タイムワープ**
「コミュニケーションには時間がかからず、メンバー間の協調は必要ないだろう」という誤った思い込みをチームメンバーに引き起こすような組織変更のこと。未解決の問題、コードの臭い、そこから低い品質のソフトウェアへとつながる。

- **認知距離**
不信、誤解、時間の無駄を招くような物理的／技術的／社会的レベルで同僚との間に感じる距離のこと。

- **新人のフリーライディング**
新規参入者が放置され、イライラと仕事への高いプレッシャーを引き起こすこと。

- **パワーディスタンス**
責任感の薄いチームメンバーが、認識して受け入れる、あるいは知識の共有を妨げる権力者に期待する距離感。

- **無関心**
チェックされていない想定シナリオがあったり、製品への愛着が欠けているせいで、製品が十分に成熟していないにもかかわらず、出荷できると思い込んでいること。

- **口やかましいメンバー**
極端に要求が多く、無駄に細かい人々のこと。チーム内に不要な遅延とフラストレーションを引き起こす。

- **ありきたり開発**
自分のやり方に固執し、新しい技術や新しいアイデアに適応しようとしないプログラマーのこと。

- **組織的同形**
異なるチーム間でプロセスとフレームワークの同一性を強制し、柔軟性、士気、コラボレーションを低下させていること。

- **ハイパーコミュニティ**
全てが常に変化している、過度に不安定な環境のこと。その結果、バグの多いソフトウェアを生む。

- **開発／運用間の衝突**
開発と運用チームが厳格に（場合によっては地理的にも）分離されていること。文化的な衝突と信頼の欠如が生じる。

- **非公式過多**
  決まりごとがまったくなく、あまりにも自由なこと。結果に対する責任感が低下する。
- **学習放棄**
  昔からいる従業員が拒んで導入できなくなっている新しい技術のこと。新しい知識や実践経験が損なわれる。
- **一匹狼**
  ほかの意見を聞かずに決める「あの人」のこと。
- **黒い雲**
  チーム内やチーム間で情報を管理する明確な方法がないことによる情報過多の状態。結果として、潜在的な素晴らしいアイデアが失われる。

　問題について実際に話すのがとても簡単になるので、私はこういった類推が大好きです。注目すべきは、こういった臭いの名前は、プログラマーのインタビュー中の発言を単に分析してまとめただけであるということです。とても共感できるものもあれば、それほど共感できないものもあるかもしれません。また、チーム独自の文脈を考慮に入れることで、さまざまなバリエーションやまったく新しい臭いを簡単に思い付けるかもしれません。

　「これが創造性と何の関係があるんだ？」と疑問に思われているかもしれません。ええ、**全部**です！　創造性を表現するためには、情報やリソースに簡単にアクセスできることが重要です。黒い雲が発生しましたか？　学習放棄の問題で行き詰まっていますか？　不幸だ……。認知距離とタイムワープの危険な組み合わせに開発／運用間の衝突が加わると、チームの士気に壊滅的な影響を与える可能性があります。

　心理学者たちは、**個人的な**創造性と**組織的な**創造性の次に、**チームの**創造性を専門とする研究領域を確立しました[注23]。この領域では、チームプロセス、構成、ダイナミクス、メソッドが、創造的な成果とどう関連しているのかを調べます。学者たちの結論？過度の対立はよくないということです。そんなバカな！

　コードの臭いからコミュニティの臭いへ飛び込むことはそれほど大きな転換ではありませんし、コミュニティは自己形成されるものではないことを誰もが知っています。「3.1　協力的なチームワーク」で述べたように、ジェシカ・カーは「優れた開発チームはシンマセシーする」とさえいいました。

[注23]　Ming-Huei Chen『Understanding the benefits and detriments of conflict on team creativity process』（Creativity and Innovation Management, Vol15, Issue1, pp105-116, 2006）。https://doi.org/10.1111/j.1467-8691.2006.00373.x

私自身の個人的な経験においても、そう離れてはいません。技術ではなく、人と一緒に働きます。つまり、チームでプログラミングをする場合、「単純な」コードの臭いよりも、ここで挙げたコミュニティの臭いに注意を払うべきだということです。本書を最後まで読む頃には、多くのコミュニティの臭いがコードの臭いの原因であることに気付いているでしょう。

　現在では、ほとんどのソフトウェア中心のカンファレンスには、社会的問題を扱うセッションが含まれています。確かに、ソフトウェアエンジニアリングの社会的および心理的側面に一定の関心は寄せられていますが、まだ足りません。これこそ、私が学術界に復帰し、最終的に本書を執筆した最も重要な理由です。

　ダミアンは、アーキテクトの主な役割は羊飼いとして群れを世話することだと主張しています。「アーキテクトは単なる『技術的リーダー』以上の存在であると私たちは常に主張してきましたが、現在はアクティブなコミュニティの羊飼いでもなければなりません」と。その責任を明示的に1人のチームメンバーに与えることは危険なことだと私は思っていますが、暗黙的な問題を明らかにすることは解決の始まりであるという点には強く同意します。ただし、チームの連携はアーキテクトだけの仕事ではありません。むしろ、システムと対話する全ての人によって蓄積された努力と、社会的負債とコミュニティの臭いの概念に精通する必要がある（非技術系の人も含めた）全ての人のために存在するシステムによるものなのです。

　ダミアンの学術的な同僚であるジェマ・カタリーノ（Gemma Catalino）の研究は、ダミアンの研究を発展させました。彼女は、2021年にコミュニティの臭いの変動性に関する彼女のチームの見解についての論文を発表しています[注24]。その論文は概念自体の導入ほど強烈なものではありませんでしたが、「コミュニケーションは社会的負債を減らす重要な要素です」という一文が私の心に響きました。

　社会的負債とコミュニティの臭いという概念を学術的なソフトウェアエンジニアリングの世界から外に持ち出し、明らかに必要とされている産業界の開発チームに持ち込みましょう。さもないと、ただ@SocialDebtと付箋紙に走り書きして同僚の誰かの背中に叩き付け、切り上げてしまうかもしれません。

※注24　Gemma Catalino、Fabio Palomba、Damian Andrew Tamburri and Alexander Serebrenik『Understanding community smells variability: A statistical approach』（IEEE/ACM 43rd International Conference on Software Engineering: Software Engineering in Society, 2021）。https://doi.org/10.1109/ICSE-SEIS52602.2021.00017

3.4.4 社会的負債からの脱却

　チームベースの問題を特定して最小化するために、数え切れないほどの書籍、記事、ベストプラクティス、メソッド、モデル、洞察、実験、理論が存在します。全てをここでまとめようとすることには、あまり意味がありません。

　しかし、いくつか際立っているものがあります。私と同僚がインタビューしたプログラマーたちは、責任について言及しました。たとえば……単に他者に責任転嫁するのではなく、グループとして責任を共有するといったことです。行動の専門家で元経営コンサルタントのクリストファー・エイブリー（Christopher Avery）は、この考えを、特にチームワークに焦点を当てた**責任プロセス**※注25へと拡張しました。エイブリーは、抜け出せないように見える状態を否定したり、正当化したり、非難したりするのを止めて、代わりに問題と向き合って何か行動するための（共有）責任を負うことを伝えています。

　責任を共有することで、認知距離、開発／運営の衝突、無関心というコミュニティの臭いを最小限に抑えられるはずです。私は、コードベースの何かが壊れた場合に備えて、開発者が自分の携帯電話番号をコードの変更と一緒にチェックインしなければならないという、いかがわしい慣行について読んだことがあります。このようないかがわしい方法を強制する企業は、責任の本質、つまり責任は共有されるものだということを忘れてしまっているようです。

　社会的負債を軽減するもう1つの方法は、ペアプログラミングを有効活用することです。ペアプログラミングは、チームが定期的にペアを交代して共有責任を負っている限り、一匹オオカミ、学習放棄、ありきたり開発、新人のフリーライディングといった臭いを、事実上、解消します。

　ペアプログラミングは、社会的負債と戦うのを助けるだけではありません。集団学習を通じた洞察（「アハ！」体験。これは「第7章　創造的な心の状態」で詳しく説明します）を促したり、ペア同士の注意深い監視によってコードの品質が向上したり、経験豊富なプログラマーとソフトウェアエンジニアリングの学生の双方に対して、仕事での多くの幸福感と自信を与えることにもつながるため、長期的な効果をもたらすのです※注26。

　ペアプログラミングがプログラマーを幸せに導くのであれば、幸せが増えたその先の結果は何でしょうか？　それは、より多くの創造性です。学術的な文献や一般的な文学にもたくさん証拠が存在します。企業は、幸福な従業員のほうがより優れたパフォーマンスを発揮する事実に気付き始めました。人事マネージャーは、突然「最高幸福責任者」に

※注25　Christopher M Avery、Meri A Walker and Erin O Murphy『Teamwork is an individual skill: getting your work done when sharing responsibility』（Berrett-Koehler/ISBN978-0369315816）。

※注26　Max O Smith, Andrew Giugliano, and Andrew DeOrio『Long term effects of pair programming』（IEEE Transactions on Education, Vol61, Issue3, pp187-194, 2017）。https://doi.org/10.1109/TE.2017.2773024

昇進し、職場のウェルビーイング^{訳注25}の向上に取り組むようになったのです。

　ただし、騙されないでください。雇用主があなたのウェルビーイングに興味を持つ唯一の理由は、複雑な問題を解決するための創造的なスキルを含めた、あなたの仕事のパフォーマンスに関心があるからです。幸福度と創造性の関係は、強化されたフィードバックループとして機能します。つまり、より多くの創造性が、より多くの幸福をもたらすのです。ミハイ・チクセントミハイは、それを次のようにまとめています^{※注27}。

　　多くの人々にとって、幸福は新しいものを作り出したり発見したりすることから生まれる。創造性を高めることは、それゆえ幸福感を高めることでもあるのかもしれない。

演習

現在のあなたの開発チームの文脈では、上記のどのコミュニティの臭いが警告のベルを鳴らしますか？　もし何もなければ、おめでとうございます、あなたはドリームチームの一員です！　あるいは、もしかすると、あなたのチームに存在する隠れた社会的負債が、上記のいずれともぴったり一致しないのかもしれません。もしそうなら、あなたのチーム独自の臭いを自由に作ってください。

まとめ

- 集団的創造性は、個々の創造的な取り組みを大幅に向上させる。志を同じくする多様な人々がいるコミュニティに参加し、自分自身や他者の仕事を議論して改善しよう。
- その同じ集合体は、創造的な地域や天才集団に自然と集まる傾向がある。人工的に天才集団を作り出すのは非常に難しいことが証明されている。
- 地理に次ぎ、時間は創造性を促進（妨害）する、もう1つの主な要因である。イノベーション曲線は、アイデアが拡散するのに時間がかかることを教えてくれている。
- 相互学習に参加することは、その言葉が示すように、学習者と指導者の双方にとって有益である。相互学習は、知識を伝えたり受け取ったりするよりもはるかに効果的だ。

訳注25　心身ともに満たされた状態。

※注27　Mihaly Csikszentmihalyi『Happiness and creativity』（The Futurist, Vol31, Issue5, 1997）。https://www.proquest.com/magazines/happiness-creativity/docview/218552938/se-2

- 複数の領域やグループにまたがってアイデアを交配させる方法を探そう。自分が知っていることに興味を限定しないでほしい。専門家を探そう。視野を広げよう。
- 創造性は体系的である。それは、その一部や全体の合計以上に複雑な（生きた）システムである。
- エコーチェンバー効果を避けるために、他者の意見を模倣せず、真摯に批判的フィードバックを提供し、そして歓迎しよう。
- 仕事中や集まりに参加する際、自分自身が存在するネットワークの性質に注意しよう。アイデアは停滞しているか（固体）、目まぐるしいスピードで互いに追いかけ合っているか（気体）、効果的に広がっているか（液体）？
- ソフトウェア開発チームの創造的な流れは、社会的負債によって容易に妨げられることがある。コミュニケーションこそが社会的負債を減らす鍵となる要素だ。コミュニティの臭いを特定して名前を付けることから始めるとよいかもしれない。

<Chapter>

制約

本章の内容

- 有益な制約の分類
- 固有の制約と課された制約に、どう対処するか
- 創造的なスイートスポットに到達するために、自ら課す制約を活用する
- ナイーブさが創造性に及ぼす影響

　草刈り鎌のくぐもった音が、古代ナイル川デルタ付近に巣を作って眠っている鳥たちを驚かせました。労働者たちは、エジプトの太陽の耐え難い暑さが労働を大きな悪夢に変えてしまう前に、素早く効率的にパピルス草を収穫しています。この植物の繊維は、熟練のパピルス職人たちによって、紙に似た貴重な書き物の材料に加工されることになっているのです。

　紀元前2世紀、プトレマイオス五世（King Ptolemy V）は、彼らの貴重な国産品の1つの輸出を即座に停止するように職人たちに命じました。その理由は、嫉妬という単純かつつまらないものです。ミシア（現在のトルコ西部）のペルガモンにあるライバルの図書館が王をかなりイライラさせるほどの名声を得ていたため、王はアレクサンドリアの偉大な図書館の名声と権力を守りたかったのでした。

　突然のパピルス不足にもかかわらず、ヘレニズム王エウメネス二世（Hellenistic King Eumenes）はペルガモンの図書館を拡大しました。彼の文学に対する渇望は、前任者た

ちの文学に対する野心よりもはるかに大きかったのです。しかし、パピルスはナイル川デルタの外にはあまり生育せず、だからといって粘土板に頼ると1冊の書籍の容量が大幅に減少してしまいます。そこで、エウメネスに仕える専門家たちは、敗北を受け入れる代わりに、それまでは地元だけでしか使われておらず、あまり高く評価されていなかった、動物の皮に文字を書くという東方の技術を完成させました。

プトレマイオスの妙手は手痛い失敗に終わったのです。動物の皮を使ったこの紙は、（この技術を完成させた都市への記念として）**羊皮紙**（parchment：ラテン語ではpergameno）と呼ばれました。羊皮紙は、すでに崩壊しつつあるアレクサンドリアの政治的な権力をさらに奪うことになったのです。パピルスは必要なくなり、文章はかなり安価に複製できるようになりました。

21の世紀が経った後、フランス南部のプロヴァンス地方にあるエクス＝アン＝プロヴァンス（Aix-en-Provence）近くの大邸宅で、濡れた筆で素早くリズミカルにキャンバスを擦する音が1人の画家を魅了しています。ポール・セザンヌは、りんごの入った籠を何度も何度も描くことで、絵画の対象を単一の視点から描くというアイデアから複数の角度を組み合わせるというアイデアへと徐々に変えていきました。

セザンヌは、たった1枚のキャンバスに異なる構図を描くという不可能に挑戦していたのです。そして、1893年に完成した最終的な作品は、（全てがわずかに異なる視点を用いて描かれた）バランスの取れていないパーツによって遠近はバラバラでありながらも、驚くほどバランスが取れたものでした。

セザンヌの『リンゴの籠（Le Panier de Pommes）』は、線遠近法という考え方[訳注1]自体に挑んだものです。数世紀にわたって、画家たちは空間と奥行きの視覚的遠近感を作り出すために単一の視点を使用してきました。別のキャンバスを使わなければ、複数の視点を持つことは不可能だと誰もが思い込んでいたのです。彼の絵画が、フォーヴィスム[訳注2]、特にパブロ・ピカソとジョルジュ・ブラック（Georges Braque）が起こした芸術運動であるキュビスム[訳注3]への道を開いたため、この偉業からセザンヌは「現代美術の父」と称されるようになりました。

次の世紀の終わり、テキサス州メスキートのオフィススペースにあるThe Black Cubeでは、忙しなくキーを叩く音が響いていました。デザイナーやプログラマー、アーティストから成る小規模なチームが、世界中で大流行することになるビデオゲームを開発してい

訳注1 「一点透視図法」とも呼ばれ、近くのものは大きく、遠くにあるもは小さく描き、奥行きや立体感を持たせる技法のこと。

訳注2 「野獣派」と訳されることもある。目に映る色彩ではなく、心が感じるままに表現する。激しい原色の対比、大胆な筆致を特色とする。

訳注3 伝統的な遠近法や陰影法による空間表現から脱却し、幾何学的な形によって画面を構成するという手法。

ます。ジョン・ロメロ（John Romero）、トム・ホール（Tom Hall）、サンディ・ピーターセ
ン（Sandy Petersen）、ジョン・カーマック（John Carmack）、デイブ・テイラー（Dave
Taylor）、エイドリアン・カーマック（Adrian Carmack）、ケビン・クラウド（Kevin
Cloud）で構成されたid Softwareの開発者チームは、1992年に『DOOM』^{訳注4}を開発し
ました。

　このキー入力音は、80386搭載のIBM PC互換機につながれた古風なベージュのキー
ボードではなく、macOSの前身であるUNIXベースのNeXTSTEPオペレーティングシス
テムを実行するNeXTstationのスリムな黒いキーボードから来ていました。カーマックと
彼のチームは、NeXTのハードウェア上でクロスコンパイルすることが生産性を飛躍的に
向上させることに気付いたのです。これらのワークステーションには、より多くの色と高い
解像度に対応した17インチのモニタが付属しており^{※注1}、『DOOM』のマップデザイナー
は、はるかに早く作業を仕上げることができました。

　カーマックは、『DOOM』と『Quake』の開発途中で、10万ドル以上をNeXTコン
ピューターに費やしたことを認めています^{※注2}。多くの開発者やデザイナーにとっては、
「より安価な」NeXTstation^{訳注5}でさえも予算をはるかに超えるものでした。しかし、その
高額投資はid Softwareにうまくハマったのです。彼らは、従来のIBM PCを開発のワー
クステーションとして使わないと決定した結果、血まみれの宇宙軍団シューティングゲーム
を1年余りで制作し、リリース後の最初の年に数百万ドルを稼ぎ出しました。

訳注4　MS-DOS向けにシェアウェアとしてリリースされたFPS（ファーストパーソンシューター：一人称視点）のゲーム。
敵を銃撃して倒しながら、ステージ内を探索して脱出する。多くのプラットフォームに移植され、FPSの原型を確立した
と評される。

※注1　当時の640×480ピクセルの画素数の標準的な14インチモニタと比較すると、1,120×832ピクセルで92DPIという
解像度は、当時のPCとしてはハイエンドと見なされていた。この素晴らしい技術とid Softwareがそれをどう活用した
のかについては、Fabien SanglardのGame Engine Black Book（https://fabiensanglard.net/、2018年）を参照のこと。

※注2　Fabien Sanglard『Game Engine Black Book: DOOM v1.1』（2018）。https://fabiensanglard.net/

訳注5　NeXTstationは、1万ドルを超える高価なNeXTcubeの普及版として発売されたが、安価なモデルさえも
約5,000ドルと高価であった。

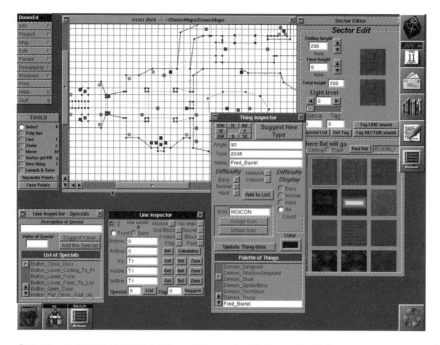

⚙️ 図4.1 NeXT OS上で動作するDoomEdマップエディター。2015年にDOOMのソースコードが公開されたおかげで実現できた。NeXTマシンの無類のパワーがなければ、DoomEdソフトウェアを作成するだけで少なくとも2倍の時間がかかっただろう（これにも2万行のコードが必要だった）。スクリーンショット提供：ファビアン・サングラード（Fabien Sanglard）

4.1 制約ベース思考

　エウメネスがプトレマイオスからパピルスの供給を断絶されたときの対応、ポール・セザンヌが複数の視点を描くために1枚のキャンバスに執着した頑固さ、そしてid Softwareが開発プロセスの大部分をNeXTコンピューターに移行するという決断の間にある注目すべき共通点は何でしょうか？　これらの3つの例は、いずれも克服すべき課題があり、革新的かつ先見の明を持った発明をもたらしました。

　こういった課題は**制約**と見なせます。ペルガモンは、突然、パピルスの入手経路を失いました。では、図書館を維持し、文化的および政治的な影響力を拡大し続けるために、どうやって学者たちに用紙を供給したのでしょうか？　セザンヌは、頑固にも1枚のキャンバス上に2つの視点を描きました。では、2つの似て非なる視点を表現するために、どうやって1つの空白を埋めたのでしょうか？　カーマックと彼のチームは、低解像度や低速なハードウェアで開発することを断固として拒否しました。では、（部分的に）ハードウェアの制約を軽減するためのテクノロジーをどうやって開発したのでしょうか？

　制約は、創造性にとって極めて重要であることが証明されています。この制約は、自ら課す場合もあります。たとえば、セザンヌは1枚のキャンバスに頑固に描き続けました。

後世の画家たちも、静かな色調のパレットにこだわったり、四角形だけを描いたり、塗料を一切使用しなかったりなど、このような制約を課すことがよくあります。音楽家や写真家も同じように自ら制約を課すテクニックを頻繁に利用し、本当に独創的な芸術作品を創り出します。一方で、制約は強制的に課されることもあります。その場合、与えられたものを使用して作業するか、回避策を見つけるしかありません。

制約の影響を受けたプロセスの結末は、非常に進歩的なものになり得ます。制約なくして創造性なし。「第3章　コミュニケーション」で説明した集団的創造性とまさに同じく、制約は創造的な問題解決を試みる際に考慮すべき重要な要素の1つです。19世紀の小説家であり科学者でもあるヨハン・ヴォルフガング・フォン・ゲーテ（Johann Wolfgang von Goethe）は、制約について「偉大なことを成し遂げようとする者は、自制心を発揮しなければならない。達人は制約の中で初めて姿を現す。そして、法のみが私たちに自由をもたらしてくれるのである」と的確に指摘しました。レガシーコードや低品質の既存のデータベースシステムでの作業を強いられたときは、この言葉を思い出してください。

4.1.1　グリーンフィールドかブラウンフィールドか？

制約は、創造性を劇的に向上させます。一般的には制約は悪いものであると考えられているため、直感に反するかもしれません。あまりにも時間やお金が足りない。あまりにもプレッシャーが大きい。野心的なソフトウェアプロジェクトを実現するのには、あまりにもハードウェアの制限が厳しい。新しいレイヤーを構築するためには、あまりにもソフトウェアアーキテクチャが古い。快適にプログラミングするためには、あまりにもJava Development Kitが古い。完璧に処理するためには、あまりにも秒間リクエストが多い。あまりにもネットワーク接続が不安定、あるいは帯域幅が狭い。チーム内の制約について、つい愚痴ばかりになってしまいます……。

いわゆる**グリーンフィールド**プロジェクト[訳注6]に取り組むことは、確かに楽しく創造的なのかもしれません。風変わりな新しい技術を選べますし、開発やデプロイパイプラインにはほとんど制限がありません。そして何より、やっかいで、昔からあって、朽ち果てていて、しかし依然として重要なソフトウェアのパーツを構築しなければならなくなることはありません。素晴らしい！

一方で、**ブラウンフィールド**プロジェクト[訳注7]は、白紙の状態から始められず、制約に対処しなければないからこそ、より創造的な行動を引き起こす可能性があります。「これ

訳注6　草木が多い茂っている手付かずの土地といった意味で、何もない状態から始めること。
訳注7　すでに何らかの手が付けられている土地を表し、ここでもでも途中から参加するという意味で使われているが、環境汚染などの理由で利用されなくなった、あるいは何らかの理由で開発が進まない土地といったネガティブな意味合いが強い。

がとても楽しいことなんだ」と主張しているわけではありません。単に制約はよいもので**ある可能性がある**ことを伝えようとしているのです。2種類のソフトウェアプロジェクトのうち、よく出くわすのはどちらだと思いますか?

　これは、私たちの開発者へのインタビューでも明らかです。参加者の中には、「何も制約のない問題に取り組むと、結局は退屈する」という人もいました。イライラしつつも刺激的な納期を遵守したり、マネージャーを説得したり、クライアントからのやかましくも貴重なフィードバックを考慮したりする必要はありません。自分がやりたいことは何でもやれます。楽しそうですよね?　そう……退屈し始めるまでの最初の数週間は。

ソフトウェア開発の学習：グリーンフィールドかブラウンフィールドか?

　高等教育では、ソフトウェアエンジニアリングの学生には、通常、きちんと前処理が施され、注意深く定義されたプログラミング問題、つまり小さなグリーンフィールドプロジェクトが提供されます。構文を訓練することが目的であれば、これでうまくいきます。

　しかし、現実の世界でデザインパターンを適用する方法、大規模なソフトウェアプロジェクトに対処する方法、そして何よりも、既存の制約を巧妙に利用して創造的な解決策を見つける方法を学ぶことが目的であるならば、このやり方ではうまくいきません。Microsoftのベテランであり、50年にわたるソフトウェアエンジニアリングの歴史を分析したアダム・バーは、まさにそういう理由から学術界で実際のオープンソースプロジェクトを使用することを提唱しています。それにもかかわらず、コンピューティング教育の研究はこれを見て見ぬふりをし、従順にグリーンフィールドのアプローチの研究を行い、適用を続けています。私にもこの罪があることを認めます。グリーンフィールドを使用した実験室演習のほうが、作成しやすく、維持しやすく、評価しやすいのです。

　この話は、おもしろい思考実験として役に立つかもしれません。あなたはジュニアプログラマーやインターン生をどのように育成しますか?　そのような人々には、何も問題が起こらず、制約に関してほとんど学ぶ機会のない、独立して必要な物が全て揃った遊び場が与えられるのでしょうか?　そうではなく、制約に対して適切かつ創造的に対処する方法を学ぶために、より経験豊富な同僚と一緒にコーディングしてもらいますか?

　制約が普遍的に悪いものであるのなら、多くのイノベーターやアーティストが自らに制約を課す理由は、いったい何なのでしょうか?　もうおわかりだと思いますが、彼らは

「型にはまらない考え方をする」ために制約を利用し、それを突破するのです。いくつかの典型的な制約を調べ、創造性との関係をより深く理解しましょう。

4.1.2 制約の分類

次に示す構造は、合理性と制約を専門とするノルウェーの社会・政治理論家であるヤン・エルスター（Jon Elster）の著書からの抜粋です。図4.2に示されたエルスターの有益な制約の分類は、創造性の研究者や私たちに、根本的な意思決定において最も重要な制約をより深く理解する機会を提供してくれています。

全ての制約が目の前のタスクに有益というわけではなく、ソフトウェア開発における創造的な問題解決の役に立つ制約のみに私たちは関心があります。エルスターは、制約の利用者に何らかの利益をもたらすものの、利用者自身が選択していない制約を**付随的**と呼んでいます。一方、創造的な利益のために自ら課す制約を**本質的**と呼んでいます。3番目の分類は、**ハード**（物質的、技術的、財務的）制約と**ソフト**（慣行）制約の違いです。最も重要な個人の自由は、自ら課す制約の中に見られます。しかし、まずは付随的制約の2つの分類を詳しく見ていきましょう。

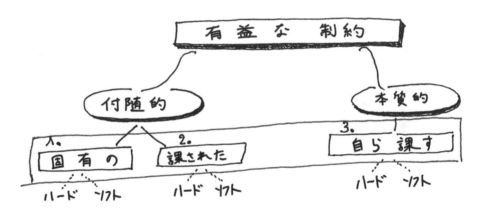

◎**図4.2** エルスターの著書『Ulysses Unbound』から引用した有益な制約の分類法[注3]

演習

ソフトウェア開発者として、現在のタスクの全ての制約を常に特定していますか？
本質的制約と比べて、付随的制約には違った創造的な考え方で取り組みますか？
もしそうなら、なぜそうするべきだと思うのですか？

※**注3**　Jon Elster『Ulysses Unbound: Studies in rationality, precommitment, and constraints』（Cambridge University Press/ISBN978-0521665612）。

4.2　固有の制約

　おそらく最も明白な制約である固有の制約は、特定のタスクに属する問題の特性に関わるものです。画家がキャンバスに絵画を制作する場合、キャンバスの物理的な素材と絵の具（種類を問わず）が固有の制約となります。プログラマーの場合、JavaScriptであれアセンブリ言語であれ、原則は変わらず、コードを使って作業しなければなりません。アクリルチューブをキャンバスに噴出させても、現代アートをコードに変換するペイントコード画像認識装置を開発しない限り、そのソフトウェアをクライアントに提供できません。固有の制約は付随的だと見なされます。それはただ存在しており、私たちはそれらに対処（または回避）しなければなりません。

4.2.1　ハードウェア固有の制約

　高価なNeXTのハードウェアに投資することで、『DOOM』チームは当時の典型的なIBM PCのハードウェアに縛られていた固有の制約から逃れました。もちろん、彼らは依然として何かしらの固有の制約に縛られています。たとえば、クアッドコアCPUはまだ発明されておらず、NeXTのマザーボードのスロットにギガバイト単位のDDRメモリが挿さっていたわけではありません。コンピューティングの素晴らしい世界では、これらの制約は絶えず進化していますが、制約が完全に消えることはまずないのです。

　ほかのゲームスタジオは、現行世代のハードウェアの欠点を受け入れることを選びました。たとえば、第3章で最初に登場したLucasArts※注4の『Monkey Island』は、ピクセルで構成された独自のアートスタイルを持っています。これは、チームが制限のあるカラーパレットで作業することを決めたわけではなく、ハードウェアの制約によるものでした。

　1984年、当時標準化されていたCGAグラフィックディスプレイシステムを上回る性能を持つEnhanced Graphics Adapter（EGA）が発表され、IBM PCに搭載されました。8ビットのISAバスのEGAカードには、最大64KBまでの作業メモリが搭載されていることが一般的でした。ギガバイトじゃなくて！　さらにRAMを拡張することで高解像度（640×350）に対応する拡張ボードも存在しましたが、EGAはパレットの中にある固定の16色しか表示できませんでした。

　16色……16……しばし、これを心に留めておくことにしましょう。この制約にもかかわらず、『The Secret of Monkey Island』はその芸術的で暗い背景の表現力があったからこそ、非常に魅力的なゲームになったのです。LucasArts（当時）のアーティストの1人

※**注4**　『Monkey Island』の開発中、LucasArtsは、まだLucasFilmGamesでした。

であるマーク・フェラーリ（Mark Ferrari）は、**ディザリング**（dithering）というテクニックを使ってEGA固有の制約を回避する方法を見つけました。交互に色が変わるピクセルを市松模様に描き、より広い色の範囲の錯視を作り出すことで、視覚的に魅力的な効果を生み出したのです。90年代初頭の無骨なCRT[訳注8]モニタはピクセルをブレンドするという特性があるため、ディザリングの効果を増幅しました。

『Loom』は完全なディザリング処理を施した最初のゲームであり、マークは『Monkey Island』の背景を担当しながら、この技術をさらに洗練させました。さらに、チームはディザリングされたグラフィックスを圧縮する方法を発見し、はるかに大きな背景とキャラクターアートを描けるようになりました。1990年10月のリリース時点では、VGA（Video Graphics Array）は非常に高価であったため、EGAを置き換えるまでには至っていませんでした。しかし、古いEGA搭載のIBM PCでアドベンチャーゲームをプレイしていた人々の多くは、自分のコンピューターが何らかの方法で夜間にアップグレードされたのだと思ったに違いありません。つまり、EGAという制限があるハードウェアを創造的に使用し、まるでVGAで描画しているように見せて16色という制約を克服したのです。後に、『Monkey Island』のVGAバージョンがリリースされました。その中では256色のサポートが実装され、より高度な背景とキャラクターアートを実現しています（図4.3参照）。

マークは、『Monkey Island』を自分自身の「ディザリングされたEGA作品の博士論文」と呼び[※注5]、制約のおかげでチームが創造的な成果を出せたことを次のように感謝しています。

> こういった*極端な制限*を超えてどこかに到達するには、自分の持つアイデアを実現する方法を見つけ次第、片っ端から試す必要があったため、非常にクリエイティブな環境で作業できました。

Deluxe Paint[訳注9]で1ピクセルずつ入念に描かれたこれらの印象的なシーンは、その情熱を示すだけでなく、創造的な刺激が固有の制約によって生み出されることを証明しています。マークがDeluxe Paintに熟練したことで、『Monkey Island』では多くの創造

[訳注8]　いわゆるブラウン管のこと。ブラウン管は、陰極線管（Cathode-Ray Tube）とも呼ばれ、CRTはその頭文字。電子銃から発射された電子ビームが蛍光面に衝突して発光するというのがブラウン管の動作原理で、電子ビームの速度や位置を真空管内で制御するため、奥行きが必要になる。また、密接して配置されたRGBの3つの画素によって1つのピクセルを構成しており、著者はそれを「ピクセルをブレンドする」と表現している。

[※注5]　『The legacy of Monkey Island』（Retro Gamer, No212, P.24）を参照。

[訳注9]　もともとはElectronic Artsのために開発されたAmiga上で動作するビットマップグラフィックエディター。その後、MS-DOS版もリリースされた。日本では（特にAmigaユーザーから）「デラペ」と呼ばれており、テレビ番組のCGを制作するといった用途でも使われていた。

的なトリックを生み出しました。たとえば、色相環を賢く使った燃えるキャンプファイアの
アニメーションや背景の近くの岩々に映る火の光が踊る様子などです。

⊘図4.3 『The Secret of Monkey Island』の最初のシーンの1つをEGA（上）とVGA（下）でキャプチャ
したもの。縁石の周り、ガイブラシの後ろの家、そして空をよく見ると、わずかな違いと市松模様に気付
くだろう。表現豊かな夜景のおかげで、EGAの青みを最も柔軟に扱えたため、より大きなカラーパレッ
トの必要性をさらに減少させた。後継の『Monkey Island 2: LeChuck's Revenge』では、VGAの256色
を全面的に採用してさらに明るくなった。

マーク・フェラーリとカラーサイクルの衝突

　　EGA、Deluxe Paint、マークのプロフェッショナルなキャリアについて詳しく知りた
い場合は、Retro Tea Breakのインタビューを視聴するとよいでしょう。彼は自身の
キャリアを「物事に後ろ向きに没頭する（falling backward into things）」としてまと
めています（詳細リンク：https://youtu.be/e-aJ8YNSYGs。ニール・トーマス（Neil
Thomas）の著書『Selected Interviews Vol.1』でも閲覧可能）。このインタビューで
は、偶然の創造性と第3章で取り上げた天才集団のコンセプトにも触れています。

4.2.2　ソフトウェア固有の制約

　　自己表現のために特定のメディアを使用する際、そのメディア固有の制約は、あなたが望むか否かにかかわらず、芸術的な成果物を具現化するのを助けます。たとえば、異なる種類の絵の具は、見た目が違うだけではなく、塗装方法、水分量や耐光性による耐久性、粘度なども、それぞれ異なります。アクリル絵の具は乾きが早く不透明のため、濃い色から薄い色に塗ることができますが、水彩絵の具はその逆です。

　　同じ原理がソフトウェアにも当てはまります。ソフトウェアを作成したい場合は、ソフトウェア開発のエコシステム固有の制約の中で作業する必要があるのです。たとえば、キーボードなどの周辺機器を使用して記号を入力し、コンパイル（またはインタプリティング）するためのコマンドを発行することなどが挙げられます。コードをキャンバスに描いたとしても、魔法のようにコンパイルして実行されることは期待できません。

　　コンピューターに動作方法を指示するためには、一連の命令が必要です。これはソフトウェア開発固有のものです。プログラミング言語の選択は、あなた次第である場合もあれば（自ら課す制約）、そうでない場合もあります（人から課された制約）。しかし、より高レベルでは、ソフトウェア開発の特性に従う必要があります。まず、ほかの誰かに特定のプログラミング言語を使用するように命令された場合に何が起こるのかを見てみましょう。

演習

プログラマーとしての日常業務の中で、どのような制約が仕事と直結していますか？　これらに抵抗する代わりに、創造的な方法で回避できますか？　たとえば、一部の組込みオペレーティングシステムでは、ネイティブのスレッドサポートがありません。ユーザースペースで実行されるコルーチンのような**グリーンスレッド**（green threads）[訳注10]（Go、Lua、PHP、Perlなど）はスレッドをエミュレートし、これを「修正」します。まさに、マーク・フェラーリがEGAの制限されたカラーパレットを「修正」したのと同じようにね。

訳注10　コンピュータープログラミングにおいて、オペレーティングシステムではなく、ランタイムライブラリや仮想マシン（VM）によってスケジューリングされるスレッド。

4.3　課された制約

　固有の制約はあなたが仕事をするために選んだツールに内在するものですが、課せられた制約は利害関係者から生じる制限です。これらの制約は本質的に同じものですが、あなたはツールを選べず、ほかの誰かが選びます。あなたのクライアントは来週の火曜日までに問題を解決してほしいといっており、そのあとでメンテナンスチームに作業を引き継ぐためにPHPを使う必要があります。あなたがこれまで苦労してきた最も典型的なプロジェクトベースの制約は、予算、時間、効率、適切さなどの分類に含まれます。

　ツール固有の制約と課された制約の違いはわずかですが、どちらも外から押し付けられ、自由に選択できないものです。しかし、チームに与える精神的影響は大きく異なります。まず、固有の制約には（ほとんど）誰も不満をいいません。80年代のPC開発者は、数百キロバイトのRAMやEGAなど、非常に制限されたハードウェア性能を使っていました。ほかに選択肢はなかったのです。あなたが熟練のプログラマーで、2022年スタイルで物事を進めたいと強く望むのであれば、モダンなプログラミング言語、CQRS[訳注11]、ドメイン駆動設計[訳注12]などに目を向けているかもしれません。既存の水平スライスされたPHPシステムを拡張することを余儀なくされ、老朽化したSQLデータベースを扱わなければならないのは、あまり創造的でもやる気が出るものでもありません。

　「古いプロジェクトには、現代のベストプラクティスを採り入れられない」といっているのではありません。たとえば、あるプロジェクトでは、私自身が理解できないドメインロジックを無限のOracle SQLストアドプロシージャに閉じ込めながら作業していました。C++レイヤーである「プログラム」は、「ドメインレイヤー」であるストアドプロシージャにプッシュされるまで、延々とデータを変換し続ける空っぽの箱です。完全に意気消沈し、得意の徹底したテスト駆動開発を活用できず、何とかついて行こうとしましたが、だんだん落ち込んでいってしまいました……SQL DeveloperのPL/SQLステートメントを単体テストする機能を発見するまでは。さらに、コマンドラインのututilツールにより、ビルドシステムに統合することも可能だったのです！

　しかし、私の喜びは長く続きませんでした。単体テストに頼る利点を理解しているのは私だけであり、ほかのメンバーを説得する活動はうまくいかなかったのです。6か月後、その状況に進展が見られないことに失望し、私はほかの現場に移動しました。創造性には、関係する全ての人のモチベーションが必要なのです。

訳注11　「Command and Query Responsibility Segregation」の略で、「コマンドクエリ責務分離原則」と訳されるソフトウェアアーキテクチャ。情報の読み取りと更新の操作を分離するという考え方。

訳注12　ドメイン（サービス利用者の課題やニーズに関する知識やロジック）に一致するようにソフトウェアをモデル化する設計手法。

　別のプロジェクトでは、私たちは、Visual Basic 6（VB6）を使用した巨大なクライア
ントソフトウェアシステムからC#で動く最新のWebブラウザベースのソリューションへと
クライアントを徐々に移行させていました。両方のソフトウェアシステムを適切に保守する
必要があり、このソフトウェアは複雑な給与計算エンジンであることから、さまざまな新
しい法律を遵守するために、レガシーシステムへ変更を加えなければならなかったので
す。しかし、VB6のコードベースの中身を理解している人は、ごくわずかでした。VB6の
コードベースの変更は、まるでジェンガのようです。間違ったピースを引き抜くと、全て崩
れ落ちてしまいます。

　そこで、SimplyVBUnit[訳注13]の出番です！　完全には統合できませんでしたが、
少し手を加えることで、私たちは自信を持ってコードの変更をVisual SourceSafe[訳注14]に
チェックインできました（図4.4）。単体テストのコードも、NUnit[訳注15]のおかげで非常に
読みやすいものとなりました。

```
Public Sub MyTestMethod_WithSomeArg_ShouldReturn45
 Dim isType As Boolean
 isType = MyTestMethod(arg1)

 Assert.That isType, Iz.EqualTo(45)
End Sub
```

　数年前、元同僚が「典型的なDTO（Data Transfer Object：データ転送オブジェクト）
の実装とライフサイクルの管理にうんざりしている」と私にいいました。「あるレイヤーから
次のレイヤーに、ただひたすら変換しているだけように感じている」と彼はいいます。ディス
クに永続化される前の最後のステップは、おそらく、また別の頭字語で書かれた別のデー
タレイヤー（ORM：Object-Relational Mapping）なのでしょう。彼は次のように続けます。

> 私たちは、Hibernate[訳注16]に対する愚痴と、延々と遅延ロードされる1対多のアノテー
> ションの間違いにうんざりしていました。なぜ私たちは、いつもこういった依存関係を
> 無頓着にインポートするのか？　そこで私たちは決めたのです。「最初のレイヤーをそ
> のままデータベースに永続化しよう」と。そして、私たちはまさにそのままのことをやり
> ました。単純なシリアル化です。それは驚くほどうまくいったのです！

訳注13　Visual Basic 6で書かれた単体テストフレームワーク。https://github.com/kellyethridge/SimplyVBUnit
訳注14　かつてMicrosoftが開発し販売していた小規模なソフトウェア開発プロジェクト向けのバージョン管理システム。
訳注15　.NET向けの単体テストフレームワーク。https://nunit.org/
訳注16　Java向けのORM。https://hibernate.org/

NoSQLシステムと連携できない場合、SQLインスタンスをドキュメントストアのように扱ってみてください。ただし、データ移行問題を考慮することをお忘れなく。課せられた制約（リソースが限られている、アイデアがすぐに却下されるので創造性が抑制されている）を後ろ向きに見るのではなく、より前向きに見てみてください。限られたリソースであっても有効活用できる可能性はあり、もしかしたらアイデアをもっと練る必要があるのかもしれません。それゆえに、創造性が明白な領域を超えるのです。制約は、必ずしも束縛ではありません！

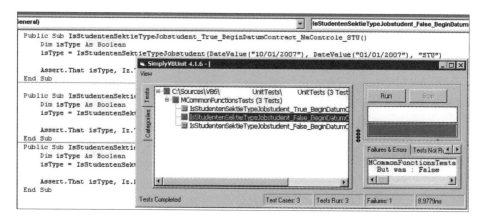

❷図4.4　SimplyVBUnitで実行されるVB6単体テストの一部。詳細はhttp://simplyvbunit.sourceforge.netを参照。

演習

あなたには、現在、どのような制約が課されていますか？　なぜ、それらの制約は固有ではなく課された制約だと思うのですか？　髪をかきむしるほどやっかいな制約はありますか？　あなたとチームはそういった制約に、どのように対処していますか？

4.4　自ら課す制約

制約に基づく思考が創造性を引き出すためにどれだけ有用であっても、固有の制約や課された制約は、創造性やデザインの研究者にとって**副産物**だと未だに考えられています[注6]。それに対して、制約の創造的プロセスを専門とする研究者であり、ヤン・エルスターによる有益な制約の分類を引き継いだミカエル・モーセ・ビスケ（Michael Mose

---

※**注6**　Michael Mose Biskjaer and Kim Halskov『Decisive constraints as a creative resource in interaction design』（Digital Creativity, Vol25, Issue1, pp27-61, 2014）。https://doi.org/10.1080/14626268.2013.855239

Biskjaer）によると、自ら課す制約は**本質的**であると見なせるそうです。この種の制約は、「創造性を高めて独創的な作品を発明する」という期待される利益のために、意図的かつ自発的に課されるものです。創造性の自発的な制約に関する彼の論文の中で、ミカエルはこの考えを明確にしています※注7。

> 約1920年代以降の古典および現代のアバンギャルド運動の多くは、神聖なインスピレーションと天才の概念を捨てることで、全てが自ら課す制約に基づいた、非常に革新的で効率的かつ創造的な介入テクニックを編み出し、取り入れてきた。こういったアーティストの多くは、障害物、「仕掛け」、命令、ランダムな入力刺激などを意図的に設けることが、己の創造的プロセスへ火をつけ自らを刺激するのに非常に有益であることに、すぐ気付いたのである。

　プロジェクトに時間や予算の制約を自発的に課したいと思う人がいるのでしょうか？資金の半分をすでに使い果たした状態で、「昨日やらなければならなかった」と経営者がいうとき、私たちは漏れなく、自分たちが陥っている危険な苦境に憤りを感じます。厳しくも合理的な制約と、ありえないほどばかばかしい制約の間には大きな違いがあるのです。ミカエルが述べている「仕掛け」は、前者に当たります。
　ビスケによれば、自縛行為は次の2つの主な分類のどちらかに該当するそうです。

1. 生産性を高める行為
2. 創造的な行動への新たな機会を開く手段として、創造的プロセス自体に影響を与えて変革し、最終的にはより独創的な成果をもたらす（と人は望む）行為

　コーディングにおいて、注意散漫を防ぎ、生産性を促進するための厳格な日常のルーティンは、前者に該当します。インターネットへのアクセスを禁止したり作業スペースをクリーンな白い画面に制限したりするなどの生産性ツールは、意図的に注意散漫になる要素をブロックし、作業を促進します。Serene for macOS訳注17のようなソフトウェアは、注意を散漫にするアプリやソーシャルメディアをブロックするために設計されており、それによって集中力を高めることが可能です。

※注7　Michael Mose Biskjaer『Self-imposed creativity constraints』（PhD thesis, Department of Aesthetics and Communication, Faculty of Arts, Aarhus University, 2013）。
訳注17　タイムマネジメント、誘惑からのブロック機能、集中力強化機能を1つにまとめたパッケージ。デスクトップアプリにWebブラウザのアドオンを組み合わせたもので、集中力の阻害要因をシャットアウトすると同時に、1日の作業ゴールを複数のセッションに分けて設定できる。https://sereneapp.com/

常時接続型メッセージングの危険性

https://sereneapp.com/のSereneのプロモーションビデオでは、Slackと
Skypeを注意を妨げるアプリケーションに分類していますが、まさにその通りです。
常に心の状態がオンになっていると、数多くの出版物で示されているように、創造
性を極端に害します。しかし、どういうわけか、私たちはその研究結果を無視し、
メッセージのやり取りを続けているのです。

SereneとSlackの両方が、さまざまな技術系Webサイトの「最高の生産性アプ
リトップ10」に登場しているのはおもしろいものです。雇用主が企業向けのコミュニ
ケーションアプリを使うように求めてきたら、十分ご注意を。あなたの生産性と創
造性もまた、雇用主の最大の利益になるのです。

　第二の分類である創造的プロセスの変革は、より独創的な結果へ到達する可能性を
広げるはずです。芸術家は、自ら課す制約による創造性の利点について、私たちプログ
ラマーよりもしっかりと認識しています。有名なロシアの作曲家であるイーゴリ・ストラ
ヴィンスキー（Igor Stravinsky）は、自由を求めるために制約を課すことについて、「人
間の活動は、それ自体に制限を課さなければなりません。芸術は、支配され、制約され、
痛め付けられるほど、より自由になるのです」[※注8]と語っています。

　しかし、より多くの制約が、どのようにより多くの自由をもたらすのでしょうか？　これ
には、創造的な自由と自ら課す制約による創造的な自縛が密接に関係しています。このよ
うな制約は、制限**と同時に**解放を意味しているのです。後の例で見るように、視覚エフェ
クトを生み出すためにたった64KBのコードしか書けないように自らを制限すると、はる
かに創意工夫が必要になり、だからこそより創造的になる必要があるのです。

　パブロ・ピカソ、ピエト・モンドリアン、ワシリー・カンディンスキーといったモダニズ
ムを探求する有名な画家の初期と後期の作品を比較すれば、自縛することで進化した
ことがはっきりと見られます。中には、削除すべきものを全て削除するところにまで至っ
た人もいました。1960年、ヤン・スホーンホーヴェン（Jan Schoonhoven）は、オランダ
の「Nul-beweging（ゼロ運動）」を共同創設しました。彼らは芸術を創造する一方で、
「画家らしい」と感じられるものを全て禁止しました。絵の具と感情を、ダンボールと幾何
学模様の繰り返しに置き換えたのです。

※注8　Igor Stravinsky『Poetics of Music in the Form of Six Lessons(s (The Charles Eliot Norton Lectures)』
（Harvard University Press／ISBN978-0674678569）。

好きなだけ笑ってください。スコーンホーヴェンの異質な作品は、今やオランダのクレラー・ミュラー美術館（Kröller-Müller Museum）やフランスのポンピドゥー・センター（the French Centre Pompidou）のような有名な芸術センターの一部となっています。数年前には、彼の白いテクスチャのレリーフの1つが、ロンドンのサザビーズで780,450ポンドの値を付けました。スコーンホーヴェンは郵便配達人であり、これらの全ての作品を余暇中に創り上げたのです。自ら課す制約に感謝しましょう。次のセクションでは、自ら課す制約を活用して創造的なソフトウェア開発プロセスを意図的に変革することで、平凡という足かせを取り除く方法を示します。

4.4.1 情熱的なピクセルアーティストたち

自ら課す制約の多くは、課せられた制約から派生しています。まずは、ポイントアンドクリックゲーム[訳注18]の熟練開発者であるロン・ギルバートとゲイリー・ウィニック（Gary Winnick）が加わって共同制作した、2017年のマーク・フェラーリの最後の作品『Thimbleweed Park』を見てみましょう。『The Secret of Monkey Island』から27年後に発売された『Thimbleweed Park』は、1987年のクラシックなLucasfilmのアドベンチャーゲームが、誰かがその大きな箱を再び発見するまで未開封のまま埃をかぶっていたかのようなデザインになっています。ただし、EGA、DOS、Deluxe Paintの8ビット時代以降も世界は進化しており、幸いなことにチームの誰も80年代の粗末なツールには戻りたがりませんでした。マークは『Thimbleweed』のアートを「8ビット風」と呼んでいます。全ての背景画像は、解像度を低く、補間を粗く設定し、アンチエイリアシングを無効にしたPhotoshopで作成されました。透明レイヤーやパララックススクロール[訳注19]などの一部の新機能は、懐かしい雰囲気を壊すことなくゲームに取り込まれています。

ロンとゲイリーとマークは、意図的に『Thimbleweed Park』を8ビットゲームのように見せたのです。それは、彼らが大きなピクセルを求めていただけでなく、彼らの顧客が1万5,623人のKickstarter[訳注20]で募った支援者であり、当初の目標額のほぼ2倍にあたる62万6,250ドルを集めたからでもあります。

マーク曰く、「ピクセルアートは、ハードウェアに由来するクソみたいなテクニックから、ゲームというメディアを超えた本格的な芸術運動に進化した」そうです。

訳注18　マウスなどのポインティングデバイスで、キャラクターなどを操作して遊ぶゲームのジャンル。

訳注19　スクロールする際に、背景が前景よりも遅く動くことで、奥行きの錯覚を生じさせるテクニック。複数のレイヤーにある要素を異なるスピードで動かすことで、立体感や奥行きを演出し、擬似3D効果を作り出す。

訳注20　https://www.kickstarter.com/?lang=ja

最近では、ピクセルによるピクセルアートに情熱を注ぐピクセルアーティストがいます。当時、それはひどい見た目で、色鉛筆で描くことに比べると、だいぶ劣っていました。しかし今では、おそらくゲームそのものを超えた芸術運動になっています。

◈ 図4.5 『Thimbleweed Park』のオープニングシーンでは、再びディザリング技術が広範に使用されている。しかし、今回はハードウェアの制限を回避するためではなく、意図された芸術的選択だった。ここでも、空の中にマーク・フェラーリの市松模様パターンを見つけられるかな？

　最近のレトロゲームの再ブームは、『Thimbleweed Park』が一過性のものではなかったことを証明しています。『Ion Fury』のように、新しいシステム上で古いテクノロジーを完全に取り組むことを選択したゲームデザイナーもいます。『Ion Fury』は、2019年に発売されたファーストパーソンシューター（FPS）であり、1995年に最初に発売された『Duke Nukem 3D』のビルドエンジンを使用しています。このゲームは、オープンソースのEDuke32を高度に最適化した改訂版を基にしていました（今もそうです）。ほかの作品（『Quake』にインスパイアされた『DUSK』、『Wolfenstein 3D』にインスパイアされた『Project Warlock』）は、先人のスタイルと雰囲気を模倣しながらも、現代的なUnityエンジンの快適さと柔軟性を好んで選んでいます。

　Vblank Entertainmentのブライアン・プロヴィンシアーノ（Brian Provinciano）は、自身が制作したPlayStation 4のソフトウェアを40年前のMS-DOSプラットフォームで快適に動作するようにダウングレードしたいと望む、プログラマーの中でもちょっとクレイジーなグループに属しています。2012年、初めて現代のプラットフォーム向けにリリースされた『Retro City

Rampage』は、後に「プログラミング演習」としてより制限の厳しい環境に移植されました。

このゲームは、もともと8ビットの自作ゲームで、Nintendo Entertainment System[訳注21]の『Grand Theft Auto』へのオマージュとして作られました。プロヴィンシアーノは、なんと自分でNES開発キットを作ることで古いコンソールの制約を克服したのです。この男は、明らかに制約を扱う方法を知っています。自身のゲームを1.44MBのフロッピーディスクに収めることに成功し、私の66MHzの486DX2レトロPC上でもスムーズに動作しました。ゲームボーイアドバンスへの移植版も進行中ですが、これもまた挑戦的で情熱的なプロジェクトです。ビットシフトや浮動小数点の最適化についてさらに学びたい好奇心旺盛なプログラマーは、プロヴィンシアーノが2016年に行ったGDCトークを参照してください（https://youtu.be/kSKeWH4TY9Y）。

創造性はゲーム作品に限定されるということ？

もちろん、そんなことはありません。確かに、本章ではビデオゲームの世界から豊富な例を示していますが、これには明確な理由があります。ゲーム開発には、非常に明確な固有の制約、課せられた制約、自ら課す制約をそれぞれ克服しなければならないなど、複数の領域にまたがる多くの要素があるため、創造的なソフトウェアの制約の背後にある概念を説明するのに最適なのです。

色が関わる「芸術」用語が使われるという理由だけで、創造性がマーク・フェラーリのようなピクセルアーティストだけのものだと思ってほしくはありません。すでにお気付きかもしれませんが、どんなプログラマーもクリエイティブプログラマーになれるのです。創造性は芸術に限ったものではありません。創造的な心理的マインドセットとそのマインドセットを生み出す創造的な専門家については、「第7章　創造的な心の状態」でさらに掘り下げます。

4.4.2 制限を設けて創造的な解決策を導く

SaaS（Software as a Service）[訳注22]企業のBasecampは、制約の効果をよく理解しており、大半の主力製品の開発に対して、6週間という不可能とも思える制限時間を積極的に課しています。Basecampのチームは、より多くのソフトウェアを作成して競合を凌駕するのではなく、むしろソフトウェアの作成量を少なくし、機能や設定を減らしているのです。そして、この自ら課した時間制限やビジネス要件上の制約は、見事に報われています。

訳注 21　任天堂のファミリーコンピューターを基にした、海外で展開された家庭用ゲーム機。

訳注 22　ソフトウェアを利用者（クライアント）側に導入するのではなく、提供者（サーバー）側で稼働しているソフトウェアを、インターネットなどのネットワーク経由で、利用者がサービスとして利用すること。

市場のシェアは決して大きくありませんが、今やBasecampは高収益企業となり、もしかしたら今後はソフトウェア開発の慣例となるかもしれない型破りなアプローチで有名になりました。

中途半端な製品を作れ。競合他社に打ち負けろ。会議は断れ。寝ろ。ゆっくり成長しろ、でなければまったくするな。Basecampが全員で共有するビジネス哲学は、『Getting Real: The Smarter, Faster, Easier Way to Build a Web Application』[注9]に書かれており、制約ベースの考え方が中心に置かれています。

> ...同様に、制約があると、アイデアを早めに世に出さなければならなくなる。これもまたよいことだ。入社後1、2か月も経てば、自分が何に取り組んでいるのかに気付くはずである。もし気付けたなら、あなたはすぐに自立でき、外部からの資金援助は必要ないだろう。もしそうでなければ、再び白紙に戻るタイミングだ。少なくとも数か月（または数年）先ではなく、今そのタイミングがわかる。そして、少なくとも簡単に撤退できる。投資家が関わると、撤退計画ははるかに難しくなるものだ。

Basecampは、制約のプラスの効果を意識することで、限られた時間と比較的小さい開発チームでも製品を早くリリースできることを証明しました。Basecampは、この戦略を「締め切りに合わせる」のではなく、「制限時間内にソフトウェアを出荷する」と呼んでいます。「制約は時に苦痛を伴いますが、それこそ制約がうまく働いているとわかる瞬間なのです」と、Basecampの共同創設者であるデイビッド・ハイネマイヤー・ハンソンは語っています。

4.4.3 ゲームボーイの制約

1989年に初めて発売されたゲームボーイ（GB）は、最後の8ビット専用ゲームデバイスの1つであり、その世代の中で間違いなく一番性能が劣っていました。しかし、これは設計上の欠陥ではありません。ローコストで枯れた技術技術を新しい方法で使用するという決断は、任天堂の哲学にぴったり当てはまっています。**ゲーム＆ウオッチ**、ゲームボーイ、十字キー、そして『メトロイド』シリーズのクリエーターである横井軍平は、これを「枯れた技術の水平思考」と呼びました。つまり、最先端の技術ではなく、楽しさとゲームプレイに重点を置くということです。これは今も変わらず、任天堂の後のゲーム機（たとえば

※注9 https://basecamp.com/gettingreal/ で無料で読めます。邦訳『小さなチーム、大きな仕事 ―働き方の新スタンダード』（黒沢 健二、松永 肇一、美谷 広海、祐佳 ヤング 訳／ハヤカワ・ノンフィクション文庫／ISBN978-4-15-050481-6）

Wiiや最近のNintendo Switch）にも見られます。

「枯れた」技術を使用することには、頑丈であることや30時間以上プレイ可能なロングライフバッテリーなど、生産コストの削減以外にもさまざまな利点がありました。セガも対抗しようとしましたが、その優位性を打ち破ることはあまりにも難しく、不可能でした。

「より強力」が宣伝文句であったセガのゲームギアは、実性能としてはGBと同じくらい弱く、しかも水平思考が行われた結果ではありませんでした。セガは直ちにGBに対抗するために焦り、古いマスターシステムのハードウェアを再利用したのです。その結果、ゲームギアはGBの1年後にリリースされたにもかかわらず、クロックがわずか3.5MHzのZ80A互換の8ビットCPUを搭載していました。不思議なことに、8KBのワークメモリがあり、画面の解像度もGBと同じです。しかし、ゲームギアはGBより2本も多い6本の単3乾電池が必要であるにもかかわらず、バッテリーは5時間も保ちませんでした。

任天堂が自ら課した設計上の制約により、ゲーム開発者にとって多くのイライラする固有の制約が生じた可能性があります。利用可能なツールが少なく、照明のない画面によるゴースト現象[訳注23]に悩まされ、「コーディング」はアセンブリ上で、ビットシフトレジスタを操作しなければなりませんでした。

⊗ **図4.6** 灰色のレンガの「生きた」証拠。湾岸戦争の爆撃で破壊された米国警察官ステファン・スコギンス（Stephan Scoggins）のGBは、今でもテトリスが遊べる！ 写真提供：エバン・エイモス（Evan Amos）

訳注23 レンズや本体の中で強い光の反射が起こることによって、円い光の帯が写り込む現象。

　『スーパーマリオランド』は、1989年初期のゲームであり、GB固有の多くの制限に明らかに苦しんでいます。画面にはほとんどスプライト^{訳注24}が表示されず、全てのスプライトサイズはほぼ同じ8×8で、短いワールドがわずかに4つだけ存在し、セーブする方法もありませんでした。マリオを象徴するゲームにもかかわらず、『スーパーマリオランド』は、技術的にはかなり平凡で、今となっては当時の技術を再現するのが困難なほどです。

　後継作である『スーパーマリオランド2: 6つの金貨』（1992年）、『ワリオランド: スーパーマリオランド3』（1994年）、『ワリオランド2』（1998年）では、まるで技術的な制限など存在しないハードウェアを使っているかのように、プログラマーたちはあらゆる手を尽くしています。このような効果は、ゲームコンソール開発ではよく見られるものです。ゲーム機が古くなるにつれて、開発者はその制限に慣れて創造的になっていくのです。

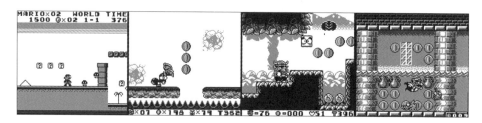

◈図4.7　スーパーマリオ／ワリオランドの9年間の進化。全て同じプラットフォームで発売された。

　『ワリオランド』シリーズのゲームには、このような創造的なトリックが満載です。GBが処理できるスプライトの最大数を回避するために背景の一部となっているスプライトではないコイン、スプライトの画像サイズ制限を回避するために巨大なマルチスプライトのボス、透明度システムによって通常の3色ではなく4色でコインを描画できるようにしたマルチスプライトのコイン、敵のバリエーションを作成するための巧みなパレットのスワッピング、ワリオが被弾したときに必要以上のVRAMを使わずに別のスプライトを表示するためのテクニック、視覚的に魅力のあるワープ効果を作成するためにGBのレンダリング

訳注24　主にビデオゲームで用いる、画面上の小さなキャラクタを高速に合成表示するための技術的な仕組み。または、本文中のように、その2D画像自体を指す。

ループのタイミングを利用すること、背景レイヤーを異なる速度でスクロールさせて水に浮かんでいるような錯覚を作り出すこと、などなど。

　たとえば、『ポケモン』や『ゼルダの伝説　夢をみる島DX』といった最近のGBのROMの逆アセンブリプロジェクト※注10は、こういったトリックがどのように実装されていたのかについて示唆しています。2001年発売の32ビット版ゲームボーイアドバンス（GBA）でようやくある程度の余裕が生まれ、そして（さらに重要なのは）C言語でプログラミングできるようになったので、開発者はさぞ大喜びだったでしょう。

　GBのシステムは、今でも懐かしく振り返ることができます。GBDKやdevkitProのような最近のオープンソースクロスコンパイラーのおかげで、GB用のCコンパイラーとGBA用のC++11コンパイラーが使えるようになると、古いハードウェア上のプログラミングが少し快適になりました。今でもGBとGBAの新しい商用ゲームが発売されることもあります。たとえば、『Deadus』『The Shapeshifter』『Goodboy Galaxy』などです。アセンブリのスキルを磨きたい場合は、GBカラー向けの『シムシティ』のクローンである『μCity』のソースコードの世界に足を踏み入れてみてください。詳細はhttps://github.com/AntonioND/ucityにあります。

> ─〈**Note**〉─
>
> GBのプログラミングの詳細については、https://github.com/gbdk-2020/gbdk-2020とhttps://devkitpro.org/wiki/Getting_Startedを参照してください。CLIとMakefileに怯えているのなら（それでもあなたはプログラマー？）、プログラミングの知識を一切必要とせずにゲームを構築できる、優れた統合的な代替ソリューションの「GB Studio」（https://www.gbstudio.dev/）があります。

ハードウェア／ソフトウェアの共同設計の教育

　私たちの地元の工学技術学部では、GB（A）のデバイスは、学生に低レベルプログラミング（C言語でのメモリマップドI/O訳注25へのポインター）と高レベルプログラミング（C++でのオブジェクト指向）、ハードウェアアーキテクチャ（CPU実装）を教えるための教育ツールとして歓迎されています。

　授業でゲームデバイスを使用すると、学生のモチベーションが高まることは明らかですが、30年前の8ビットデバイスの最も興味深い点は、全てを説明し、理解できるところにあります。これは、技術の進歩により、専門性が過度に求められるよ

※注10　https://github.com/zladx/LADX-Disassembly

訳注25　コンピューター内でCPUと入出力機器の間で入出力を行う手法の一種。

うになった現代のハードウェアでは不可能なことです。

　学生たちが厳しいハードウェアの制約に苦しむ姿を見るのは、いつも愉快です。「なぜこの絵を画面に表示できないのですか？」と聞いてきますが、たぶん、それはGBAの96KBのVRAMを無意識にオーバーフローさせてしまったからでしょう。それに続けて、私が「その絵のサイズはどれくらいですか？」と尋ねると、「えぇ、これは本当に小さい絵なので、たったの約2MBです！」と返ってきます。ハードウェアが進化するにつれて、私たちはどんどん怠惰になり、とても甘やかされたわがままな子供になってしまいました。

4.4.4　（ファンタジー）コンソールの制限

　最近のGB用ゲームの発売に対するノスタルジーの影響を否定するのは簡単なことでしょう。ゲーム開発者が今でも任天堂のレトロゲーム機に惹かれる理由は、子供時代の思い出だけではありません。自ら課すハードウェアの制約は、ユニークで独創的なゲームを創造しやすくするからなのです。これは、どんな制約環境下でも起こり得ます。

　Lexaloffle Gamesは、自ら課す制約の創造的な魅力を理解しています。彼らは、Webブラウザで動作し、8ビットのスプライトとマップエディターを備えたLua[訳注26]仮想マシンを2015年に作成して「PICO-8」と名付けました。これは、Lexaloffle Gamesが発売した1980年代の「ファンタジービデオゲームコンソール」です。その仕様は、解像度128×128ピクセル、16色、カートリッジサイズ32KB、最大256個の8×8スプライトと、かつてのゲームハードウェアを思い出させます。Lexaloffle Gamesの哲学には、次のように記されています。

> *PICO-8の厳しい制約は、楽しく作業するために小さくても表現豊かなデザインを促し、PICO-8で作られたカートリッジに独特な見た目と雰囲気を与えるために慎重に選ばれている。*

　「カートリッジ」は、https://www.lexaloffle.com/pico-8.phpで公開されている「SPLORE」と呼ばれるカートブラウザのおかげで簡単に共有できます。統合ツールキットの利便性と創造的な環境の組み合わせにより、PICO-8はゲームジャム[訳注27]や

訳注26　リオデジャネイロのカトリカ大学で開発されたスクリプト言語。ほかのソフトウェアに組み込むことが容易な設計のため、ゲームシステムに組み込まれて利用されていることも多い。https://www.lua.org/

訳注27　ゲームクリエイターが集まり短時間でゲームを制作するイベント。

https://itch.io/でよく選ばれる開発プラットフォームになりました。批評家から称賛され、非常に挑戦的な2018年発売の2Dプラットフォームゲーム『Celeste』のオリジナルバージョンは、わずか4日間のゲームジャム中にPICO-8で作成されました。

演習

次のコードに対して、どう対処すべきかを考えてみてください。

```
switch(日々の余暇時間) {
  case > 5: downloadDevKitProAndCrossCompileForGBAYourself()
            // DevKitProをダウンロードして、あなたのGBAにクロスコンパイルする
  case > 2: downloadGBStudioToDesignA2DJRPGAdventure()
            // 2DJRPGアドベンチャーを設計するため、GBStudioをダウンロードする
  case > 1: downloadPICO8AndCreateA2DPlatformer()
            // PICO8をダウンロードして、2Dプラットフォーマーを作成する
  default : throw 本書を放り出して仕事に戻りましょう、これではうまくいきません。
}
```

PICO-8を少しいじるだけで、どれだけ多くのことができるか、そしてどれだけ楽しいかに驚かれることでしょう。PICO-8は無償ではありません（本書執筆当時14.99ドル）が、公式マニュアルと非公式のゲーム開発ガイドは、PICO-8の無料版であるTIC-80のドキュメントページよりも、はるかにしっかりとメンテナンスされています。

本演習をもっと楽しむために、何名かの友人や同僚にも声をかけてください。ゲーム開発者になるという野望がなくても、これは後で結果を共有できる素晴らしいハッカソンになります。これは、ゲームデザインに限らず、（ゲームジャムやハッカソンのセッションのようにタイトな締め切りのある）制約下で作業することを学ぶための優れた上級特別クラスなのです。

PICO-8のような「ファンタジーコンソール」は仮想マシンですが、古いテクノロジーに触発された新たな物理ハードウェアも存在しています。2017年にリリースされた8ビットコンピューター「ZX Spectrum Next」は、まさにそのようなデバイスです（図4.8）。これは、Sinclair Researchによって開発された「ZX Spectrum」という、1982年にイギリスで最も売れていた家庭用パソコンのソフトウェアおよびハードウェアと互換性があります。

オリジナルのSpeccy[訳注28]は、GBと同等のパワーを持っており、3.5MHzで動作するZ80 CPUの互換チップを搭載しています。ZX Spectrum Nextはさらに強力で、FPGA[訳注29]技術を駆使してさまざまな8ビットCPUを忠実に再実装しています。これに

訳注28 ZX Spectrumの愛称。ZX Spectrumのファンやコミュニティによって親しみを込めて使われている。ここでは、「ZX Spectrum Next」と区別するため、オリジナルのハードウェアを指して使われている。

訳注29 Field Programmable Gate Arrayの略。設計／利用者が、現場（Field）で論理回路の構成をプログラムで

よってクロック速度を最大28MHzまで動的に変更できるため、Spectrumの後継機種との互換性を維持しています。

⊛図4.8 Sinclairの洗練されたオリジナルデザインを受け継ぎつつ、HDMIポートやSDカードスロットなどの現代的なアクセサリを数多く備えたZX Spectrum Nextをレンダリングしたもの。

　熟練ゲームプログラマーでZX Nextの共同設計者でもあるジム・バグリー（Jim Bagley）によると、Speccyの新しくて古いハードウェアの目標は、私のようなレトロコンピューティングファンにアピールするだけではなく、「新世代の創造的なベッドルームコーダーを刺激する」ことだそうです[※注11]。NextZXOSを搭載したマシンは、豊富なNextBASICのプログラミングマニュアルとともに出荷されており、それを手に取ってプレイ／コーディングすることをプログラマー志望者に奨励しています。どれだけの制約を課すのかは、あなた次第です。Spectrum独特の青っぽい4ビットRGBI[訳注30]の外観にこだわるのか、NextのWi-Fi機能を活用して小規模なマルチプレイヤーゲームを作成するのか、イギリスのレトロな雰囲気を含めるのか、などなど……。

　ZX Spectrum Nextは、オリジナルのSpectrumのアイデアと制約に忠実でありつつも、Nextのモダンなハードウェアアクセサリーの恩恵を受けた創造的な「新しくて古いゲーム」を量産しました。そして、なんと、Nextで開発された一部のゲームは、40年前のオリジナルのSpeccyでも読み込みできるカセットテープでリリースされているのです！

きる（Programmable）論理回路（Gate）を集積したデバイス。

※注11　『MagPi』誌の中のインタビュー。https://magpi.raspberrypi.com/articles/zx-spectrum-next-raspberry-pi-project-showcase

訳注30　Red、Green、Blue、Intensity。カラービデオやコンピューターグラフィックスにおいて使用される色空間のうちの1つ。

当時の競合製品であるCommodore 64[訳注31]、BBC Micro[訳注32]、Amstrad CPC[訳注33]のファンたちが寂しい思いをすることはありません。創造的なレトロコンピューティングコミュニティは、FPGAを駆使してクラシックなハードウェアを再発明し、これらの優れたハードウェアを新しい顧客が楽しめるようにしています。ただし、8ビットの制限に慣れるまでには時間がかかることを警告しておきましょう。

4.4.5 プログラミング言語の制限

自ら課す技術的な制約は、ハードウェアの要件に限った話ではありません。プログラミング言語にも簡単に組み込むことが可能です。典型的な例としてGoがあります。Goは、メモリ安全性、ガベージコレクション、構造的型付けのメリットを追加で持つ、静的に型付けされたC のようなコンパイル言語です。Goの共同設計者であるロブ・パイク（Rob Pike）によると、「全てをプログラマーの頭の中に収める」のに十分なほど言語仕様を小さく保つように設計したそうです。RobとGoチームはhttps://go.dev/blog/で、言語設計の観点からから得た多くの気付きを共有しています。

「頭の中に収められる」とは、どういうことでしょうか？　それは主に、ほかの言語で使い慣れているかもしれない概念が**存在しない**ということです。たとえば、map()、filter()、reduce()といった便利な関数はありません。代わりに、シンプルなfor{}ループを使う必要があります。そして、これがループを構築する唯一の方法なのです。while {}やdo {}はありません。楽しい退屈であり、同時に解放感もあるのです！さらに、Goには例外すらも組み込まれていません。これには、とても素晴らしい理由があります。それは、システムレベルではなく、関数レベルで明示的にエラーハンドリングすることを強制するためです。

まさにシンプルであるからこそ、私はGoでプログラミングするのが大好きです。確かにANSI Cの仕様チャートも2枚のA4用紙に収まりますが、古のCには第一級関数がなく、どのような構成パターンでも、終わりのないmalloc(sizeof(x))やfree()文との

訳注31　アメリカのCommodoreが1982年に発売した8ビットコンピューター。世界的な大ヒットとなった。当時の同クラスのホームコンピューターと比べて大容量の64KBのRAMを搭載していることが最大の特徴で、製品名の「64」の由来となっている。サウンドやグラフィックスの性能も高く、ROMカートリッジにも対応していたことから、数多くのゲームがリリースされた。

訳注32　イギリスのAcorn Computersが英国放送協会の運営する「BBC Computer Literacy Project」のために設計・製造したマイクロコンピューターと周辺機器のシリーズ。教育用途を意図して設計され、頑丈で拡張性があり、高品質なオペレーティングシステムであることが特徴。イギリスではホビーパソコンとしてもそれなりの成功を収めた。その後継機の開発過程でARMアーキテクチャが生まれた。

訳注33　1980年代後半から1990年代前半にかけてイギリスのAmstradによって製造された、8ビットホームコンピューターのシリーズ。ヨーロッパ市場で成功した。

組み合わせになるため、ちょっと面倒です。

　でも、先ほど、Goは退屈な言語だとか書いたことをどうか真に受けないでください。Goは多くの「最も人気のあるプログラミング言語トップ10」に登場し始めました。Stack Overflowによれば、2020年には、Kotlin、Python、TypeScript、Rustに次いで5位にランクインしています※注12。ちなみに、Cは「最も恐れられているプログラミング言語」で5位にランクインしていますが、Cが将来的にVBAの座を奪うとは思えません。

　Goは、エンタープライズソフトウェア開発の世界で徐々に注目を集めています。コードのフォーマット機能とテスト駆動開発ツールが言語に組み込まれており、並列処理はローコストかつ簡単に行えます。Goの愛好者（Gopherと呼ばれています訳注34）は、Goのような「シンプル」な言語が、可読性に優れ、コミュニケーションの不一致やコードレビューでの意見の相違、そして結果的にプロジェクトのコストを劇的に削減することを証明しました。その多くの制限からGoは退屈と見なされることもありますが、その退屈さこそが新しい刺激なのです。

　さらに、Goの自ら課した制約は創造性も喚起します。最近のGoプロジェクト（と、そのソースコード）をちょっと見てみましょう。これらは、高い効率性と独自の機能セットを備えていることで称賛されています。写真コレクションの閲覧、共有、整理に特化したAI搭載アプリのPhotoPrism、個人向け音楽ストリーミングサーバーのNavidromem、「苦痛を伴わない」セルフホスト型GitサービスのGitea、継続的インテグレーションプラットフォームのDrone、爆速かつ柔軟な静的ウェブサイトジェネレーターのHugo、簡単なセルフホスト型ニュースレターソリューション訳注35のListmonk、プライバシーに配慮したコメントウィジェットのCommentoなどです。

4.4.6　クラックイントロとデモシーン

　かつて、私はkeygen訳注36に手を出しました。安心してください、今はもう足を洗っています。しかし当時は、中毒性のある8ビットのチップチューン音楽訳注37が頭から離れず、ハマっていました。keygenプログラムや著作権保護を解除したクラック済み実行

※注12　https://insights.stackoverflow.com/survey/2020

訳注34　「Gopher」はホリネズミのことで、Goのマスコットキャラクターは「青いホリネズミ」。なお、Webの普及以前には、「Gopher」という名前のテキストベースの情報検索システムもあった。もちろんGoとは関係はなく、そもそも古代のGopherを知っている人のほうが少ないかもしれない。

訳注35　企業や組織が電子メールを通じて定期的に情報やニュースを配信するためのシステムやサービス。

訳注36　ソフトウェア製品のための有効な製品キーまたはシリアル番号を生成するプログラムのこと。これらのプログラムは、主に著作権で保護されたソフトウェアを不正に登録またはアクティベートする目的で使用されていた。

訳注37　コンピューター音楽の黎明期において厳しい制約のある音源チップのみで作られた音楽のスタイルを志向した音楽。

ファイルには、どのクラッカーの仕業かがわかるようにカスタムのイントロシーケンス^{訳注38}を付けることが慣習となっています。

　クラックするためにはアセンブリ（課された制約）による複雑なハッキングが必要であるため、イントロも同様に、マザーボード上のCPUとGPU（自ら課す制約）を駆使した裏技的なトリックが含まれていました。イントロがクラックされたソフトウェアよりも複雑だったことすらあります。そう、クラッカーたちは、自分たちのハッキングスキルを誇示するための巧妙な手段をそこに見出したのです！

　最終的に、クラッキングは、Eurogamer^{訳注39}が「対話的な芸術体験」^{※注13}と呼ぶものへと進化させ、幸いにも違法な部分は過去のものとなりました。デモシーン^{訳注40}のサブカルチャーは、ほかの作品や資産をコピーするよりも独自性（彼らが**創造性**と呼んでいるもの）を重視する暗黙のルールがあります。

　一般的なコーディングコンテストでは、イントロバイナリは、わずか64KB、場合によっては4KBしか使用することが許されていません。そのような偉業を成し遂げるには、多くの創造的な努力が必要となります。デモシーンは、制約ベースプログラミングの上級特別クラスなのです。YouTubeで「64k intro」と検索して、自分自身で確かめてください。もしハッキングしたい気分になったら、インディーゲームのWebサイト（https://itch.io/）でも4KBゲームコンテストが頻繁に開催されています。

　2020年、フィンランドは、国のユネスコ無形文化遺産リストにデモシーンを追加しました。続いて2021年にはドイツも。これは、文化遺産リストに登録された最初のデジタルサブカルチャーです。自ら作った縛りへの厳しいこだわりがなければ、このような小さなイントロがデジタルアートであるとは見なされなかったでしょう。デモシーンでは、自ら課した制約を厳格に守ることで、独創的なビジュアルやチップチューン音楽への道が切り開かれました。それは、自分自身で高い壁を作り、そして乗り越えなければ、決して日の目を見ることのないものでした。

訳注38　ソフトウェアを開いたときにタイトルや会社のロゴなどの最初に出てくる画像や起動音の総称。

訳注39　https://www.eurogamer.net/

※注13　Dan Whitehead『Linger in shadows: Scene but not heard』（Eurogamer, 2008）。https://www.eurogamer.net/articles/linger-in-shadows-hands-on

訳注40　コンピューターを使用して作成された音楽、グラフィック、アニメーションからなるデジタルアート作品（デモ）を競作・展示する国際的なコミュニティ。日本では、こういったカルチャーは流行せず、その作品自体のみが切り取られて紹介されている。また、ファイルサイズが1MB以内という元の意味を越えて、「デモ」自体が「メガデモ」と呼ばれている。

4.5　スイートスポットを打つ

制約は創造性の肥沃な土壌です。しかし、野菜の庭に過剰に肥料を与えるとどうなるでしょうか？　トマトの根が焼けてしまいます。少なすぎると、貴重な**クール・ド・ブフ**訳注41は酸っぱいチェリートマトのようになる可能性が高まるでしょう。多すぎると、植物は死んでしまいます。制約についても同じです。ミカエル・モーセ・ビスケは、制約の**スイートスポット**について語っています※注14。図4.9に示しているように、採用曲線ではないもう1つの逆U字曲線のお時間です。

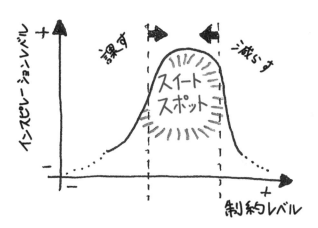

◈図4.9　制約のスイートスポット。創造性を認識する潜在的な可能性を示している。

訳注41　大型で、ひだ状に波うった形が特徴の調理用トマト。「Coeur de Boeuf」は、フランス語で「牛の心臓」を意味する。

※注14　Michael Mose Biskjaer, Bo T Christensen, Morten Friis-Olivarius, Sille JJ Abildgaard, Caroline Lundqvist, and Kim Halskov『How task constraints affect inspiration search strategies』(International Journal of Technology and Design Education, Vol30, pp101-125, 2020)。https://link.springer.com/article/10.1007/s10798-019-09496-7

スイートスポットは、ミハイ・チクセントミハイのフローの概念と同様に、制約が不十分な状態と過剰な状態のちょうど中間に存在します。フローが少なすぎると、退屈なタスクを何度も繰り返すことになります。フローがあまりにも多いと、目の前のタスクが難しすぎると感じ、学習プロセスが妨げられます。

y軸はインスピレーションのレベルであり、少なすぎる（作業するためのアイデアがない）状態と、多すぎる（混沌としていて、せっかくひらめいても「みんなまとめてゲットだぜ」をする時間がない）状態の間で変動します。なお、ビスケは、**インスピレーションの源**について書いており、「第2章 専門知識」で明らかにした私たちの個人的な知識管理システム（あるいはインスピレーションの**動力**）についてのヒントを示しています。

スイートスポットへ意図的に到達するようにx因子を増やすには、制約を自ら課すことです。制約のプレッシャーを緩和してx因子を減らすには、たとえば一時的に制約を取り除いたり無視したりして、制約を減らしてください。バランスをとることが全てです。

実際には、理論上のモデルとしてのスイートスポットの概念は、論文上の定義と完全に一致することはありません。なぜなら、初心者と創造的な専門家では、制約を処理する方法が十中八九異なるからです。全ての創造的なものと同様に、制約の制限は個人的なものであり、絶え間ない変化には付きものであることを心に留めておいてください。

チームベースのスイートスポットは、個人のスイートスポットとはまったく異なる可能性がありますし、個人の限界を越える可能性もあります。プロジェクトの制約に十分に適応し、共通のスイートスポットを見つけ出すためには、「第3章 コミュニケーション」で紹介したコミュニケーションの概念が再び重要になります。

4.5.1 適切な量の制約で抽象化を促進する

単に適切な量の制約を課すことで、問題解決時の抽象化能力が向上するとしたらどうしますか？ 抽象化は、効率的で創造的な問題解決において重要な役割を果たします。オーストラリアのコンピューター科学者であるクルス・イズ（Cruz Izu）は、学生がプログラミング問題に取り組む方法を研究することで、抽象化に関する分類を開発しました[注15]。彼女は研究の中で、異なる視点からアプローチできる単純な事例として「卵パック」問題を学生に提示しています（補足を参照）。

[注15] Cruz Izu『Modelling the use of abstraction in algorithmic problem solving』（Proceedings of the 27th ACM Conference on Innovation and Technology in Computer Science Education, Vol1, pp193-199, 2022）。卵パック問題は論文からの引用。https://dl.acm.org/doi/abs/10.1145/3502718.3524758

卵パックのサイズは2つあります。6個入りと8個入りです。ちょうどN個の卵を買いたいとき、最小のパック数は何個でしょうか？　もしN個の卵をぴったり買えない場合は、-1を返します。言い換えれば、minCartons(N int) int」を実装するということです。

たとえば、minCartons(20)は3を返します。6個入りのパックを2つと8個入りのパックを1つ買うということです。「minCartons(7)は-1を返します。これは、奇数個の卵を買えないからです。解答を見る前に、自分で解決できるか挑戦してみてください！

少しの間、制約について考える必要はないものとします。この問題に取り組む最も簡単な方法は何でしょうか？　そうです、**総当たり**です。実現しそうな解を全て検証します。イズはこれを「レベル0」と呼んでいます。まだ問題のおもしろい特性は見つかっていないため、このアプローチでは抽象化できません。

問題の中で、最初に特定のケースを探して処理するように指示したらどうなるでしょうか？　この時点で、制約レベル1と抽象レベル1になります。この問題空間では、特殊なケースを考えることで課題が解決しやすくなるように調整しているのです。私たちの卵パック問題では、考慮すべき上限や下限はありますか？　はい！　N個の卵を**ぴったり買いたい**ので、Nが6未満のケースはありません。もう1つ特殊なケースがありますが、それについてはネタバレをする前に少し考えてみてください[注16]。

よし、基本的な総当たりの繰り返しといくつかの特殊なケースの答えを得ました。ですが、もっとよい方法があります。ここで制約レベル2になります。ペンと紙を使用していくつかの例を手で解いてみましょう。何かパターンを見つけられるでしょうか？　はい、ここで抽象レベル2に到達しました！　次のシーケンスをご覧ください。

```
12 {6, 6} -> 14 {8, 6} -> 16 {8, 8} -> 18 {6, 6, 6}
20 {8, 6, 6} -> 22 {8, 8, 6} -> 24 {8, 8, 8} -> 26 {8, 6, 6, 6}
```

何か特別な点に気付きましたか？　パターンは2つのステップにまとめられます。

※注16　奇数に解がないことはわかっていますが、解にならない偶数も存在するのでしょうか（ヒント：10）？

1. 6個入りのパックがある場合、その1つを8個入りのパックに置き換える

2. 6個入りのパックがない場合、8個入りのパック2つを6個入りのパック3つに1組だけ置き換える

　この2つのステップは、簡単にコードに変換できます。あとは、たとえば8の大きな倍数でロジックをテストするなど、発見したパターンが全ての数に対してうまくいくかをチェックするだけです。

　まだ終わりではありません。この問題は、ループを1つも使わずに解決できるのです。これが制約レベル3になります。どう解決すればよいかわかりますか？　この3つ目の制約によって、おそらく個人のスイートスポットを超えるでしょうが、それはまったく問題ではありません！　抽象レベル3は、**数学的抽象化**と呼ばれるものです。発見されたパターンに法則があれば、たいていは、1個ずつ値を生成しなくても数学的なモデルで説明できます。これがメンテナンスしやすいコードになるのかは、また別問題です。

　卵パック問題では、n/8の余りを用いて6個入りのパックの数を決められます。なぜなら、minCartons(22)とminCartons(24)が3を返すからです。つまるところ、私たちの関心は、全体のパック数だけにあります。

　レベル1と3の一部を使用した解決策の1つは、次のようになります。

```
func minCartons(n int) int {
    switch {
            case n < 6 || n == 10: return -1
            case n % 8 == 0: return n / 8
            default: return n / 8 + 1
    }
}
```

　ループを使用しない実装（制約レベル3）を明示的に考えなければ、この解決策は発見できなかったでしょう。

　もしかしたら、あなたが辿り着くかもしれないもう1つの解決策は、解となり得る全てのシナリオをカバーする単体テストを最初に作成することです。これは、あなたをスイートスポットに導くための（自ら課す）制約とも考えられます。テストケースを考慮することで、ほぼ自動的に製品コードでも有効活用できるパターンを明らかできるのです。

4.5.2　甘さか苦さか？

　　制約を乗り越えた末の勝利がどれほど甘くても、その甘さは苦い後味を残すかもしれません。つまり、制約のスイートスポットは、必ずしも甘いとは限らないということです。創造性は、非常に苦痛で困難な場合もあるのです。

　　歴史書には、人生の悲惨な時期と密接にかかわる芸術創作プロセスを経た、画家や作家の物語で溢れています。フィンセント・ファン・ゴッホの統合失調症と双極性障害は、彼が自らの耳を切り落とす原因となりました。ヴァージニア・ウルフ（Virginia Woolf）のメンタルヘルスの衰退は、最終的に自殺につながりました。また、アウグスト・ストリンドベリ（August Strindberg）は、精神疾患と常に闘い続けていました。

　　制約のスイートスポットは**非常に望ましいもの**であり、適度の創造的な自由をもたらします。しかし、それがすごく割に合う取引というわけではありません。芸術家の中には、自分の創造的プロセスを最適化するための手段として、好奇心と苦悩の両方を利用する人もいます。フランスの作家、写真家、哲学者であるミシェル・フーコー（Michel Foucault）の親しい友人であるエルヴェ・ギベール（Hervé Guibert）は、これを「芸術家は、子供時代に片足を残し、もう片方の足を自分の墓に投影したのではないだろうか？」と、うまくまとめています[※注17]。

　　ギベールは、36歳になる直前にエイズに倒れました。死を理想化して書くことは、創造性を促進するための制約を引き起こす手段なのでしょうか？　もしかしたら、あまりにもゾッとするような危険を冒すことになるかもしれません。芸術家は、避けられない終わりについて考えることが作品に有益なことを示してきました。**メメント・モリ**（「死ぬことを忘れるな」）という象徴的な言葉は、花、頭蓋骨、砂時計として絵画の中でよく描写され、生、死、時間を思い起こさせます。

　　中世の芸術家たちは、おそらく、この概念をやや過剰に受け止め、**ヴァニタス**[訳注42]というジャンルの絵画を描きました。これは、人生の無価値さや楽しみの空虚さを示すものです。また、典型的なキリスト教の場面ではなく、頭蓋骨や本、しぼんだ花を描くことに道徳的な正当性を与えました。

　　創造性と死についての不気味な関係に触発され、研究者たちは恐ろしい響きの「恐怖管理理論」を探求しました。この理論は、創造性が存在論的恐怖[訳注43]の管理に重要な

※注17　Hervé Guibert『The mausoleum of lovers: Journals 1976–1991』（Nightboat Book／ISBN978-1937658229）

訳注42　16世紀から17世紀にかけて流行した寓意的な静物画。ヴァニタス（vanitas）はラテン語で「空虚」「むなしさ」を意味する。死の確実さを示す「頭蓋骨」、加齢や衰退などを示す「爛熟した果物」、知識の虚しさを示す「書物」などが描かれる。

訳注43　「自分はいつか必ず死んでしまう」という認識から生まれる恐怖。

役割を果たしているという考えを支持します。墓に片足を踏み入れることで創造性が高まり、私たちの存在論的恐怖に対する抵抗力を高めるそうです^{※注18}。自分自身のもろい肉体を越える何かを創り出すことは、不死を目指す試みとも考えられます。

　創造的な人々は、自分の仕事に取り憑かれることがあり、それはメンタルヘルスに悪影響を及ぼします。これは、そういった人々に親しい人々のメンタルヘルスをも巻き添えにします。仕事は、ただの仕事であることをどうかお忘れなく。人生には、創造的な流れによる絶え間ないドーパミンの快楽以上のものがあります。

> **演習**
>
> ハードウェアとソフトウェアの枠組みから問題を切り離して特定の制約を明示的に無視すると、より簡単に解決できる問題もあります。たとえば、タイルベースのドミノゲームのプログラミングを考えてみましょう。ルール（ペアの一致）自体は制約として残りますが、コンピューターのない状況でゲームを解決する方法について考えてみると、再帰、バックトラッキング、スタックオーバーフローの問題に悩まされることはありません。解決策の概要ができた**ときだけ**、次の追加の課題に立ち向かうためのコードに翻訳してください。おめでとうございます、あなたは絶妙なスイートスポットを見つけました！

4.6　実際に制約を活用する方法

　ソフトウェア開発プロジェクトに伴う固有の制約、外部から課される制約、そして自ら課す制約は、どのように乗り越えられるでしょうか？　制約のスイートスポットは、少しインスピレーションが低下しているときに制約を課したり減らしたりすることを推奨しています。これを行うための実践的な方法はいくつかありますが、次のセクションでは、拡散思考とナイーブさについて検討します。また、以降の章では、さらに多くの例が織り込まれています。

4.6.1　拡散思考

　学術的な創造性の研究がまだ新しい領域だった1970年代、制約を乗り越える唯一の方法は、既成概念から外れて発想することだと研究者たちは考えていました。その当

※注18　Rotem PerachとArnaud Wisman『Can creativity beat death? A review and evidence on the existential anxiety buffering functions of creative achievement』（The Journal of Creative Behavior, Vol53, Issue2, pp193-210, 2016）。https://doi.org/10.1002/jocb.171

時、研究者のポール・トーランス（Paul Torrance）は、「トーランス式創造性思考テスト」（TTCT：Torrance Tests of Creative Thinking）を開発しました[注19]。学者たちは物事を計測して定量化する方法を常に探し求めており、創造性もその中に含まれています。TTCTで高得点を出すことは創造性についての潜在能力の高さを示す優れた指標と見なされていましたが、実態は、最近の心理学者が創造性の定義と考えるものの一部に過ぎず、拡散思考スキルを測るだけのものなのです。

　残念ながら、ほとんどのコンピューティング教育研究者と教育者は、最も一般的に引用され、すぐに使える創造性測定ツールの1つであるという理由で、TTCTのような時代遅れの概念に未だにしがみついています[注20]。創造性は、単なる退屈なブレインストーミングではないことを忘れないでください。

　拡散思考は、実は（課せられた）制約に基づく思考です。厳しい制約の下で多くの独創的な使い方を即興で考え出します。たとえば、TTCTでは、基本的な形状（円など）が与えられ、その形を絵と使用したり組み合わせたりするように求められます。（過去に何千人もやったように）円を使ってスマイルマークや地球を描くことは、あまり創造的ではありません。一方、図4.10で私がやったようにヤシの木を描くことは、より創造的だと見なされるでしょう。

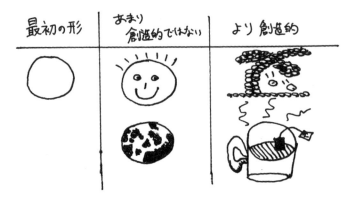

🐢**図4.10**　実際のTTCTテスト。よくできた！と私は信じている。いくつ独自の絵を考え出せたか、そのうちのどれが平均的な絵から抜きん出ているかといったさまざまな要素を評価できる。

※注19　E. Paul Torrance『Predictive validity of the Torrance Tests of Creative Thinking』（The Journal of Creative Behavior, Vol6, Issue4, pp236-252, 1972）。https://psycnet.apa.org/doi/10.1002/j.2162-6057.1972.tb00936.x

※注20　Wouter Groeneveld, Brett A Becker, and Joost Vennekens『How creatively are we teaching and assessing creativity in computing education?: A systematic literature review』（Proceedings of the 2022 ACM Conference on Innovation and Technology in Computer Science Education, Vol1, pp934-940, 2022）。https://doi.org/10.1145/3478431.3499360

　ここで問題なのは、「私たちは本当に**創造性**を体系的かつ社会文化的な概念として検証しているのか？」ということです。私は強く疑っています。創造性を（たとえば仕事の面接で）どのように評価するのかを開発者に尋ねると、彼らは満場一致で拡散思考テクニックと答えるのです。もちろん、即興演習で誰がどれだけうまく力を発揮できるのかを見るほうが、その人が自身の液体ネットワーク内にどれだけのつながりを持っているかを見るよりも、はるかにわかりやすいでしょう。

　多くの技術系面接には、課せられた制約にどのように対処するかを尋ねることで、潜在的な創造性を評価するための行動に関する質問が含まれています。気になる人は、GitHub上に面接で聞かれる質問のリストがたくさんあるので参考にするとよいかもしれません。

　私たちのインタビュー中、ある開発者がホルガー・ベシュ（Holger Bösch）のカードゲーム『Black Stories』について言及しました。このゲームは、暗く陰鬱な謎を解決するために、常識外れの考え方が求められます。各カードには、悲劇的な殺人事件のストーリーが書かれており、タイトルの舞台設定の1文だけを使ってグループで独創的でふさわしい死因を考え出さなければなりません。カードの裏面に解答例が載っていますが、少し奇抜なものもたまにあります。

　『Black Stories』は、18以上の企業から出版され、BoardGameGeek.com（https://boardgamegeek.com/）で最後に数えた時点では、21種類の異なるバージョンが存在していました。もしかしたら、そんなに驚くことではないのかもしれません。人々は謎に惹かれますし、このゲームは非常に簡単にプレイでき、ルールがほとんどなく、誰もが極端な死のシナリオを思わずいいたくなってしまうものです。これは、プログラミングの世界にも簡単に適用できます！　こんなのはどうでしょう。

タイトル：ザ・ブログ[注21]

ウーターは、最新のブログ投稿をGitリポジトリにプッシュしました。そして、ビルドパイプラインに乗って公開されることを期待しています。しかし5分後、ウーターのブログはオフラインになりました。

※注21　解答：ウーターが仮想専用サーバーを借りているデータセンターが火事になった。イエス、これは実際に起こったことだ。そして、ノー、私は全てのバックアップを持っていなかった。教訓を得た！

演習

突然停止した原因として、あまりにも突拍子のないものではなく、もっとそれっぽいほかの可能性を思いつきますか？　技術的に原因となり得るものを少なくとも5つは考えてみてください。そして、さらにもう5つ出せますか？

　私はこういうストーリーを50個作成して、『クラッシュストーリー』と名付けるかもしれません。私と張り合おうとしなくてもいいんですよ！

😮 **図4.11**　Black Storiesのカード。左側はストーリー：「月が満ちていたため、ハイジは誰が殺人者だったのかわからなかった」で、右側は解答：「ハイジはビーチで探偵小説を読んでいたが、眠ってしまった。潮が満ちると本は永遠に流されてしまったが、彼女はまだ寝ていた」。Black Storiesカード©ホルガー・ベッシュ、モーゼスおよびその他の出版社。

4.6.2　ナイーブさと制約

　危険な制約が多すぎると、創造的な人々は、さらに検討する価値のありそうなアイデアを拒む可能性があります。過去に「それは不可能だ」とか「サーバーが対応していない」といった理由で、提案されたアイデアをすぐに却下するようなブレインストーミングセッションに参加したことはありませんか？　そういった場合は、ある程度のナイーブさが役に立ちます。既存のシステムやその制約にすぐに考えを巡らすのではなく、何も知らないかのようにアイデアを生み出してください。アイデアを集めてから、どのアイデアを実装するかを決めましょう。

研究者たちは、ナイーブさが創造性の重要な要素であると認めることはほとんどありません。心理学研究者のジョン・ゲロ（John Gero）とメアリー・ルー・マーハー（Mary Lou Maher）は、「創造性がナイーブさから生まれることはほとんどなく、むしろ異なるアイデアをまとめ上げることで、その価値を発見する高度に知的な人の能力から創造性が生まれるのだ」と述べています[注22]。幸いなことに、最近では、1990年代初頭の時代遅れの創造性の定義は、ナイーブさの可能性を認めた学者たちによって論破され始めています。

　学術哲学者であり創造性評論家でもあるカテリーナ・モルッツィ（Caterina Moruzzi）は、創造性の重要な特徴として問題解決と評価の次にナイーブさを挙げています[注23]。彼女は、自発性、無意識の思考処理、領域の規範への挑戦、そして固定的な思考構造からの独立性といった創造性の中核的性質として置かれているさまざまな側面とナイーブさを、文献の中で関連付けています。

　ナイーブさは、子供らしく遊び心のある創造性の特徴でしょう。また、これまで触れてこなかった目の前の状況の性質を示し、無知に立ち向かうことなのかもしれません。知らぬが仏の時もありますが！　こういった解釈をすることで、ナイーブさによって制約を乗り越えた2つの例を簡単に探ってみましょう。

4.6.3　ナイーブながら偉大な詩人

　ミハイ・チクセントミハイがインタビューした有名なドイツの詩人であるヒルデ・ドミーン（Hilde Domin）は、男性主体の詩の世界で受け入れられることの難しさについて語っています。彼女は、彼女の周りで起こっている密かな文学界の権力闘争にあまり気付いていなかったからこそ、ここまで続けられたのだと考えています[注24]。

私はとても世間知らずでした。なぜかはわかりませんがそうでした。文学界の陰謀やその類いのもの、文学マフィアの存在を信じていませんでした。私にとって作品は作品であり、今でもそうです。

※**注22**　John S. Gero and Mary Lou Maher『Modeling creativity and knowledge-based creative design』（Psychology Press/ISBN978-080581153）。

※**注23**　Caterina Moruzzi『Measuring creativity: an account of natural and artificial creativity』（European Journal for Philosophy of Science, Vol11, article number1, 2021）。https://doi.org/10.1007/s13194-020-00313-w

※**注24**　Mihaly Csikszentmihalyi『Creativity: Flow and the psychology of discovery and invention』（HarperPerennial, 1997）。邦訳『クリエイティヴィティ—フロー体験と創造性の心理学』（須藤 祐二、石村 郁夫訳／世界思想社／ISBN978-4-7907-1690-7）。

彼女の詩の1つが公開されるまでに6年もかかりました。1950年代の文学界において、女性として成功した生活を送ることはとても難しかったのです。特にドミーンは、当初、彼女の成功の可能性を受け入れられなかった嫉妬深い夫に支援されていたため、それは非常に困難な道のりでした。当時の若きドミーンは、（文学を含む）芸術界の女性の弱さにとても敏感だったのです。

芸術家が直面せざるを得ない挫折をものともせず、常に天才が突破口を開くというロマンチックなシナリオは、今も昔も変わらず、現実よりフィクションに近いものです。しかし、逆境（または制約）に屈せず、ドミーンはナイーブに努力し続け、最終的には、当時最も重要なドイツ語詩人の1人となりました。彼女は「マラルメは詩がロケットのようだといっています。ただ上昇するだけだと。彼はたぶん正しい。しかし、もちろんそれは妨害されることもあります。それも妬みによって。私はそれがちょうどぴったりな言葉だと思います」と続けました[注25]。

4.6.4 ナイーブなジェームズ・ボンド

ナイーブさは、時折、画期的な成果をもたらすことがあります。ソフトウェア業界では、007をテーマにしたNINTENDO64のゲーム『ゴールデンアイ』が素晴らしい例です。Rareが制作した1997年のファーストパーソンシューティングゲームは、モーションキャプチャを使った（ゲーム内での体に対する）当たり判定、スナイパーライフルや銃の両手持ち、環境の反射マッピング、分割画面でのデスマッチなどを先駆けて開発し、後続のシューティングゲームの基礎となりました。このゲームは800万本もの売り上げを記録し、『マリオ64』や『マリオカート64』といったビッグタイトルを上回り、さらに任天堂の象徴でもある『ゼルダの伝説：時のオカリナ』にも勝利して、NINTENDO64のゲームの中で売り上げトップ3に入ったのです！

Rareの007チームの大半は開発経験がまったくなかったため、ゲームデザインやNINTENDO64のハードウェア上で何が実現可能なのかをまったく知りませんでした。よいアイデアが浮かんだら、ただそれを実装してみたのです。

プロデューサー兼ディレクターのマーティン・ホリス（Martin Hollis）は『Retro Gamer』のインタビューで、ナイーブさと経験不足が『ゴールデンアイ』の未来を形作る役に立った可能性を認めています。『ゴールデンアイ』が彼らの最初のゲームであったこと、そして何ができて何ができないのかをチームが知らなかったことは好都合だったのかと尋ねられた際、ホリスは次のように答えました[注26]。

※**注25** 注24を参照。

※**注26** Retro Gamer『100 Games To Play Before You Die: Nintendo Consoles Edition』（pp144）参照。

　ああ、確かに。自分たちに何ができて何ができないかを私もわかっていませんでした。最初は3人のプロジェクトだったので、9か月かそこらで終わると思っていたのです。3年の年月と約10人のリソースが必要だと、誰も私にいってくれませんでした。だって誰も知らなかったんですから。

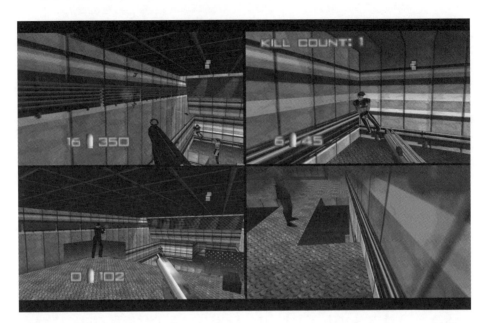

⊗図4.12　4人プレイの分割スクリーンでの激しいゴールデンアイのデスマッチ。たくさんの罵りとソファジャンプ^{訳注44}、コントローラーを投げ付けて、それをかわしている場面を想像しよう。これこそゴールデンアイの意図せぬ、しかし本当の遺産だ！

マルチプレイヤーの狂気

　多くのゲーマーが懐かしむ『ゴールデンアイ』のマルチプレイ機能は、当初はほとんど組み込まれていなかった後付けのアイデアで、発売日のわずか半年前に完成しました。Rareでは、ランチタイムに『ボンバーマン』や『マリオ64』の初期のプロトタイプをプレイし、イカした画面分割シューティングアクションというアイデアを思いついたのです。チームは、開発を始めるまでそれがうまくいくかわかりませんでした。そして開始早々にフレームレートの制約^{訳注45}にぶつかったのです。これは、

訳注44　トム・クルーズがとあるテレビ番組で、興奮のあまりソファーで飛び跳ねたことからくるスラング。https://www.cinematoday.jp/page/A0001777
訳注45　処理が大量に必要なために、描画が追いつかなくなること。「処理落ち」などとも呼ばれる現象。ここでは、異なるプレイヤーの4画面を同時に表示することで、描画が間に合わなくなったことを意味する。

マルチプレイヤーマップを小さいローポリ^{訳注46}の領域に制限することで、問題のほんの一部は解決しました。このようなことは、経験豊富なゲーム開発者であれば、おそらく試すことさえしなかったでしょう。しかし、Rareがこれを試みなかったとしたら、『ゴールデンアイ』はゲーマーに愛情を込めて思い出される作品になったとは思えません。

『ゴールデンアイ』は、『DOOM』で人気になったFPSジャンルを進化させました。パズルのようなマップで色付きのキーカードを集めたりモンスターを撃ったりするものから、ボンド風のガジェットアプローチやストーリー重視にターゲットが移ったのです。このチームのナイーブなアプローチがなかったとしたら、却下されていたかもしれないアイデアが実装されることはなく、記憶に残る『ハーフライフ』やほかの大ヒットFPS作品は存在しなかったでしょう。

ナイーブさは、想像以上にあなたを進歩させます。もし特定のプロジェクトの制約事項に気付いていたとしても、制約のある設計空間内の未踏の領域で何ができるかを発見するためには、ナイーブなマインドセットを採り入れることが得策かもしれません。

4.6.5 ナイーブなアルゴリズムの実装

長年にわたって実装されてきた多くのアルゴリズムは、複雑すぎる状態からスタートしています。これは、私たちプログラミングの専門家が、現実には（ほとんど）起こらない可能性をすぐに考えてしまうためです。「前回の失敗が今でも頭から離れない。今度こそ、もっと障害に強くしよう！」と。ナイーブな考え方を受け入れないと、解決策はたちまちオーバーエンジニアリングになってしまいます。2つのキャッシュレイヤーが「念のため」という理由で導入されます。「再利用されるかもしれない」という理由で、コードの一部が突然、コピーではなく別の依存関係になります。「何が起きるかわからない」ため、サーバーは負荷をテストせずに負荷分散します。聞き覚えないですか？

アルゴリズムは、通常、さまざまな形や形式で表され、ナイーブなアプローチがたいてい最も簡単で読みやすいものです。もちろん、実装がストレステストに合格しないこともあります。単純な例として、フィボナッチ数列を考えてみましょう。各数は直前の2つの数を足して計算され、数列は0と1から始まります。0 + 1 = 1、1 + 1 = 2...、以下同様です。ナイーブですが、非常に有用な再帰を使った実装は次のとおりです。

訳注46　ローポリゴンの略。低ポリゴンで表現することを指す。

```
func Fibonacci(n int) int {
    if n <= 1 return n
    return Fibonacci(n - 1) + Fibonacci(n - 2)
}
```

　シンプルで読みやすいでしょう。そして、私たちの関数も、なるべくならそうありたいものです。ただし、50のような大きな数値を入力すると、すでにわかっているフィボナッチ数を再計算し続けるため、スタックのサイズが爆発的に増えてしまい、結果（1,258,626,9025）を計算するのに少し時間がかかってしまいます。これに対しては、**メモ化**や**末尾再帰**と呼ばれるテクニックを駆使して関数を最適化することが考え得る解決策です。

```
func fibonacciTail(n, a, b int) int {
    if n <= 1 return b
    return fibonacciTail(n - 1, b, a + b)
}
func Fibonacci(n int) int {
    return fibonacciTail(n, 0, 1)
}
```

　議論の余地はありますが、依然として読みやすく、関数の性能は劇的に向上した一方で、スタックの増加はわずかn回だけです。過去の悪夢やさまざまな制約からのプレッシャーから、こういった最適化を始めることは、特定の考え方に固執しており、不必要に複雑な解決策を生み出したり、さらには何の解決策にもならなかったりする危険性があります。ここでの教訓は、次のとおりです。創造的思考を促進するためには、常にナイーブなアプローチから始めることです。そうした後に初めて、一歩下がって物事を改善する方法を検討しましょう。

演習

専門家の判断にすぐに従うのではなく、日々のプログラミングの実践に健全なナイーブさを少し取り込めたとしたら、どうでしょうか？　次に何か問題に直面したときは、制約を知らないふりをして思い切り想像力を働かせてみてください。そうすれば、この問題に取り組むためのよりも興味深いアプローチが生まれるかもしれません。

まとめ

- 創造的な問題解決スキルをサポートする有益な制約の分類には、固有の制約、課せられた制約（付随的）、自ら課す制約（本質的）がある。

- 一見不利に見えるハードウェア固有の厳しい制約も、制約に逆らわずに取り組めば、実は創造的な強みになる可能性がある。

- 古いVisual Basicのブラウンフィールドプロジェクトでつまづいたとしても、現代のソフトウェア開発のベストプラクティスと理念に従うことはできる。課せられた制約にうまく対処する方法を見つける必要があるだけだ。

- 特定の制約に対して何もしないことは、決してよい考えではない。それは、あなたのチームやソフトウェア、最終的にはクライアントに影響を与える可能性がある。

- 同じようなやり方で、本当にできないかを調べる前に「できなさそう」という理由だけでアイデアをただちに否定しないでほしい。

- 制約にはスイートスポットがある。制約に溺れると、創造的な可能性を発揮できなくなる。自ら課す制約は、スイートスポットをはるかに超える可能性がないように注意して設定すること。

- 自ら課す制約は、あなたを創造的な解決策に近付けるだけでない。それは退屈や平凡さとの闘いでもある。

- あなたの内なる子供のナイーブな興奮は、必ずしも抑圧されるべきではない。その声は、特に困難な制約に取り組むための役に立つかもしれない。

- 拡散思考は、制約に対処するときにも役に立つ。ただし、さまざまな拡散思考テストに過剰に注意を払わないでほしい。創造性は単なる水平思考ではない。

<Chapter>

5

批判的思考

本章の内容

- 典型的な創造的プロセスの5つのステップ
- 集中思考モードと拡散思考モード
- 目的に応じて創造性を手段または目標として使用する
- よくある批判的思考の誤謬

　　叫び声と香ばしいスパイスが混ざり合い、古代アテネ帝国の中心地であるアゴラでの忙しい1日がまた始まります。店主たちは、干し魚、オリーブ、サンダル、地方政治家の悪口、アンフォラ[訳注1]、ヤギのミルク、訴訟、証拠提供者、イチジク、パンを売りさばくために、激しい競り合いを繰り広げています。ほしいものは全て揃っていました。叫び声と罵声の中、裸足で鼻は平ら、髪はもじゃもじゃでずんぐりとした老人男性は、まるで自宅にいるかのように振る舞っています。ソクラテス（Socrates）は、アゴラの近くを散歩する日々において、出会った全ての存在に厄介な質問を投げかけていました。彼のモットーは「無知の知」というものです。

　　アテネの反対側では、数学、音楽、哲学、それに神々が禁じていた工芸などを専門とするソフィスト[訳注2]たちが、その教えを受けられる数少ない裕福なギリシャ人たちに徳を

訳注1　陶器の器の一種。

訳注2　古代ギリシャのアテネを中心に活動した、金銭を受け取って徳を教えたとされる弁論家・教育家。

教えるために忙しく働いています。旅の専門家であり、話術の達人であるソフィストには共通点が1つありました。それは、自分たちが知らないことであったとしても、聴衆を感動させたり説得したりするために知っているふりをしていたということです。全ての質問に対する答えを持っているとさえ主張しているソフィストもいました。

　すぐさま知識が必要なとき、誰に相談するべきでしょうか？　何も知らないふりをして、次から次へと質問を投げかける奇妙な老人でしょうか？　自分が全ての答えを持っていると断言する詭弁家[訳注3]でしょうか？　ソクラテスの「無知の知」という言葉は、彼が生きている間、ほとんどあざけりを受けていました。アテネ市民は、ソフィストたちによる多くの（ただ勇ましいだけの）美辞麗句に簡単に騙されていたのです。ソクラテス自身も真のソフィストの中には自分よりも優れた者がいると認め、彼の弟子の1人を彼らの元へ学びに行かせていました。プラトン（Plato）は後に「ソフィストは、欺瞞以外は何も教えないケチな教師である」と描写しています。

　それから20世紀が経過し、フランス・パリの静まり返った研究室に、空瓶が無造作に押し当てられるカチャカチャという音が鳴り響いています。小さなカップの酸っぱいワインに夢中で腰をかがめているルイ・パスツール（Louis Pasteur）にとって、滅菌して密閉したフラスコでのアルコール発酵またはその欠如についての考えをまとめるまで、あと数週間もあれば十分でした。発酵がただの「有機物の分解」によるものだと考えていた化学者のユストゥス・フォン・リービッヒ（Justus von Liebig）とは意見が異なり、自然界に存在する酵母が糖からアルコールを生産することをパスツールは証明したのです。

　1850年代、酵母や乳酸菌のような微生物の存在は、激しい議論の的となっていました。「私たちが見ることも匂いをかぐこともできない存在が、かつては神々の仕業である古代の重要な現象とされていた発酵という現象に、どう関わっているのだろうか？」と。ルイ・パスツールと彼の滅菌済みのビンは、発酵のプロセスを実証して、19世紀の驚くほど視野が狭い考え方を揺るがし、最終的には無数の賞と資金援助を獲得して、彼の研究室を現在のパスツール研究所へと拡大させました。パスツールの実証実験は、人々を納得させることに成功したのです。これは、かつての先駆者たちが望みながらも、なし得なかったことでした。

　しかし、微生物を信じようとしない人々だけが、（自己）欺瞞に加担していたわけではありませんでした。今や伝説となった天才ルイ・パスツールもまた、汚い秘密を隠していたのです。彼の実験ノートは、ジェラルド・L・ガイソン（Gerald L. Geison）が『The Private Science of Louis Pasteur』[※注1]を出版してから、さらに1世紀後の時代まで秘

訳注3　間違った内容・意見を正しく見せかけたり、自分の意見に言いくるめようとしたりする人。

※注1　Gerald L. Geison『The private science of Louis Pasteur』（Princeton University Press, 2014）。邦訳『パストゥール—実験ノートと未公開の研究』（長野 敬、太田 英彦 訳／青土社／ ISBN4-7917-5798-X）。

密のままでした。この本では、パスツールがライバルに先んじるために使用したアイデアや発見の盗用を含め、さまざまな誤解を招き人を欺く手法を明らかにしています。このことが、モンペリエ大学の化学教授であるアントワーヌ・ベシャン（Antoine Béchamp）との生涯にわたる盗作闘争を引き起こしたのです。ベシャン自身も、（もちろん）発酵における微生物の役割の最初の発見者であると自負していました。

　さぁ、さらに1世紀先に進んでみましょう。数台の強力なコンピュータのファンから鳴り響くほとんど催眠術のようなブーンという音が、ゆっくりと、しかし着実に、何の変哲もないオフィスを熱で満たしています。フロリダ州ゲインズビルにあるGrove Street Gamesのコンピューターと従業員たちは、Rockstar Gamesと提携し、制作中のゲーム『Grand Theft Auto: The Trilogy—The Definitive Edition』の非常に厳しい納期に向けて残業しています。テクスチャを増やし、メッシュをきれいにして、稲妻を改善し、優れた天候エフェクトを導入しました。

　しかし、主にAIアップスケーラー※注2によって自動化された取り組みは、さらに醜いテクスチャ、流動的に実行するには多すぎるメッシュ、ゲームの雰囲気を壊す激しいコントラスト、神が牛乳をこぼしたような雨のエフェクトを生み出してしまったのです。RenderWareからUnreal Engine4に素材データを移植した、歴史に残る『Grand Theft Auto（GTA）』シリーズ（『GTA3』『GTA Vice City』『GTA San Andreas』。図5.1を参照）のリマスター版は、当初、かなり期待が集まっていました。しかし、ノスタルジーを弄ぶと、破滅的な結果を招きかねません……AIを利用してアップスケールされた10万もの素材データの批判的なレビューを怠るようにね。

⬥図5.1　オリジナルの『GTA San Andreas』のスクリーンショット内のドーナツの右側にあるボルト（「ナット」）が見えるだろうか？　どういうわけか、それはタイヤに変わり、そのせいで「Tuff Nut」のジョークが台なしになっている。AIアップスケーラーの結果なのか、あるいは単に丸くする必要があると考えた注意散漫なデザイナーのせいなのかは不明のままである。スクリーンショット提供：RockmanBN, ResetEra

---

※注2　The GamerによるRockstarのプロデューサー Rich Rosadoへのインタビューを参照のこと。https://www.thegamer.com/gta-remastered-trilogy-rockstar-interview/

この開発に約2年以上もかかったと報じられていますが、批評家とゲーマー両方からのネガティブな反応でフラフラになってしまいました。『Definitive Edition（決定版）』は、その名前とは程遠い結果となりました。さらに状況は悪化し、Rockstar GamesがオリジナルのGTAゲームをオンラインストアから取り下げることを決めたせいで、ビーチでクルージングしながら80年代を思わせる**Flash FM**を聴いていた素敵な思い出を持つゲーマーたちは、中古市場を隈なく探すしか遊べる手段がなくなってしまったのです。本当に残念。

5.1　創造的かつ批判的思考

ソクラテスの過剰な（自己）質問とソフィストたちの（自己）質問の欠如、発見後の微生物に対する批判的ではあるが間違った受け止め方、自社のビデオゲームで生成された素材データを批判的にレビューしなかったことで完全に破綻したGrove Street Gamesの失敗の間にある注目すべき共通点は何でしょうか？　これらの3つの例は全て、さまざまな批判的思考の度合い（または完全な欠如）を示しています。

新しい発明やメソッドは、最初は懐疑的に受け止められることがほとんどです。アテナの人々もソクラテスの絶え間ない質問メソッドを奇妙に感じていました。ソフィストたちの傲慢な態度と蓄積された富は、彼らの慣行に対して反感を引き起こすまでに長い時間かかりました。ルイ・パスツールが生きた微生物を発見した最初の人物というわけではありませんが、それでも従来の如く、微生物の存在を否定するほうが楽な選択だったのです。そして、彼の天才性がようやく認められたと思ったら、天才どころか、むしろ他者から創造的なアイデアを盗んだ詐欺師であることが判明しました。

Grove Street Gamesは不完全なAIテクノロジーに頼り、おそらくRockstarからの厳しい納期のプレッシャーも相まって、批評家に総叩きに遭うことになる未完成のゲームをリリースしてしまいました。開発チームによる多くの創造的な努力は、リリース日への無批判なこだわりのせいで完全に実現されることはなかった可能性を示しています。リリースの1か月前に徹底してプレイテストが行われていたとしたら、『GTA Trilogy』は本当に必要な仕上げができていたのかもしれません。その証拠に、ゲーマーたちは、リリース後たった1日で、馬鹿げたバグや図5.1に示されたジョークの崩壊、ランダムなクラッシュのビデオを投稿し、これらの問題が見つけにくいものではないことを明らかにしたのです。

創造的思考だけでは不十分なのです。創造的な仕事の成果を得るためには、**創造的思考**と**批判的**思考の両方が求められます。創造的思考には、独創的なアイデアの生成、アイデアの検証あるいは却下、創造的プロセスのタイムリーな調整、フィードバックの要求と正しい解釈、頭の中に組み込まれた多くの認知バイアスの克服が必要です。創造性と

批判的思考の関係をより深く理解するために、典型的な創造的プロセスをもう少し詳しく見てみましょう。

演習

あなたのソフトウェア開発チームには、チームが取った行動やその過程に頻繁に質問を投げかけるソクラテスがいますか？　いないのであれば、入れるべきではないでしょうか？　いるのであれば、その人が迷惑がられているのは、あなたのチームがその答えを怖れているからでしょうか？　それとも、そのソクラテスの化身が、コーディング批評家としての役割を誇張するからしょうか？

5.2　創造的プロセス

前章で紹介した創造性の著名な研究者であるピーター・J・ファン・ストリーンとミハイ・チクセントミハイは、1921年にグレーアム・ウォーラス（Graham Wallas）が最初に特定した創造的プロセスの5つの段階（図5.2）に賛同しています※注3。

1. **準備**：創造的な成果は突然のひらめきでは生まれない。おそらく、長い準備作業を通じて起きる90％のアイデアの蒸発と10％の発現の結果である可能性のほうが高い。

2. **培養**：クリエーターが（準備から）距離を置き、プロセスを中断する変動期間。無意識に洞察が加速する。

3. **発現**：このステップは、ステップ1での努力と涙なくしては決して起こり得ない。

4. **検証**：出会ったアイデアを評価する。それは機能するのか？　価値があるのか？　そうでなければ、破棄して再スタートする。

5. **提示／受容**：創造物が仲間たちに提示され、受け入れられて初めて、それを真に創造的ということができる（本書の冒頭で示した創造性の社会文化的な定義を参照）。

番号付きの列挙は、通常、プロセスの順番を示唆します。しかし、創造的プロセスは**再帰的**です。つまり、クリエイターは、いかなるときでも、ステップ1から4の間を行ったり来たりしているのです。素晴らしいアイデアが浮かんだ（ステップ3）？　では、最初に戻って試してみましょう（ステップ1）。マンネリに陥った？　では休憩しましょう（ステップ2）。別のことをしたり、犬の散歩をしたり、ランニングをしたり……ただし、突然アイデ

※注3　Graham Wallas『Creative process』（New American Library, 1921）

アがひらめいた場合（ステップ3）に備えて、付箋紙は持って行ってください。単体テスト
をコンパイルして実行するときが来ました（ステップ4）！　うまくいかなかった？　では
振り出し（ステップ1）に戻りましょう。最後のステップは、検証した後だけに適用できる
ことは明らかです。

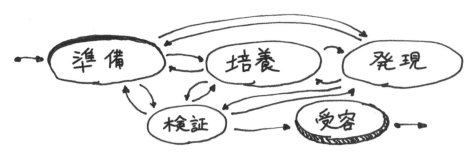

😊**図5.2**　創造的プロセスの5つのステップ。過剰な数の矢印は、ステップ間の相互関係を強調してい
る。通常、準備はステップ1だが、突然のアイデアからでもプロセスを開始できる。コンセプトを練り直
す十分なエネルギーが残っている限り、アイデアが却下されることが必ずしも終わりではない。

　多くの人々は、創造性はたった1つの大きなひらめきを生み出すことだと考えています。
しかし実際は、図5.2の矢印で示されているように、全てのステップ間における絶え間な
いわずかな相互作用の結果なのです。たった1つの「**エウレカ（我発見せり）！**」、正しく
はドイツの心理学者カール・ビューラー（Karl Bühler）が「**アハ体験（Aha-Erlebnis）**」
と呼ぶものだけでは、決して大きな成功は得られません。創造性がたった1つの大きなひ
らめきから生まれるものだとしたら、私は本書の序章さえ書こうと思わなかったでしょう。
　ある意味で、ウォーラスの非直線的な創造的プロセスは、テスト駆動開発[訳注4]サイクル
を思い起こさせます。レッド（ステップ1～3）、グリーン（ステップ4）、リファクタリング
（ステップ1～3）といった具合です。テストが失敗したまま、あるいはもっとひどいとテス
トがない状態でgit pushコマンド（ステップ5）をする人はいません……今皆さんが律
儀に同意してうなずいている姿を私は想像しています。どうか私をがっかりさせないでく
ださい。

訳注4　「Test-Driven Development」の訳で、「TDD」とも略される。プログラムの実装前にテストコードを記述し、
そのテストが問題なく動作する最低限の実装を行ってから、修正と実装といった短いサイクルを何度も繰り返して、最終
的なプログラムを完成させる開発手法。「レッド」「グリーン」「リファクタリング」の3つのサイクルに工程を分割する。

プロセスの最初のステップである「準備」には、データ収集による準備も含まれます（第2章）。物事を調べるために必要な驚きと好奇心（第6章）がなければ、プロセスはここで終わってしまうでしょう。制約の知識（第4章）は、目の前の課題に関連する解決策を構築する役に立ちます。

適切で創造的な心の状態にあると、培養と発現のプロセスを促進することがあります（第7章）。他者もこのプロセスに大いに関与しており、心と世界を開放することでアイデアが交配する可能性を高めます（第3章）。

5.2.1 批判的検証

批判的思考は、創造的プロセスにどう組み込まれるのでしょうか？ チクセントミハイは、「洞察を**検証する**ことは、従来の創造物を一歩引いて批判的に見ることと同じである」と示唆しています。

> 洞察が訪れた時、そこに作られたつながりが、本当に正しいかを確認する必要があります。画家は後ろに数歩下がり、構図がよいかを遠くから見ます。詩人は批判的な意識で自分の詩を再読し、科学者は計算したり実験をします。最も美しい洞察も、理性の冷ややかな光の下で欠点が明らかになると、たちまち醜くなってしまうのです。

彼はプログラマーにインタビューをしていませんが、もししていたとすれば、おそらく「プログラマーは F10 を押してユニットテストを実行し、失敗したら苦悩しながら呪詛の言葉を口にする」というようなことを書いていたでしょう。私たち自身もソフトウェア開発者とのインタビューを通じて、検証のステップがクリエイティブプログラマーの仕事において重要な役割を果たしていることを確認しました。

私は、昔の同僚とのペアプログラミングセッションを今でも鮮明に思い出すことができます。彼は、私があまりにも早く判断することに対して説教してきたのです。
「なぜこのコレクションを続けなかったんだい？」と彼は尋ねました。
「ああ、それは簡単なことさ。これは集約ルートだから、このオブジェクトを保存すると、この第2パラメータが自動的に連鎖して保存されるんだよ」と私は答えました。

すると、彼は「ただの想定で何でも結論付けるな！ コードを確認したのか？ 統合テストはどこだ？ それは想定通りに動くのか？」と首を振り始めます。

「……」と、たいていの場合、私は沈黙して否定を表します。

「思い込む（ASS-ume）な！　君は君自身（U）と私（ME）をバカにしている（ASS）んだよ」訳注5

　「バカ（ass）」の部分が、ずっと私の心に残っています。思い込みを確認するときは、いつもあのときのことを鮮明に思い出してしまうのです。その後、私たちは仲よくなりました。私は彼にたくさんの借りがあります。でも本当に、思い込みは避けてください。ブレークポイントを数カ所に設定し、メモリ領域を調べて中身を検証してください。不明瞭な点を解消するために、曖昧なコードをステップスルーしてください。同僚や将来の自分がしっかりと検証できるように、ユニットテストを書いてください。必要に応じてオシロスコープ訳注6を手にし、電圧波を調べてください。確認、確認、そして確認……と、必ず3回確認してください。確認できなかったとしても大丈夫。創造的プロセスは再帰的です。もしかしたら、カフェインをもっと摂取したり適度なジョギングをしたりして一旦離れ、さらに培養させる必要があるのかもしれません。

> ### カメラータは検証をやりやすくする
>
> 　「第3章　コミュニケーション」で述べたように、相互学習は、共通の目標を目指す同じ考え方を持った人々の社会的グループ内で起こります。さまざまな認知バイアス（「5.4　よくある批判的思考の誤り」を参照）が、自分自身のアイデアの検証を複雑にしてしまうことがあるのです。
>
> 　このような場合、同僚からの批判的なフィードバックには大いに価値がありますが、批判を受け入れて対処する覚悟が必要です。自分のアイデアを検証する際は、他者からの建設的な批評を重要なパズルのピースのように大切に扱ってください。

訳注5　原文は「Don't ASS-ume! You'll make an ASS out of U and ME」。

訳注6　電気信号をグラフとして表示する機器。

5.2.2　集中思考

　　プログラミングでは、コードの行、メソッド、メンバー、引数、カッコ、IDEのガター[訳注7]、コンストラクタ、型、例外などに、特に注意が必要です。シェアウェア版『DOOM』のエピソード1のように**死の世界に潜る**のではなく、**コードに深く潜って**ください。

　　この意識的な思考段階は、**分析的問題解決**または**集中思考**と呼ばれます。この段階では、目は目標に、心は解決策に向けます。心理学者によると、これは徐々に進む、大半が意識的なプロセスであり、創造性には不可欠な部分だそうです[※注4]。集中して行動しなければ、1枚の絵画も描かれず、1篇の詩も書かれず、1行のコードもプログラムされません。

　　集中思考は、低レベルの問題に対処するためには素晴らしいものですが、時として、あちこちで手っ取り早い方法を取ってしまうこともあります（例：ここのコード全てに staticを使用しよう。さほど全体のシステムに影響を与えないはず）。その結果として、全体像を失い（このメソッドは、クライアントの問題とどう関係しているのだろうか?）、十分に批判的思考をしても、誤った決定を下すことがあるのです。したがって、時折、拡散思考などのほかの思考モードに頼る必要があります。

5.2.3　拡散思考

　　批判的思考は、常に歓迎されるわけではありません。むしろ、たいていは激しい抵抗に遭います。時には激しい抵抗がある**べき**なのです。たとえば、アイデアの発想中に突拍子もないクレイジーなアイデアを思い付いたとしても、すぐにそれを却下する意味はほとんどありません。オークランド大学とマクマスター大学の工学教授であるバーバラ・オークリー（Barbara Oakley）は、この発想段階を**拡散思考モード**と呼んでいます。彼女は「学習方法の学び方」というCoursera[訳注8]のトレーニングを作成しました。この中で、集中モードと拡散モードが強力な思考の道具として紹介され、困難な科目をマスターするときの役に立つと述べています（図5.3）[※注5]。

訳注7　コード中の行番号やブレイクポイントを示すエリア。

※注4　Claire M. Zedelius and Jonathan W. Schooler 『The richness of inner experience: Relating styles of daydreaming to creative processes』（Frontiers in Psychology, Vol6, 2016）。https://doi.org/10.3389/fpsyg.2015.02063

訳注8　世界中の大学や企業が提供するコースを無料で受けられるオンラインサービス。

※注5　https://www.coursera.org/learn/learning-how-to-learn

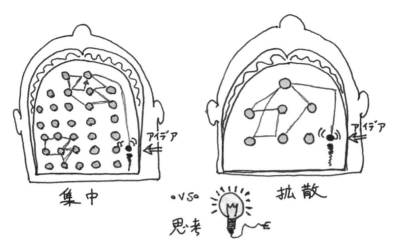

⊘図5.3　集中／拡散思考は私たちの神経を駆け巡るピンボールであると、バーバラ・オークリーは表現している。集中したピンボールマシンは、完璧に均等に並んだバンパーへボールが当たる確率は高い。一方で、拡散したマシンは、ボールはあらゆる方向に跳ね返り、見かけ上は関連のないアイデアにぶつかる。

　集中思考は、目の前の問題をズームインして分析します。対照的に、拡散思考は、全体像を見るためにズームアウトして問題を一時的に手放し、より高いレベルからその問題のさまざまな側面にアプローチします。拡散思考は、（アイデアが「突然」頭に浮かぶという）自発性と密接に関連しており、それが多くの現実の問題に即した洞察に溢れる瞬間につながり、今度は集中思考を使用して解決策にその洞察を統合できます。実際には、ダニエル・カーネマン（Daniel Kahneman）の速い思考モードと遅い思考モードと同じく、あなたは思考モードを常に切り替えているのです※注6。判断と意思決定の心理学に造詣が深い研究者であるカーネマンは、2つの思考モードの間に二重性があることを特定しました。速く本能的で感情的な「システム1」と、ゆっくりと慎重で論理的な「システム2」です。カーネマンは「私たちは自分の判断に自信を持ちすぎており、たいていは無意識に間違った思考モードを働かせてしまっている」ことを示唆しています。

　学習研究者のジョナサン・スクーラー（Jonathan Schooler）と彼の同僚は、拡散思考を**マインドワンダリング**（mind-wandering）と呼んでいます※注7。マインドワンダリングは、特別なものではありません。実際、何も必要ないのです。これは、注意力が目の前の外部環境から切り離されるという、よくある経験のことを指しています。

※注6　Daniel Kahneman『Thinking, fast and slow』（Macmillan, 2011）2011）。邦訳『ファスト＆スロー あなたの意思はどのように決まるか？』（村井 章子訳／早川書房／上：ISBN978-4-15-050410-6、下：ISBN978-4-15-050411-3）。

※注7　Jonathan W. Schooler, Michael D. Mrazek, Michael S. Franklin, et al『The middle way: Finding the balance between mindfulness and mind-wandering』（Psychology of Learning and Motivation, vol60, pp1-33, 2014）https://doi.org/10.1016/B978-0-12-800090-8.00001-9

窓の外を見つめ、まるで向かいの建設現場を調査しているかのように見せかけている注意散漫な同僚は、多分、心の中をさまよっています。ほかの同僚たちは、おそらくイライラしていることでしょう。スクーラーのチームは、マインドワンダリングが社会的な課題や認知的な負担を伴うことを認めつつも（集中力を取り戻す方法については「第7章　創造的な心の状態」で詳しく説明します）、まだ**培養**段階にある限り、創造性の向上が顕著に見られることも示しています。

ただし、過度のマインドワンダリングは、メンタルヘルスに悪影響を及ぼす可能性があります。最近、マインドワンダリングとネガティブな気分の間には相関関係があり、人の全体的な幸福度に永続的な影響を及ぼすことを証明したという報告が相次いでいるのです。あまりにも頻繁に遠くから工事現場を視察しているのは、単に拡散思考を促進しているのではなく、仕事に対する不満のサインなのかもしれません。

5.2.4　拡散思考と集中思考の組み合わせ

スクーラーの研究チームは、マインドフルネス（集中を高める）とマインドワンダリング（拡散思考を促進する）の間にあるアリストテレス的な中道を支持しており、この2つの思考モードを組み合わせることを示唆しています。アメリカの生化学者であり数多くの作品を残している[注8]学術論文執筆者のライナス・ポーリング（Linus Pauling）はかつて、どのようにして多くのよいアイデアを思いつくのかを学生から尋ねられました。ポーリングは「簡単なことです。たくさんアイデアを思い浮かべて、ダメなものは捨てればよいのです」と答えました。これには、拡散思考（多くのアイデアを考え出す）と集中／批判的思考（悪いものを捨てる）の両方が必要です。

ポーリングと同世代のジョナス・ソーク（Jonas Salk）は、拡散思考と集中思考を巧みに組み合わせて、最初の効果的なポリオワクチン（図5.4）を開発しました。ソークのアイデアは多くのノーベル賞にノミネートされましたが、ポーリングとは異なり、実際には一度も受賞しませんでした[訳注9]。彼はポリオワクチンの特許を取らず、誰でも手頃にできる治療法にする道を選んだのです。これにより、彼は70億ドル以上の利益を逃したことになります。コーディング用語でいえば、彼はポリオワクチンを**オープンソース**として公開したのです。ソークは「私たちの最大の責任は、よい祖先であることです」と述べました。しかし残念ながら、ルイ・パスツールの秘密の実験室のメモは、創造的な天才たちも貪欲とは無縁ではないことを明らかにしています。

[注8]　彼は1,200の論文と書籍を発表しました。ニクラス・ルーマンよりも多いのです！

訳注9　ポーリングは、1954年にノーベル化学賞を、1962年にノーベル平和賞を受賞している。

⊗**図5.4**　1952年にピッツバーグ大学で最初のポリオワクチンを誇らしげに披露するジョナス・ソーク。
出典：ウィキメディア・コモンズ（パブリックドメイン）

　アイデアの発生（創造的プロセスの**培養／発現段階**）、そしてベストなアイデアの選択
（**検証／受容段階**）という概念は、多くの認知心理学の理論に反映されています。この
二重性は、認知心理学の研究者であるロバート・J・スタンバーグが定義する創造性にも
「創造性とは、アイデアの世界において、安く買って高く売るという決断である」[※注9]と出て
きます。

　これは、ある種の批判的思考を示しています。何を買うか、何を売るか、さらに重要な
のは**いつ**買うかです。スタンバーグにとって、創造性は、大半が（危険な）決断です。批判
的な判断を欠いた創造的思考は、空想的な（安値ではなく高値で買う）、非実用的な
（間違ったものを買う）、そして愚かな（間違ったものを売る）方向に傾きます。

売り込みすぎなコード

　安く買って高く売ることは、**疑わしき一般化**という特定のコードの臭いを思い出
させます。それは、「あなたのコーディングの努力は創造的だ」と、自分自身に言い
聞かせ、同僚に呼んでもらうためだけのオーバーエンジニアリングなのです。「この2
つの日付ユーティリティメソッドは必ず再利用されるはずだ。依存関係ツリーをさら

※注9　Robert Sternberg『Investment theory of creativity』（2001）。http://www.robertjsternberg.com/
investment-theory-of-creativity/

に複雑にするために、別のユーティリティパッケージとしてリリースしよう！」「なぜ、このstaticなシングルトンインスタンスにミューテックスロックを使わないのか？」「何が起こるからわからないから、スレッドセーフな並列処理を行う複雑なシステムにリファクタリングしよう！」などなど……。高く売れるものはたくさんあります。マーケットは、あなたのゴルディアスの結び目[訳注10]に、それほど興味を示していないだけです。

スタンバーグの創造性の商業化は、ギャンブル的要素の存在を示唆しています。エリック・ワイナーは、リスクを取ることと創造的な類まれなる能力は切り離せないと述べ、マリー・キュリー（Marie Curie）を例に挙げています。彼女は生命を脅かす放射線レベルについてよく知っていながらも、死に至るまで頑固に有毒物質を扱い続けました。

特定の状況に応じて、拡散思考と集中思考の両方が求められます。拡散思考が過剰になると、実現不可能な奇妙なアイデアがたくさん生まれます。一方、集中思考が過剰になると、トンネルビジョン[訳注11]および疑わしき一般化に陥ります。問題空間は体系的であることを忘れないでください。全てが相互につながっています。したがって、思考モードを頻繁に切り替えることが、最も望ましいアプローチなのかもしれません。スクーラーの研究から学べるように、ファーナム・ストリート（Farnam Street）がうまくまとめています（図5.5）[※注10]。

> 思考モードの往復は重要である。あまりにも長く集中モードにとどまると、収穫逓減が始まり、思考が停滞する。そして、新しいアイデアを得ようとせず、認知トンネリング[訳注12]を経験する可能性がある。

🔵 図5.5　思考モードの往復：集中と拡散思考を交互に行っている。もちろん、休止することもある。

訳注10　手に負えないような難問を誰も思いつかなかった大胆な方法で解決してしまうことのメタファー。

訳注11　視野が狭すぎること。

※注10　https://fs.blog/focused-diffuse-thinking/

訳注12　人が特定の情報やタスクに集中しすぎて、ほかの重要な情報や周囲の状況を見落としてしまう心理現象のこと。

演習

日々の業務において、あなたは主に集中思考者ですか、それとも拡散思考者ですか? 目の前のタスク次第ですか? そうだとしたら、なぜですか? あまり馴染みのない思考プロセスにもっと頼る機会、あるいは両方をタイムリーに組み合わせる機会を見出せますか?

5.3　創造性は手段であり目標ではない

　創造性には、常に前向きな意味合いがあるわけではないという事実に注意することが重要です。非常に「創造的」ながらも、まったく使い物にならない解決策を思いつくこともあります。たとえば、JRubyを使ってスクリプトをただ評価するのではなく、Cで書かれたカスタムRubyインタプリタを呼び出すためにJava Native Interfaceを使用するのはどうでしょう? あるいは、もっとすごいのだと、スクリプトをただのJavaオブジェクト(POJO)に移行するのはどうでしょうか? それが実用的な解決策として受け入れられるとは思えません。まぁ、私たちは皆、奇妙なものが奇跡的に動作するのを目撃したことがあるわけですが。

　私と同僚がソフトウェア開発における創造性の活用についてインタビュー対象者と議論している中で、興味深い論点が浮かび上がりました。ある人が「創造性は手段であり目標ではない」といったのです。インタビュー対象者たちは、問題の文脈と制約を考慮した上で、アイデアの創出と批判的思考の適切な組み合わせについて強調しました。創造性には、単なるアイデア出しではなく、批判的内省も含まれます。従来のベストプラクティスでは解決不可能な問題を解決する(あるいは、まず問題を特定して切り分ける)ためには、両方の概念が欠かせないのです。

　創造的であるための創造性は、私たちが入り込む危険地帯です。美学に目がくらむと、私たちは突如「美しい」ものを作りたいという衝動に襲われ、無意識のうちに、さらに多くの疑わしき一般性を導入してしまいます。プログラマーは職人でしょうか? 私たちの多くは、自分の優れたコーディングスキルを目立たせるのが好きです。本書の執筆時点で3万2千人以上の自称職人が署名した「ソフトウェアクラフトマンシップマニフェスト」[注11]に示されている価値の1つに、「動くソフトウェアだけではなく、**精巧に作られたソフトウェアでもあること**」と掲げられています。

※注11　http://manifesto.softwarecraftsmanship.org/

これが問題なのは、機能ではなく、美学にバランスが偏っているという点です。私は、自分のコーディングテクニックに夢中になり、コードの1行1行を「美しく」するために必死に作り直すプログラマーたちと「ペア」になったことがあります。こういった職人たちは、ペアの相手や納期、チームベースのコードスタイルの決定を完全に無視してしまうのです。また、エンドユーザーがコードの美学に興味がないことを忘れてしまっているようにも感じます。エンドユーザーが気にしているのは、意図した通りに機能することとスケジュール通りに提供されることです。ソフトウェアクラフトマンシップについての熱い議論に興味がある場合は、ダン・ノースの記事『Programming Is Not a Craft（プログラミングは職人芸ではない）』（https://dannorth.net/2011/01/11/programming-is-not-a-craft/）がよい出発点です。

批判的思考の健全な一撃が、職人の理性を取り戻してくれるかもしれません。もちろんクリーンなコードは極めて重要ですし、あえてそれを否定するつもりはありません。コードは、書く（書き換える）よりも10倍は頻繁に読まれるものです。シンプルで読みやすく、クリーンなコードは、保守するのが楽しくもあります。醜いスパゲッティコードは楽しくありません。しかし、創造性を振り回し、平凡なコピー&ペーストプログラマーとの差を見せつけようとすれば、結局のところ、コードベースやあなたの自尊心、さらに同僚にもダメージを与えるはめになってしまいます。創造性は目標になる**かもしれません**が、一般に、創造性は手段であり目標ではないのです。自己表現のためだけの**クリエイティブコーディング**が、まさにその例です。そこには、お金を払っている顧客のために解決しようとしているソフトウェアの問題はなく、創造性を発揮するために埋めようとしている空白のキャンバスだけが存在しています。クリエイティブコーディングは、創造的な自己表現を促進し、情報科学への興味を刺激するために、高等教育でよく使われています。

学生は、柔軟なソフトウェアのスケッチブックであり、ビジュアルアートという文脈の中でコーディングする方法を学ぶための言語であるProcessing（図5.6）を利用して、クリエイティブコーディングを学びます[注12]。Processingは、もともとはJVM上で実行されるものでしたが、最近ではJavaScript（p5.js）とPython（Processing.py）のバージョンも登場しています。

※注12 Ira Greenberg『Processing: Creative coding and computational art』（Apress, 2007）

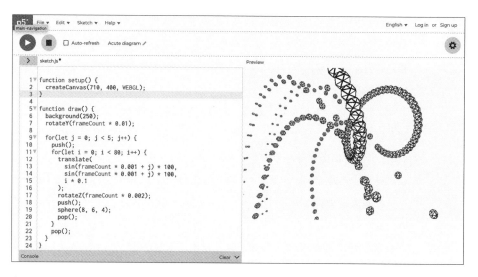

◈**図5.6** オンラインのp5.jsエディターで、sin波の軌跡に従って球体が衝突する単純な例を実行している。ログイン後、URLをただコピーするだけでプロジェクトを簡単に共有できる。p5.jsは、*sphere*などのきちんと解説してあるProcessing固有の関数に依存するため、JavaScriptの知識はほとんど必要ない。

　視覚的に印象的なシーンでキャンバスを埋めるのは楽しいものですが、創造的な自己表現は、体系的で創造的な問題解決の全体像についてはほとんど教えてくれません。p5.jsエディターのような環境は、「第4章　制約」のPICO-8システムと並び、制約に基づく創造的思考教育に優れたツールです。残念ながら、私が文献レビュー中に出会った関連のあるほとんどの学術論文において、Processingは、情報科学への導入とプログラミングに対する興味をさらに刺激するための動機付けツールとしてしか使われていませんでした。

　学術的な観点からすると、クリエイティブコーディングは主に自己表現と見なされているため、クリエイティブコーディングという言葉は適切な選択ではないような気がします。クリエイティブプログラマーはクリエイティブコーダーではありませんが、クリエイティブコーダーはクリエイティブプログラマーになれます。えっ、何だって？　この文を校正していると頭がくらくらしてきました。

演習

プログラミングの文脈上で、創造性を発揮する意味があるのは、どのようなときだと思いますか？　現在の開発チームでは、それは多すぎますか、それとも少なすぎますか？

「第6章　好奇心」では、（好奇心が創造性の主な原動力となる）創造的探求について引き続き議論します。

5.4　よくある批判的思考の誤り

「**Je pense, donc je suis**」（我思う、故に我あり）。この有名な言葉は、ルネ・デカルト（René Descartes）によって書かれ、17世紀の合理主義と認識論の基盤を築き、後にバールーフ・デ・スピノザ（Baruch De Spinoza）やゴットフリート・ライプニッツ（Gottfried Leibniz）が発展させました。哲学の名言は、合理的思考を促進してくれるように思える、評判の高い気の利いた言い回しです。「**Sapere aude**」（知る勇気を）！

デカルトの夢理論は、彼の存在（**je suis**）を確かに証明しましたが、これ以外のデカルトの荒唐無稽な考えは、今では懐疑的に受け止められています。心身二元論の問題を解決する試みの中で、デカルトは、合理的思考と魂の不滅性のつながりを脳の松果体に帰結させています。熱心なカトリック信者であるデカルトの極端な合理主義は、どこかで神聖なものと結び付けなければならず、神の存在の可能性を残しているのです。

私たちの文明史上、最も批判的なものの見方をする1人であるデカルトの著書において、このような明らかな思考の誤りが見られるのは奇妙なものです。松果体を通じて神の意志を伝える動物の精霊が、私たちが何を望み、何を好きになるのかを命令しているということでしょうか？　確かに創造的な解釈かもしれません。そこは認めます。違和感を覚えつつも尊敬されている哲学者は、デカルトだけではありません。たとえば、プラトンの**国家**（Republic）の教義や性差別について物議を醸しているアリストテレスの見解などがあります。

今となっては反論されているこれらの世界観については、当時の独特な**時代の気風**（Zeitgeist）を考慮しながら取り組むべきです。でも、偉大な哲学者たちの思考の誤りを見ると、私はなんだか安心してしまいます。というのも、彼らもただの人であり、私たち卑しい人間という存在が、時には明らかな間違いを犯してしまうという口実を与えてくれるからです。

批判的思考——あるいは認知心理学者であるスティーブン・ピンカー（Steven Pinker）が好んで呼ぶ**合理性**[注13]は、決して完璧ではありません。社会環境の影響を受けた認知バイアスは、私たちの思考パターンを絶えず歪めてしまいます。

たとえば、イェール大学の学部生に行われた次の簡単なテストを考えてみましょう。

※**注13**　Steven Pinker『Rationality: What it is, why it seems scare, why it matters』(Allen Lane, 2021) 2021)。邦訳『人はどこまで合理的か』（橘 明美 訳／草思社／上：ISBN978-4-7942-2589-4、下：ISBN978-4-7942-2590-0）。

ニンテンドー3DSと3DSのケースは、合計110ユーロです。3DSはケースよりも100ユーロ高いとします。では、そのケースはいくらでしょうか？ 学生の圧倒的な大多数が、正解の金額である5ユーロではなく10ユーロと答えました。もし答えが10ユーロであるのなら、3DSはケースよりも100ユーロ高い110ユーロです。しかし、そうすると金額の合計は120ユーロとなってしまい、110ユーロではありません！

パッと思いついた金額を検証しておけば、恥をかかずに済んだかもしれません。ピンカーは、これをダニエル・カーネマンの思考モードの二重性による行動だと認識しています。目の前のタスクを徹底的に分析して考える（システム2）のではなく、この課題はあまりにもつまらないのでエネルギーを消耗する思考を無駄にはできない（システム1）と過信してしまい、パッと数値を口走ってしまったのです。システム1は、生命に危機が及んだ際の迅速な意思決定には必要不可欠ですが、批判的思考には適していません。ピンカーによると、私たちが思考の誤りを犯してしまうときのほとんどは、カーネマンのシステム1を誤用していることが原因だそうです。

次のセクションでは、私たちプログラマーがよく陥る認知バイアスの一部に焦点を当てます。ただし、これは認知バイアスを完全に網羅したものではありません。Wikipediaには、科学的な研究に裏付けられた何百ものバイアスがリストアップされています[注14]。

プログラミングに関する認知バイアスにもっと興味があるならば、アジャイルマニフェストの共同創設者であるアンディ・ハントが、その著書『Pragmatic Thinking & Learning』で認知（プログラミング）バイアスについて1章を割いて取り上げています。最近では、ソフトウェアエンジニアリング教育研究者のフェリエンヌ・ヘルマンス（Felienne Hermans）がプログラマーの脳についての本を出版[注15]し、コーディングやデバッグ時に発生する一般的な思考の誤りを取り上げています。

5.4.1 言語間の干渉

開発者が追加のプログラミング言語を学ぶことは、なぜ難しいのでしょうか？ この質問は、ソフトウェアエンジニアリングの研究者であるニスチャル・シュレスタ（Nischal Shrestha）と同僚たちが、熟練したプログラマーも別の言語を学ぶ際に苦労することがあるにもかかわらず、大半の研究が初心者（具体的には学生）の言語学習に焦点を当てていることを指摘した後に提起されたものです。

※注14 https://en.wikipedia.org/wiki/List_of_cognitive_biases

※注15 Felienne Hermans『The Programmer's Brain: What every programmer needs to know about cognition』(Manning, 2021) 2021)。邦訳『プログラマー脳 〜優れたプログラマーになるための認知科学に基づくアプローチ』（水野 貴明 訳、水野 いずみ 監訳／秀和システム／ ISBN978-4-7980-6853-4）。

シュレスタのチームは、言語間で干渉と促進の両方が起きることを発見しました[※注16]。彼らの論文から引用した簡単な促進の例として、Kotlinを学んでいるJava開発者に次の式を簡略化する方法を尋ねるものがあります。

```
val boundsBuilder: LatLngBounds.Builder =
    LatLngBounds.Builder()
```

案の定、その開発者は、この宣言が必要以上に冗長であると疑い、Javaのローカル変数の型推論について知っていたので、次のように考えました。

```
val boundsBuilder = LatLngBounds.Builder()
```

ここに大きな驚きはありません。KotlinはJVM上に構築されているため、明らかにJavaに関する事前知識は重要です。これは、より一般的には**学習における転移**（transfer during learning）として知られています。

残念ながら、このやり方がいつもうまくいくとは限りません。最近のJavaコードは、関数参照を使うことで匿名内部クラスによるインターフェイス実装がついに排除されたものの、プロトタイプ継承や非同期関数型プログラミングにまでは頭が回らないため、JavaScriptに大変苦戦している多くのJavaエンジニアを私は知っています。

新しい口語を学ぶ際にも、異なる言語間の干渉が障害となることがあります。似ている単語が、ほかの言語では同じ意味を持たない場合があるからです。たとえば、スペイン語の**embarazada**は**embarrassed**（恥ずかしい）と似ているように見えますが、実際は「妊娠している」という意味です。自信を持って**embarazada**といってしまうと、本当に恥をかくこと（embarrassment）になるでしょう！

> **演習**
>
> この演習は、フェリエンヌ・ヘルマンスの著書『The Programmer's Brain』から引用しました。最近習った新しいプログラミング言語を考えてみましょう。新しい言語の習得に役に立った既知の概念は何ですか？　では、自分が新しいプログラミング言語について誤った思い込みをしていた状況を考えてみましょう。それは言語間の干渉によるものでしたか？

[※注16]　Nischal Shrestha, Colton Botta, Titus Barik, and Chris Parnin『Here we go again: Why is it difficult for developers to learn another programming language?』（Communications of the ACM, Vol65, No3, pp91-99, 2022）。http://dx.doi.org/10.1145/3511062

しかし、言語間の干渉は、取り立てて言及するほどのものではないこともあります。たとえば、構文の違いは誰でもつまずくものですが、熟練プログラマーであれば、たいていはすぐに立ち直ります。一方で、ScalaやElixirにおける不変性のような基本的な概念の違いは、乗り越えるのが極めて困難です。

新しい言語を学ぶ方法について、経験豊富な開発者にインタビューした際に浮かび上がった別の問題として、「古い習慣がなかなか変わらないこと」や「パラダイムを切り替える際に考え方の転換が必要であること」が挙げられます。メリットがデメリットを上回るのでしょうか？　小規模な事例研究では、定期的な言語の切り替えは、実際に人間の生産性に影響を与える可能性があることが示唆されています[注17]。しかし、複数のプログラミング言語を学ぶことで学習が促進された経験があり、その重要性を提唱する身として、私はあえて「Yes」と答えておきます。複数言語習得者のメリット／デメリットについては、「第6章　好奇心」で詳しく説明します。では、言語間の干渉をどうやって乗り越えればよいのでしょうか？　**検証、検証、検証**です。

クラスのコンテキストスイッチ

　言語を定期的に切り替えることは、脳のコンテキストスイッチを伴い、（少なくとも私の）脳の回路をショートさせます。私は、C/C++、Java、Kotlin、Pythonを教え、余暇にJavaScriptとGoのコードを書いています。その間はVB6やPHPのことを忘れるように努力していますが、それでも干渉されることはあります。授業中に定期的に行き詰まってしまうのです……もちろん最悪のタイミングで。単純なforループのデモンストレーションをしているときに、突然、構文を完全に忘れてしまうことがあります。Iterator？　ForEach？　いや待て、これはCだからポインターを逆参照して……それから、それからどうするんだっけ？

　あるいは、正しいコレクションの使い方を示すために、.push_back()ではなく.add()を打ってみるのはどうでしょうか？　コンパイルエラーで頭が真っ白になります。ゼロベースのインデックスをR言語の1ベースの配列と間違えてしまうこともあったり、ポインターを扱う際にガベージコレクタに誤って依存しようとしてしまうこともあります（C++はGoではない）……。私の学生たちは、本当は私はプログラミングが下手なのだと思っているに違いありません。

※**注17**　Phillip Merlin Uesbeck and Andreas Stefik『A randomized controlled trial on the impact of polyglot programming in a database context』（Open Access Series in Informatics, Vol67, pp1:1-1:8, 2019）。https://doi.org/10.4230/OASIcs.PLATEAU.2018.1

適度なポストクリティカル分析[訳注13]が、自信過剰を脇に押しのけ、デモを適切に準備するように教えてくれました。次こそは。お約束します！

5.4.2 優れたひらめき

創造的プロセスの発現のステップは、価値のある洞察を生み出す可能性がありますが、まず「突然の」ひらめきを批判的に検証することを忘れてはなりません。思わぬひらめきには、偏見も備わっています。つまり、論理的かつ段階的にバランスを保ちながら得られたアイデアよりも正しいと考えてしまいがちということです。見よ、これぞまさに「アハ体験！」の神聖なる力を。思わぬひらめきも、ほかのアイデアと同様に扱ってください。つまり、**検証、検証、検証**です。

5.4.3 無知と意図的な発見

2010年、著名なエンタープライズソフトウェア開発者であるダン・ノースは、**意図的な発見**という概念を紹介し、ソフトウェアの計画や見積もりにおける思い込みに疑問を投げかけました[※注18]。プログラマーは、ソフトウェアを作成する際に常に思い込みを持っています。「このstatic変数は、さほど影響を与えないだろう」「デバッグ中に、このブレークポイントがヒットすることは、まずないだろう」「このサービスをコピーするほうが、ゼロから作り直すよりも早い」「このボタンは不要だ。顧客は使わない」といった感じです。よく耳にしませんか？

思い込みの問題は、たいていはまったくの誤りであるという点です。私たちの思い込みのほとんどは、既存の信念や価値観にある程度偏っています。これが**確証バイアス**と呼ばれるものです。反論を無視し、事実を批判的に調べず、私たち自身の根拠が正しくなるように状況を解釈してしまいます。プログラマーの仕事には論理的な推論が付きものであるにもかかわらず、確証バイアスはプログラマーの間に蔓延しています[※注19]。痛っ、ハッとしますね！

何か予期せぬことが起きて初めて、私たちは本当に学び始めるのです。計画通りに進んでいるのなら、これまで通り、ただコードを作り続けるだけでしょう。それで学んでいるように錯覚するかもしれませんが、実際のところ、慣れ切った一連の行動をうまくこなせるようになっているだけなのです。

訳注13 批判を超えて建設的な解決策へと向かうための分析。https://redkiwiapp.com/ja/english-guide/synonyms/postcritical-uncritical

※注18 https://dannorth.net/2010/08/30/introducing-deliberate-discovery/

※注19 Gul Calikli and Ayse Bener『Empirical analysis of factors affecting confirmation bias levels of software engineers』(Software Quality Journal, Vol23, Issue4, 2015) http://dx.doi.org/10.1007/s11219-014-9250-6

予期せぬ挙動が起こると、私たちは立ち止まって考え……結果的にデバッグするのです。ノースは、これを**偶然の発見**と呼んでいます。私たちは、このような学びの瞬間を意図的に引き起こせません。そもそも、その目障りなNullPointerExceptionは、起こるはずなかったものなのですから。

しかし、私たちは、こういった偶然の学びの瞬間を**意図的な**学びの瞬間に変えようとすることは、ほとんどありません。そのボタンは本当に冗長ですか？　私たちにはわかりません……率直に顧客に聞いてみたらどうですか？　アクセスログから何かわかるのでしょうか？　プロジェクトが存続している間、予期せぬ例外やその他の偶然の学びの瞬間を活かすことができれば、あなたの無知はおそらく減るでしょう。

ただし、無知というものは多面的なものです。使っている技術、より適している可能性のあるほかの技術、役に立つかもしれない同僚の技術的な知識、クライアントの要望、会社と顧客とのコミュニケーション方法について、あなたは無知なのかもしれません。

「第4章　制約」では、過剰な制約を緩和するための一時的な手段として、**意図的な**無知、あるいはナイーブさについて触れましたが、私たちは自分が無知であることをほとんど知りません。しかも、今度は、それが目に見えない別の制約として働くのです。ノースによれば、無知は物事を進めるための制約ではなく、物事を**正しい方向**に向かわせるための制約だそうです。無知を減らし、学ぶためのラッキー／アンラッキーな偶然に頼らず、無知が、あなたや同僚、プロジェクトをどう妨げているのかを意識的に確認しておいたほうがよいでしょう。

スコットランドの物理学者であるジェームズ・クラーク・マクスウェル（James Clerk Maxwell）が好んで呼ぶソクラテス的な「徹底的に自覚された無知」は、科学が真に発展する前兆、つまり創造的な飛躍の前兆です。私たちは、ペアプログラミング中に、いい加減な思い込みを指摘し、ジョークのように**ass-u-me**（私とあなたをバカにしている）という言葉を使って遊びました。しかし、意図的な発見は、問題が発生したときに、たまに批判的に検証するだけではありません。まぁ、このキャッチフレーズが使われるようになったのは、偶然の発見がきっかけだったのですが。

クリエイティブプログラマーは、自分の無知に気を付けています。本当にソクラテスが考えるように無知を自覚しており、それが前進する役に立つと判断すれば、自分自身を積極的に修正するのです。

> **演習**
>
> これは面接中に配られる典型的な批判的思考テストの改訂版です。Brain Baking
> は、5年前に『My Little Baker』というビデオゲームをリリースし、同社のベストセ
> ラーゲームとなりました。続編の『My Little Chocolatier』は、売り上げトップ5の
> ゲームの1つになっています。Industrial Bakesは、数年後にBrain Bakingを買収
> し、2番目の続編『My Bolder Bakery』が大きな利益をもたらすと信じていました。
> 『My Little Baker』はBrain Bakingのベストセラーのビデオゲームですか？
> 答えは、まったくわかりません。『My Little Chocolatier』が少し後の時期に、その
> 当時のベストセラーランキングで5番目にランクインしていたとしても、『My Little
> Baker』よりも多く売れていた可能性があります。Brain Bakingの買収は、あなたを
> 油断させるための無意味な情報です。ソクラテスなら、この質問に正しく答えるで
> しょう。己の無知を知れ！

5.4.4 私が一番偉い

　　プロジェクトの成功を自分自身のおかげとすることは、**自己利益バイアス**と呼ばれま
す。おめでとう、あなたはやりました！　でも、ちょっと待って。「私たちがやった」といい
ませんか？　「第3章　コミュニケーション」で創造性は体系的なものであると説明して
いることからもわかると思いますが、あなたの創造的な類まれなる能力は、より大きな生
態系の一部であることをお忘れなく。あなたがシステムに影響を与えたのと同じくらい、
システムはあなたに影響を与えたのです。

　　もちろん、プロジェクトが大失敗だった場合、私たちは「私のせいではない！」と真っ
先に叫ぶことでしょう。心理学者は、この行動は主に無意識の自己防衛メカニズムであ
ることを特定しました。このバイアスから抜け出せる可能性のあるよい方法は、第3章で
紹介したクリストファー・エイブリーの共有責任モデルのさまざまな段階を通じて、それ
に気付くことです。

5.4.5 私が一番輝いている

　　私たちは、履歴書と求人広告に、できる限り多くの最新のフレームワーク、ライブラリ、
プログラミング言語を追加するのが大好きです。最新かつ素晴らしいものと一緒に働き
たいという熱い願望は、巨大なリファクタリングの試みと技術的負債の話につながりま
すが、結局のところ、エンドユーザーにはほとんど関係ありません。しかし、少なくとも
React、Redux、GraphQLを詰め込むことには成功しました！

ここでいくつかのフレームワーク名を挙げるのは、気が進みませんでした。本書が出版される頃には、おそらく「もっとよいもの」に取って代わられているでしょう。https://stateofjs.com/[訳注14]で最新情報を追おうとする私の毎年の試みは、いつも失敗に終わります。

　なぜ、私たちはピカピカなものや新しいものの輝きに魅了されるのでしょうか？なぜ、私たちは同じソフトウェアを何度も何度も異なる技術スタックを使って作り直すのでしょうか[※注20]？　ファットクライアントアプリケーション（冒涜だ！）であったほうがよかったと思える多くのWebベースのエンタープライズソフトウェアに、私は関わってきました。それでも、私が知っているほとんどのエンジニアは、おそらく批判もせずに複雑なクラウドベースの解決策を崇拝し続けています。

　西洋では、創造性は**革新的な発明**と結び付けて考えられています。しかし、東洋では、創造性は数十年にわたる伝統に根ざした、周期的なものだと見なされることが多くあります。デザイン研究者のコン・ロンワン（ConRong Wang）とキジャン・チェン（Qiduan Chen）は、西洋の創造性を、人間の想像力による永遠に独創的な作品として捉える一方で、東洋の創造性を、人間の中の自然、あるいは自然に内在する「気」のような霊的な力が複雑に絡み合っているものと説明しています[※注21]。もしかしたら、西洋文化は、革新的であるためには全てがピカピカで新しくなければならないという**信念バイアス**を私たちに植え付けているのかもしれません。

5.4.6　ファーストグーグルヒットコーディング

　時折、私たちは皆、グーグルコーディングの罪を犯しています。これは、不慣れなAPIの使い方をサッと調べて、最初に出てきた検索結果を疑いなく信じ込み、追加の質問もせず、その内容を受け入れるというものです。問題は、急いで検索したキーワードが間違った検索結果につながるということです。Stack Overflowは、技術的な回答にアップダウン投票をすることで、この問題を少し緩和させているかもしれませんが、まったく関係のない内容について詳しく述べているにもかかわらず、「正解と認められた」という回答も多く見かけます。

訳注14　毎年、世界中のWeb系エンジニアから集めたアンケートの集計結果を掲載するサイト。日本語版もある。
https://stateofjs.com/ja-JP/

※注20　少なくとも、これらの研究課題は決して新しいものではない。テクノロジーの受け入れとテクノロジーの魅力の影響については広く研究されていたものの、ソフトウェア開発に関して満足のいく答えは見つからなかった。

※注21　ConRong Wang and Qiduan Chen『Eastern and Western creativity of tradition』（Asian Philosophy, Vol31, Issue4, pp403-413, 2021）。https://doi.org/10.1080/09552367.2021.1933735

検索結果が2件しか表示されなかったら、どうしますか？　多少は、その内容を検証しようと思いますか？　意思決定をする際、クロスチェックを行わず、たった1つの情報のみに過度に依存することは、**アンカリングバイアス**と呼ばれています。

プログラマーであるブライアン・プロヴィンシアーノは、「第4章　制約」で取り上げたビデオゲーム『Retro City Rampage』（図5.7）の作者ですが、彼もこの問題に苦しんでいました。今となっては過去の産物であるDOS環境へのゲームの移植を調査しているとき、ほとんどの技術情報が失われていたことに彼は気付いたのです。まず、1990年当時のインターネットは、現在私たちが把握している方法では存在していません。DOS特有のVGAの操作マニュアルは消えてしまっていました。現代のプログラマーの多くは、フロッピーディスクがどのようなものかさえ知りません。数少ないマニア向けのレトロプログラミングフォーラムでヒントは見つかりましたが、プロヴィンシアーノがそれらを実装しようとしたところ、まったく間違っていたことがわかりました。

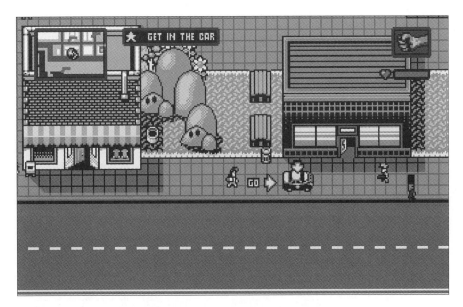

◈**図5.7**　『Retro City Rampage』のDOS移植は、制約を巧妙に回避し、プログラミングフォーラムとマニュアルを相互に検証することで実現できた。左側の店の灰色のレンガに店の看板がないことに注目[訳注15]。看板は、3.5インチのフロッピーディスクに収めるためにカットされた。現在、オープンソースで完全にドキュメント化されているOpen Watcom C/C++ツールキットは、『DOOM』『Duke Nukem 3D』『Full Throttle』でも使用されている。

訳注15　たとえば、Stream版では看板の存在を確認できる。https://cdn.akamai.steamstatic.com/steam/apps/204630/ss_290786593aa14d51b30ee55bcc890eda3734883d.1920x1080.jpg?t=1668619124

次のコードは、コプロセッサ[訳注16]の存在を検出する方法の間違った例です。しかし、正しい解決策として投稿されています。

```
finit
mov cx,3
.wait:
loop .wait
mov word [test_word],0000h
fnstcw word [test_word]
cmp word [test_word],03FFh
jne .no_fpu
```

投稿者は、8087 FPU（数値演算）コプロセッサがtest_wordを03FFhに初期化することを確信しています。なぜ、ほとんどのプログラマーが、このスニペットを単にコピー＆ペーストするのかは、容易に理解できます。これらの文が難解な古いアセンブリコードであるため、ほとんど正しく解釈できないからです。プロヴィンシアーノによると、このcmp文は、ある条件でコプロセッサの存在を正しく検出できないことがあるそうです。

世代間のテクノロジーギャップ

　数年前、私は義父の80486搭載のIBM PC互換機を元の輝きに復元しました。さらに、30年来のこのマシンに本物のISAバスのSoundBlasterカード（現在では80ユーロ以上もする！）を追加し、66MHzのAMD Am486DX2を取り付けてアップグレードしました。この創作物に誇りを持った私は、学部に持ち込み、私よりも何歳か年上でハードウェア工学が専門の同僚に見せました。

　OPL3チップからの機械的なキーの入力音やビープ音、ピー音が、数列先にいる博士課程の学生たちの注意を惹いています。私はケースを開けて彼らにマザーボードを調べさせました。「それって何ですか？」と、学生たちは8ビットISAスロットを指しながら尋ねてきました。「じゃあ、そっちは？」と、今度はVLバスコントローラーカードを指しながら尋ねてきました。

　ブルーのBIOS画面が7424Kの拡張メモリ領域をテストしたとき、彼らは「うわー！」と口をあんぐりと開けました。私がTandy 1000 SXを持ち込まなかったのは、学生たちにとっては幸運でしたね。

訳注16　コンピュータのCPUの代わりに特定の処理を担う処理装置。

The Internet Archive Digital Libraryは、かつてBorland Internationalが出版していた書籍のデジタルバージョンを探しているプロヴィンシアーノのような人々にとっては、大変貴重な存在です。『The C++ Programmer's Guide: Borland C++: Version 5.0』※注22には、291ページに『Part II: Borland C++DOS Programmer's Guide』が含まれているのです！　BIOSが13hに割り込み、ついにキター！　アンカリングバイアスを乗り越える方法は何でしょうか？　複数の情報源を使用してクロスチェックし、そして**検証、検証、検証**です。もう「検証」って打つのに飽きてきたよ。

5.4.7　初心者のプログラミングに対する長い誤解リスト

「もちろん、それぞれの変数を連結するときに`string`は`int`へと変換されるさ！」「大きな数字を含むループで発生するAutoboxing訳注17が、パフォーマンスの問題を発生させているんだ。測定する必要はないね……なんとなく、そんな気がするのさ」「そのパラメーター名は変更する必要があるんだ。フィールド名も同じくね。そうしないとコンパイルできないよ」「その`while`ループは、条件が`false`になると、すぐに止まるはず。だから、その下でロジックを繰り返す必要があるんだ」

　これらの誤解は、テーム・シルキア（Teemu Sirkiä）とユハ・ソルバ（Juha Sorva）の調査の一部です。彼らは、初めてプログラミング言語を学ぶ大学生の間に存在する100以上の典型的なプログラミングの誤解を特定しました※注23。

　学生たちの先入観に深く根づいている誤解もあり、それらを正すのは非常に難しいことなのです。中には、誤っていることを示した後でさえも、依然として疑い続ける学生もいます。そういった場合、概念を新たに理解するためには頭の切り替えが必要です。**学習したことを忘れる**ためには、**学習する**のと同じくらい時間がかかることもあります。

　学生が、数学、統計学、基本的な（しかし間違った）プログラミングに関する過去の経験に基づく先入観や誤解を持った状態で授業に参加している場合、誤ったことを学習させないようにすることは難しいのです。教師たちが、JDK API内のメソッドを学生に延々と教え、「そうして単位が取得できれば、学生たちは有能なJava開発者なんだ」と自分自身を誤った形で納得させるのではなく、学生たちに自分の思い込みを疑う方法を教えたほうがよいでしょう。ええ、そうです、私たち教師も大量の誤解に苦しんでいるのです！

※注22　https://archive.org/details/cprogrammersguid00borl/page/n9/mode/2up

訳注17　プリミティブな型とそれに対応するラッパークラスで自動変換を行う機能。

※注23　Teemu Sirkiä and Juha Sorva『Exploring programming misconceptions: an analysis of student mistakes in　visual program simulation exercises』(In Proceedings of the 12th Koli Calling International Conference on　Computing Education Research, pp19-28, 2012)。https://doi.org/10.1145/2401796.2401799

誰かが「私たちの技術では、これはできない」と断言したら、どうしますか？　その専門知識を受け入れますか？　それとも反抗的に否定し、実際に検証しますか？　おそらく、賢明な代替案は、なぜその人が「できない」というのかをまず理解しようとすることです。その人は、過去に同じ文脈で実際に試してみたのでしょうか？　それとも学術的にいわれていることなのでしょうか？　もしくは、現行の技術スタックへの反感から発せられたものなのでしょうか？　あるいは、ほかの誰かが無理だといったから口にしたことなのでしょうか？

こういった気まずい状況は、単に批判的思考が適用できるケースではなく、まず何よりも繊細なコミュニケーションの問題なのです。人が誤っていることを証明しても、その人の先入観を発見や洞察には変えられません。むしろ、あなたは傲慢な人だと思われ、将来の衝突をさらに面倒にします。自分自身の創造的衝動へ走る前に誤解を解いたほうがよいでしょう。

私たちの脳の闘争／逃走システムは迅速ですが、しばしば誤った判断を下すのがとても得意です。他者の先入観を発見や洞察に変えることを助けるベストな方法は、相手の立場に立つこと、ソフトウェア開発の場合はペアプログラミングです。

演習

自分のチーム内でコードを書きながら発見した、よくある批判的思考の誤りのリストを作成してください。どの落とし穴によくハマり、どれにあまりハマらないですか？　将来起こり得そうな誤りを防ぐために、どのような対策を採りますか？　進捗状況を追跡するために、リストを更新し続けてください。誰かを非難するのではなく、成長するための手段としてリストを使うことをお忘れなく！

5.5　過度な自己批判

自分の仕事についてあまりにも批判的に考えすぎた結果、創造的なマンネリが発生することがあります。アーティストで教師のジュリア・キャメロン（Julia Cameron）は、世界的ベストセラー『The Artist's Way』の中で、谷から抜け出し、内なる創造的批評家を乗り越える方法を説明しています[注24]。キャメロンによると、内なるアーティストを解放することは、単に自分自身への批判に対処するだけの問題だそうです。

※**注24**　Julia Cameron『The artist's way: a spiritual path to higher creativity. 30th Anniversary Edition』（TarcherPerigee, 2016）。邦訳『新版　ずっとやりたかったことを、やりなさい。』（菅 靖彦訳／サンマーク出版／ISBN978-4-7631-3603-9）。

> 多くのアーティストの中には内なる批評家が存在しているが、私も同様だ。私の批評家の名前はナイジェルで、イギリスの厳しいインテリアデザイナーである。私が作品を作っていると、ナイジェルはすぐに「つまらない、子供っぽい、くだらない！」と叫ぶ。その時、私は「ナイジェル、教えてくれてありがとう」といいながら作業を続ける。

ナイジェルは、私たちが耐えなければならない、自分自身や悪い教師による一貫して否定的な発言を糧に生きています。「もうあきらめなさい。成功することはないのよ！」や「別の趣味を試してみて。プログラミングは向いていないのよ」——聞き覚えないですか？キャメロンは、私たちに自分を育てる方法を伝えています。「創造的なリソースを意識的に補充するために、それらを活用しつつ、十分な警戒心を持つ必要があります」と、彼女は書いています。ナイジェルの絶え間ない小言は、精神を疲弊させ、私たちの創造的エネルギーを徐々に減らし、最後に私たちは、その言葉に従って仕事を放棄せざるを得なくなってしまうのです。

キャメロンによれば、創造性の回復に最も重要な手段は、毎日の**モーニングページ**（morning pages）の執筆（目が覚めたらフィルターのかかっていない脳をダンプ^{訳注18}すること）と、自分自身との**アーティストデート**（artistic dates）（インスピレーションを得るための数時間の旅行を自分自身に贈ること）だそうです。これらのテクニックは、キャメロンの創造的な人生を救い、何百万人もの『The Artist's Way』の読者の人生を救い続けています。

キャメロンの優雅な提案（展示会、ギャラリー、コンサート、夕日を眺めるなど）を自由に変えて、あなたがコードを書く際の想像力を刺激するものに置き換えてください（トーク、クールなGitHubリポジトリを閲覧する、ヤマハのOPLサウンドチップのリバースエンジニアリングをする、ゲームをする、C++の本を引き裂く、ゲームボーイのカートリッジを分解するなど）。

スピリチュアルで漠然とした要素に溢れた『The Artist's Way』は、あなたや私のような論理的に考えるプログラマーたちにとっては特に魅力的に感じるものではありませんが、「私たちは、時々、自分自身に厳しすぎることがある」というメッセージには説得力があります。創造性の研究者であるダリア・ザベリナ（Darya Zabelina）とマイケル・ロビンソン（Michael Robinson）も似たような結果を発見しました。自己判断する人ほど、

訳注18 情報をすばやく別の場所に格納すること。

創造的な独自性のレベルが低かったのです※注25。彼らの研究は、86人の学部生の創造的思考をTTCT（第4章参照）で評価することに限られていましたが、この結果に同意していると思われる文献が増えています。自分の内なるナイジェルの声に耳を傾けるよりも、もっとたくさん創造しましょう。

「おそらく、難しすぎて到底理解できなかっただろう」という理由で、Stack Overflowのコードスニペットに盲目的に頼ったことが何回ありますか？　「彼らのほうが賢いから」という理由で、同僚からの実装の提案をそのまま受け入れたことが何回ありますか？　おそらく、多くの人が「ピクセルを作るのが苦手だから」とか「Luaでプログラムする方法を知らないから」という理由で、第4章のPICO-8の制約を使った演習でさえもスキップしたのではないでしょうか？　内なるナイジェルに負けないでください。言い換えれば、自分自身の仕事**と**ナイジェルの発言に批判的な目を向けてください。

演習

モーニングページの演習は、潜在意識に浮かぶアイデアにフィルターをかけずに引き出す強力な手法です。1週間連続でこのテクニックを試してみてください。毎朝、いや朝食前であったとしても、頭に浮かんだことを何でも書き留めてください。「これはやりたくない」「何もいうことがない」「起きたくない」といったことも含めて構いません。数分間執筆すれば、最初の強い抵抗を乗り越えることができるでしょう。少なくとも15分は止めずに書き続けてください。ナイジェルがよいものと悪いものを仕分けるためにそれらの言葉を批評できるのは、唯一、この演習の後だけなのです。

5.6　なぜ他者の批判的思考が重要なのか

本章では、自分自身または集団の考えや創造的なアイデアを研ぎ澄ませるために、自己批判を中心に焦点を当ててきました。また、批判的思考とコミュニケーションの間の重要な関連性を明らかにするために、他者とアイデアを共有する利点についても簡単に触れました。

他者の批判的思考が重要である理由は、あなたの創造的なアイデアを繰り返し改善するためのフィードバックだけにあるのではありません。哲学者であり創造性批評家の

※注25　Darya L. Zabelina and Michael D. Robinson『Don't be so hard on yourself: Self-compassion facilitates creative originality among self-judgmental individuals』（Creativity Research Journal, Vol22, Issue3, pp283-293, 2010）。https://doi.org/10.1080/10400419.2010.503538

カテリーナ・モルッツィは、創造的な能力の開発だけではなく、創造性への**理解**の重要性についても述べています※注26。彼女は、もっぱらアイデアを生み出す人自身とその周りの人々についてを合わせて語ります。創造性は、社会文化的な評決であることを思い出してください。あなたの仕事を創造的だと認める誰かがいなければ、それが創造的なものだと受け取られることはありません。つまり、他者の厳しい批評と検証は、アイデアを生み出す段階をはるかに超えて、自分の仕事を認めてもらうために重要だということです。「圧力をかけたり恐喝したりしろ」といっているのではありません。そうではなく、誰もあなたのコードを理解していないのならば、おそらくコードをもっと簡単にすることを検討すべきということです。どうぞお好きに「**やり方を間違えているよ**」（you're doing it wrong）というミーム画像を入れてください。

　創造性に関していうと、慣習に従順なことと協調性のなさは紙一重です。いずれにせよ、どこまでやるかはあなた次第です。ただし、批判的な反応には備えてください。創造性は、孤独の中には存在しないのです。

演習

本章の最初の演習を再検討してください。不意に的を得た重要な質問をする（ナイジェルではなく）ソクラテスの化身がチームには必要であるという考えは変わりましたか？

まとめ

- 典型的な創造的プロセスには、相互に作用する次のステップが含まれる：**準備**、**培養**、**発現**、**検証**、**提示／受容**。したがって、アイデアとその実施を検証することによる批判的思考は、クリエイティブプログラマーの重要な要素である。

- 創造的プロセスでは、拡散思考と集中思考、おそらく理想的には、その両方が混ざり合ったものが、それぞれの段階で必要となる。アイデアが出てこない場合はモードを切り替えてみよう。

- 通常、ソフトウェアの問題解決の文脈において、創造性は手段であり目標ではない。ただし、自己表現、美化、新しい技術の探索や遊ぶためなど、創造性が目標に**なり得る**こともある。手段としての創造性と目標としての創造性の境界に、十分気を付けよう。製品ではなく、コードのためだけの美しいコードを作成してはならない。

※注26　Caterina Moruzzi『On the relevance of understanding for creativity』(Philosophy after AI, 2021)。

- 多くの批判的思考の誤りの存在を知ることは、最も頑ななものへ立ち向かうときにでも間違いなく役に立つ。ソクラテスなら「無知の知」といっただろう。
- 批判的思考は、他者や自分自身に対して厳しくなりすぎてしまうことにつながり、最終的には創造的な流れを減少させる可能性がある。創造性は体系的であり、あなた自身も相互学習の生態系の一部であることをどうか忘れずに。
- 自分の仕事だけを批判的に考えないこと。他者の創造的な仕事にもフィードバックが必要である。自分のフィードバックがどう受け取られるのかをまず検討することは、よいアイデアかもしれない。したがって、他者から批判的なフィードバックを受け取るときは広い心を持とう。

⟨ *Chapter* ⟩

好奇心

本章の内容

- 硬直マインドセットとしなやかマインドセット、それらが創造性に与える影響
- 好奇心を持ち続けるための異なるタイプのモチベーション
- マルチポテンシャリティの概念
- 万能主義 vs. 専門主義に関する議論

　　古代エジプトの砂漠に広がる研磨された砂の絶え間ないざわめきは、その旅人の気分にほとんど影響を与えません。杖と軽い背負い袋だけを持ったこのよそ者は、荒れ狂う海、砂漠、ほこりっぽい道を抜け、もう1つの半ば捨てられた村に到着しました。彼は、落ち着いて杖をヤシの木に立て、衣服の砂を振り落とし、何の躊躇もなく地元の人と会話を始めます。長いおしゃべりとささやかな食事の後、彼は途中まで書いていた原稿を広げ、象徴的な言葉で書き始めます。「……であったという」（I was told that ....）。

　　その人物とはヘロドトス（Herodotus）で、世界の歴史を記録するという使命を持っていました。彼の著書『Historiai』[訳注1]は、文化的、地理的、歴史的な出来事、特にペルシア戦争についての最初の緻密な調査の1つとして、今では評価されています。ヘロドトスは、

訳注1　邦訳『歴史』（松平 千秋 訳／岩波書店／上：ISBN978-4-00-007294-6、中：ISBN978-4-00-007295-3、下：ISBN978-4-00-007296-0）。

どんな危険があっても遠く長い旅をすることをいとわない世界初の真の勇敢な歴史家でした。『Historiai』は、彼が愛するギリシャだけではなく、彼の生まれたペルシア帝国からの視点も取り入れて世界観を記録しています。

　当時の一般住民に何が起こっているのかに対するヘロドトスの好奇心に、彼の機知とさまざまなものへの鋭い感覚が結び付き、ヘロドトスによる文学は必読の教材とされていました……いや、今でもそうであるべきです。300年後、キケロは、この体系的な人類学上の発掘調査に深く感銘を受け、ヘロドトスを「歴史の父」と呼びました。

　20世紀を経て、マストはきしみ、船員は叫び声を上げ、波は大きくうねっているという、混沌としながらもいつも通りの大混乱は、船がまさに出航しようとしていることを示しています。**ビーグル号**は、イギリス海軍士官で科学者のロバート・フィッツロイ（Robert FitzRoy）の指揮の下、南アメリカの海岸線の地図を作成する任務を負っていました。そこに、22歳のイギリス人がフィッツロイを説得し、自然科学の研究者として参加することに成功したのです。その若者こそがチャールズ・ダーウィンです。

　ビーグル号自体が沿岸の測量および地図の作成を続けている間、船長はダーウィンを上陸させ、現地の地質調査をさせました。しかし、ダーウィンの好奇心は地質学だけにとどまりません。地質調査というのは、彼が現地の動植物を探査し、標本を集めるための完璧な口実にすぎなかったのです。彼は船に戻り、あらゆる視点からメモを取りました。そこには、彼が目にしたものだけではなく、理論的な推測も書き残しています。

　ダーウィンは生物学の専門家ではありません。地質学の知識はほんのわずかしかなく、家には珍しいカブトムシのコレクションがあるだけでした。ほかの全ての領域については素人でしたが、その程度のことで彼の好奇心は抑えられません。むしろ真逆です。長時間の船酔いに苦しみながらも、興味が惹かれたものをほぼ**全て**書き留めました……少なくとも紙が尽きるまでは。

　1836年、**ビーグル号**は5年に及ぶ旅の果てに、ついにプリマスに帰還しました。壮大な冒険から6か月後、ゆっくりと、しかし確実に、ダーウィンは点と点を結び始めます。絶え間ない好奇心の成果である膨大な証拠の数々を、まとめてあったノートから論文や日記に再編成しました。それにより、「ある種が別の種に変化する」ことが徐々に明らかになったのです。まだまだ先（23年も！）のことですが、彼の画期的な著書『On the Origin of Species』^{訳注2}は、最終的に1859年に出版されます。まずは、さらにいくつかのエッセイ、親交のあった科学者との会話、さらなる改訂、そして非常に長い思考の散歩が必要だったのです。

訳注2　邦訳『種の起源』（渡辺 政隆 訳／光文社／上：ISBN978-4-334-75190-6、下：978-4-334-75196-8）

160年後の現在、ロンドンのコリンデールにある小さなオフィススペースでは、溶融スズの軋み音が聞こえ、小さな煙の輪が広がっていました。床にはDIYで作られた基板やネジが外された『テトリス』のゲームボーイカートリッジが散乱しています。数人のソフトウェアと電子工学のエンジニアが集まり、『テトリス』をリバースエンジニアリングしてゲームボーイの開発キットをハックしていました。

イギリスのビデオゲーム制作会社であるArgonaut Gamesの創業者ジェズ・サン (Jez San) は、1989年に開催された電子機器の見本市で、任天堂のゲームボーイと偶然出会います。その瞬間、彼はプログラミング作業をSpectrumとAmigaからゲームボーイに転換することを決意します。ところが、任天堂は公式の開発キットの配布を (特に日本国外に対して) 出し惜しみしていました。ゲームボーイ向けゲーム開発が不可能に思える状況は、ジェズをあきらめさせようとしていたのかもしれません。しかし、そういった状況が逆に彼の好奇心に火をつけ、開発キットをゼロからハックして組み立て、カートリッジから自家製の回路基板上のチップにワイヤー接続することで、厳しい制約を克服するまでに至らせたのです。

新入りプログラマーのディラン・カスバート (Dylan Cuthbert) は、Argonautの最初のゲームボーイ向けゲーム、後の『X』または『エックス』(図6.1) の開発を任されました。ジェズ・サンは、『Starglider』シリーズなど、すでにほかのプラットフォーム上にあった3Dスペースシミュレーターをゲームボーイ向けに開発できたらクールだと考えていました。しかし、ゲームボーイのテクノロジーには制限があり、3.5MHzで動作する貧弱なZ80の互換チップが搭載されていたのです。さらに問題なのは、4階調のグレーしか表示できない点でした。幸いなことに、カスバートはその任務が遂行できることを証明できたのです。任天堂も、ゲーム内に完全に3Dレンダリングされたこのメッシュに感銘を受け、開発チームを日本に招待しました[訳注3]。

『X』は、Argonaut Gamesと任天堂がともになって歩みを進める歴史の始まりだったのかもしれません。任天堂はこのイギリス企業の大胆不敵さに関心を持ち、ArgonautとカスバートはSuper FX RISCコプロセッサの開発に深く関わるようになりました。このコプロセッサは、『ヨッシーアイランド』(2Dスプライトの拡大縮小)、『DOOM』のSuper Nintendo[訳注4]移植版 (バイナリ空間分割)、そしてもちろん、Argonautが開発した『スターフォックス』(真の3Dポリゴン) に大きく影響を与えます。

訳注3　ディラン・カスバートの物語は、Netflixのドキュメントシリーズ『ハイスコア: ゲーム黄金時代』の第6話でも詳しく語られている。https://www.netflix.com/jp/title/81019087

訳注4　日本国外 (北中米のアメリカ合衆国・カナダ・メキシコ、ヨーロッパのEU諸国、オセアニアのオーストラリア・ニュージーランド、アジアの韓国・香港、南米のブラジル) において発売された海外版スーパーファミコン。

カスバートは、この3Dハードウェア開発の経験を活かしてソニーに入社し、開発者たちがPlayStationの最初の2世代の性能を引き出せるようにサポートしました。最終的に、彼は日本に拠点を置く自身の会社Q-Gamesを立ち上げ、今では『PixelJunk』シリーズの開発スタジオとして知られています。

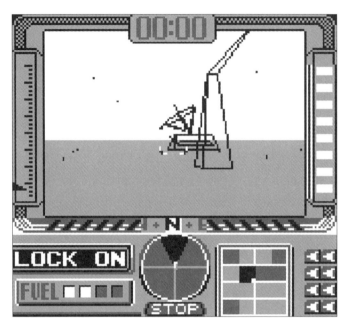

◈図6.1 1992年にリリースされたゲームボーイの『X』。クールなUIの枠線に注目してほしい。納得のいくフレームレートに落ち着かせるために解像度をさらに減らしているのだ。

6.1 好奇心が創造性を飛躍させる

　人々と出会い、その物語を書き記すヘロドトスの超人的な努力、チャールズ・ダーウィンの地質学と生物学に関する詳細なメモ、そしてArgonaut Gameの『テトリス』のカートリッジ内部を覗き見るためのはんだ付けハックの間にある注目すべき共通点は何でしょうか？　これらの3つの例は全て、他者の物語や帝国の歴史、自然の進化や種の起源、ハードウェアの内部の仕組みなど、多くの好奇心を示しているのです。

　これらの人々の好奇心と根気がなかったら、私たちは古代ギリシャやペルシアの知識をさらに失っていたかもしれません。海の生物が陸地を這い出たときの自然の進化について、まだ何もわかっていなかったかもしれません。また、Super Nintendoの寿命を延ばすためのスーパーFXチップは、予定通りに発売されなかったかもしれません（図6.2）。もしかしたら、セガが16ビットゲーム機戦争に勝っていたかも！

😊 **図6.2** 『スーパーマリオ ヨッシーアイランド』のPAL[訳注5]バージョンのPCB[訳注6]は、中央に強化されたスーパーFX（GSU-2）チップがあり、左側に2MBのROM、上部右側には256KBのフレームバッファとゲームをセーブするためのSRAM[訳注7]が配置されている。

　ミハイ・チクセントミハイは、創造的な天才たちへの多くのインタビューの中で、創造的な成功にとって最も重要な性格特性として**好奇心と根気**を挙げています。好奇心がなければ、何かを学んだり構築したりするモチベーションはほとんどありません。根気がなければ、仕事を実際に完了させる可能性はほとんどありません。全ての原点である好奇心がなければ、創造性は存在しません。

　好奇心は遺伝子から生まれるのか、若い頃の刺激的な経験から生まれるのか、私たちは永遠にわからないかもしれません。しかし重要なのは、好奇心の存在を認めて大切にし、創造的な存在に成長する機会を与えることです。チクセントハイが創造性と根気を強調したため、「プログラマーの創造性は好奇心から始まる」と私は信じるようになりました。

訳注5　ヨーロッパを中心に、中国、オーストラリア、東南アジアなどで採用されているアナログテレビの規格。日本やアメリカで採用されているNTSC方式とは互換性がない。そのため、ゲームカートリッジも、それぞれに対応したものが生産されていた。

訳注6　プリント基板のこと。ICや抵抗、コンデンサなどと同様に、電子機器のための重要な電子コンポーネントのうちの1つ。

訳注7　「Static Random Access Memory」の略で、読み書きが可能な半導体メモリであるRAMの一種。

6.2　成長する驚きと冒険心

　チャールズ・ダーウィンが証明したように、最高の種類の好奇心は、あらゆる好奇心を含んでいます。物事の仕組みに対する疑問が真の好奇心に発展し、それが今度はモチベーションの主な原動力になるのです。クリエイティブプログラマーとしてスタートを切るためには、どうすればよいでしょうか？　何よりもまず、興味を育まなければなりません。さもないと、「第5章　批判的思考」で説明した創造的プロセスの**準備**のステップで、魅力的な新しい経験や情報はほとんど得られないでしょう。点と点を結び、斬新なアイデアを生み出すためには、まずアイデアを集め、「第2章　専門知識」でいうところのあなたの**システム**に永続化する必要があります。

　時には、マンネリに陥り、気分次第で新しい刺激的なことを発見できなくなることもあるでしょう。不安が冒険心を拘束してしまうこともあるでしょう。トンネルビジョンが、私たちの興味を閉じ込めてしまうことだってあるかもしれません。幸いなことに、これらには解決策があるのです。それは、**しなやかマインドセット**を培うと呼ばれています。

6.2.1　硬直マインドセットとしなやかマインドセット

　著名な心理学者および社会学者であるキャロル・ドゥエック（Carol Dweck）は、数十年にわたる成果と成功に関する研究の後、「私たちの全ての潜在能力を引き出す源は心にある」と結論付けました。トップパフォーマーのマインドセットに関する彼女の研究により、私たちのマインドセットは、図6.3に示されているように、おおよそ2つのグループに分類されることが明らかになりました。それは、「硬直マインドセット」と「しなやかマインドセット」です[注1]。

※注1　Carol S. Dweck『Mindset: Changing the way you think to fulfill your potential』（Revised edition. Robinson, 2017）。邦訳『マインドセット「やればできる！」の研究』（今西 康子 訳／草思社／ ISBN978-4-7942-2178-0）。

図6.3 硬直（FIXED）マインドセットとしなやか（GROWTH）マインドセット。保護（制限）するための南京錠、（自由に）育てるための肥料、あなたならどっちを買う？

　硬直マインドセットとは、才能と能力は変えることができないという思い込みです。このマインドセットでは、あなたは創造的であるかないかのどちらか一択になります。硬直マインドセットの人々は、自分には一生持てないと思う性質を持つ他者を羨ましく思うか、その性質を一生持てないと見なしている他者には傲慢で軽蔑的な態度を示します。硬直マインドセットは、生まれもった特性と同じように扱われます。彼らのモットーは「もともと頭のいい人が成功する」なのです。

　しなやかマインドセットとは、才能と能力は努力によって時間をかけて培われ、成長するという信念です。しなやかマインドセットの人々は、自分自身が**まだ**創造的ではなく、もう少し練習が必要なだけだと思っています。しなやかマインドセットは、育てられる特性と同じように扱われます。彼らのモットーは「人は賢くなれる」なのです。

　実際のところ、この2つの対極はただの暗示に過ぎません。黒と白の間には何百……いや待てよ……50……のグレーゾーンがあります。あなたは、「優れたシェフになるために、まだ料理の腕を磨ける」と思う一方で、「ただの下手くそなコーダーからは抜け出せない」と信じ込んでいるかもしれません。ドゥエックの研究によれば、どのマインドセットを持つか次第で、特定の領域におけるあなたの成否が決まるそうです。あなたはコーディングが一生上達しないと信じ込んでいますか？　それなら、本当に上達することはないでしょう。

　しなやかマインドセットの重要な特徴の1つに、批判を貴重なフィードバックとして受け入れるという点があります。エリック・ワイナーが過去の天才たちの奇妙な地理的集団を世界中を旅して追いかけたところ、これらの人々がネガティブなフィードバックから成長

していったことが明らかになりました。つまり、ネガティブなフィードバックは、彼らの創造性の火にさらに燃料をくべただけなのです。確かに、批判を受けることは楽しくありませんが、それにどう対処するのかはあなた次第です。硬直マインドセットを持つ何名かに「下手くそ」といわれただけで、本当にタオルを投入するつもりですか？

教師の刺激的な影響、あるいは有害な影響

多くの創造的な天才は、学校の教師との特別な絆をまったく覚えていないか、非常に親密な関係を持っていたかのどちらか一方であることは注目に値します。私は、教師が子供たちの成績の悪さを軽率に批判することによる悪影響について読んだことがありますし、教師が真の好奇心を促進する人として懐かしく思い出されるという話を読んだこともあります。ノーベル賞受賞者でさえ、高校の教師を全面的にネガティブに評価している人もいるのです。

正直なところ、私はネガティブに評価する人々を非難できません。高校時代、私は真に優れた学生のみが進学する専門学校に転校しました。そこから大学でコンピューターサイエンスの学部に入学したのは私だけだったのです……教師全員のアドバイスに従わず。「そこでは絶対に成功しない」と教師たちは警告しました。しかし4年後、私は大学を卒業したのです。この文章を入力している今、私は博士課程も終えつつあります。もしかしたら、私は教師たちにキャロル・ドゥエックの『Mindset』を送るべきかもしれません。

6.2.2 信じることは行動することである

ドゥエックは、しなやかマインドセットを「新しい冒険へのパスポート」と呼んでいます。私は、その表現を「創造性へのフリーパス」に変えたいと願っています。それは、（その存在を信じているのなら）創造的な人生を送ることを思い出させるために、私たち自身から私たち自身へ渡す切符だからです。ドゥエックは、私たちの人生の見方が、私たちの人生の送り方に劇的な影響を与えることを伝えています。「20年にわたる私の研究からわかったことだが、**どちらの説を信じるかによって、その後の人生に大きな開きが出てくる**」（太字は引用元による）。

どんな人でもクリエイティブプログラマーとして人生を送ることができます。高いIQを要求されることもなく、特別な人脈を持つ必要もありません。確かに、（「第3章　コミュニケーション」で見たように）情報を迅速に処理する能力や刺激的な人々に囲まれることは役に立ちます。しかし、「最も重要なことは自分自身を信じることだ」とドゥエックは私たちに伝えてくれています。このシンプルでありながら非常に強力なメッセージを実現す

るためには、かなりの勇気が必要です。この信念が、私たちが挫折に対処する方法に影響を与え、優秀な人と平凡な人の差を際立たせることがよくあります。レオナルド・ダ・ヴィンチも「私は決して障害に屈しはしない、いかなる障害も、私の中に強い決意を生み出すまでだ」（『The Notebooks of Leonardo da Vinci』（Richter, 1888））と書いているとき、このことを本能的にわかっていたのでしょう。

6.2.3 コンフォートゾーンから抜け出す

　私たちは、新しいことを学ぶこと、つまり穴に飛び込むことをただ恐がることがあります。「私は、たいていの落とし穴を知っているJavaの世界に留まるほうがよかったのかもしれない」「人々は私を詐欺師だと思うかもしれない」「この新しいJavaScriptのことには関わりたくない」「私は哲学者ではない。むしろ小説を読みたい」「同僚たちが私の専門知識を尊重してくれるので、新しいプロジェクトに鞍替えするなんてあり得ない」「私はコンピューターサイエンスを学んだので、心理学の本を読んでも意味がない（さて、あなたは今何をしていると思う？）」。

　これらの発言は、まさに硬直マインドセットの臭いがします。しなやかマインドセットを培うためには、未知の恐怖に立ち向かい、打ち勝つことが必要です。私と同僚の研究では、ソフトウェア工学部の創造的な学生は、そうではない学生よりも頻繁に自分のコンフォートゾーンを抜け出していることを示しています[注2]。「第1章　創造性の先にあるもの」で説明したように、公開されているプログラミングの課題では、最終成果物の創造性が、アマビールのConsensual Assessment Technique（CAT）を用いて専門家の審査員によって評価されます。背景の情報を集めた調査の結果、成績が非常によい学生たちは、教えられた内容に範囲を限定せずに実践していたことが明らかになりました。そのような学生たちの好奇心が、彼らをコンフォートゾーンの外へ向かわせ、最初はつまづきや失敗を繰り返しながらも、最終的にはより独創的かつ創造的なデザインを提出させたのです。興味深いことに、審査員がプロジェクトを創造的であると見なせば見なすほど、静的コード分析ツールは、より多くのクリーンコードに関する問題を発見しました。もしかしたら、これは予想外なことではなく、学生たちがタイトな締め切りの中で未知のコード領域を探索することを優先してコードの品質に手を抜いたのかもしれません。

　別の進行中の研究では、視覚的に魅力のあるデジタルアート作品をコーディングするために、私たちのソフトウェア工学部の学生たちは、別の大学のデザイン専攻の学生と協力

[注2]　Wouter Groeneveld, Dries Martin, Tibo Poncelet, and Kris Aerts『Are undergraduate creative coders clean coders? A correlation study』（Proceedings of the 53rd ACM Technical Symposium on Computer Science Education, Vol1, pp314-320, 2022）。https://doi.org/10.1145/3478431.3499345

する必要があります。プロジェクト後のインタビューの中で、多くの学生が「パートナーがいることで、普段以上に探究して自分のコンフォートゾーンから脱け出させた」と述べました。ある学生は、次のように証言しています。

> パートナーのおかげで、さらに**実装の選択肢**を探し始める気になりました。私は、自分の所属するグループの**知る限り**の中で快適に過ごすことが多かったのです。**パートナーとの**交流によって、本当にコンフォートゾーンを抜け出すことができました。

　このポジティブなフィードバックループは、「第3章　コミュニケーション」で説明したコミュニケーションが創造性に与える影響を探究した研究結果と、見事につながっています。ほかの学生たちは、「他者と知り合うことの最初の戸惑いを乗り越えるために貴重なプロジェクト時間を犠牲にした」と指摘しました。彼らは意図していたものを完成させられなかったものの、目指した核となるコンセプトは、工学部内に制限された従来のプログラミングプロジェクトと比べると、間違いなくより壮大なものになっていたのです。この研究では、デザイン専攻の学生とペアになった工学部の学生の自己申告上の創造性は、ほかの工学部の学生とペアになった対照グループと比べ、評価が高くなっていました。

　結論としては、コンフォートゾーンから抜け出すことで、プログラマーの創造性を回復させる可能性があるということです。ただし、「コンフォートゾーンから抜け出せ！」と叫ぶことの問題は、そのゾーン（領域）が曖昧な点にあります（図6.4）。……コンフォートゾーンから抜け出すとは、具体的にどういうことなのでしょうか？　ある人にとっては、システムのバックエンドではなくフロントエンドについてもっと学ぶために、別の開発チームに移る可能性を注意深く探すことかもしれません。また別の人にとっては、プレゼンして知識を共有することかもしれません。

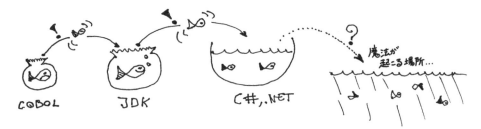

◆図6.4　あなたはコンフォートゾーンから抜け出すことで素晴らしい仕事ができた！　でも待って──ただ金魚鉢を入れ替えただけでは？

多くのプログラマーは、JavaからC#に切り替えることで、内なる恐怖心を乗り越えたと自画自賛します。インターネット上には、「プログラマーよ、自分のコンフォートゾーンに留まるな」とか「コーディングの際にコンフォートゾーンから抜け出す力」とか、もっと大胆に「WordPressのコンフォートゾーンの外で学んだ教訓」というクリックベイト[訳注8]の手口を使った人々を惹き付ける派手なタイトルのつまらない記事で溢れているのです。

はっきりといいますが、言語、チーム、技術の切り替え、知識の共有は、**プログラミング**のコンフォートゾーンから抜け出していません。これらの要素は、研究と現場の両方で、自らを有能なプログラマーと名乗るための最低限必要な要件になってきていることが示唆されています。コンフォートゾーンの解釈を専門的なプログラミング知識に制限してしまうと、アイデアを交配させるもっと肥沃なアイデアのプールを見落としてしまう危険性があります。クリエイティブプログラマーは、プログラミングに制限されたコンフォートゾーンで生きるプログラマーよりも、はるかに優れた仕事をするのです。

6.2.4 しなやかマインドセットと創造性

しなやかマインドセットを持つことは、なぜ創造性と関係あるのでしょうか？ しなやかマインドセットは、挑戦を避けずに受け入れ、挫折に耐えてあきらめず、努力はエネルギーの無駄ではなく達人への道と考え、批判を無視するのではなく批判から学び、他者の成功に脅えず、そこからインスピレーションを見出すからです。こうしたフィードバックループの全てが、創造的プロセスには不可欠です。

ロバート・J・スタンバーグが143人の創造性の研究者を調査した結果、創造的な達成に最も重要な要素に関して、大半の研究者の意見が一致していることを示しました[※注3]。スタンバーグは**根気**という用語を使いましたが、キャロル・ドウェックは自身の研究で指摘したように、「しなやかマインドセットによって生み出される、まさに根気と回復力の一種」としています。

ドウェックの著書は、心理学研究で最も引用されているものの1つです。最近では、創造性を調査する無数の研究が、しなやかマインドセットの概念とスムーズにつながっています。行動心理学者のジャン・プレッツ（Jean Pret）とダニエル・ネルソン（Danielle Nelson）は、マインドセットが創造性にポジティブ（あるいはネガティブ）な影響を与える

訳注8　ネット上の虚偽・誇大広告の形態のうちの1つで、ネットユーザーの興味を引くような文面のテキストやサムネイル画像を用いてリンクを踏ませ、欺瞞的な内容のコンテンツを読ませたり、見せたり、聞かせたりするもの。

※注3　Robert J. Sternberg『Handbook of creativity』（Cambridge University Press/1999）。

重要な要素の1つであることを特定しました※注4。また、別の例では、教育専攻の学部生が創造的でありたいとするモチベーションが、しなやかマインドセットを持っているかどうかと関連していることを示しています。彼らの研究結果では、学生たちにおいては、創造的な他者を認識することと創造性の成長マインドセットとの間に正の関係が見られました※注5。彼らの研究で最も期待できる部分は、次に示した結論です。

これらの発見は、創造性と創造的なロールモデルについての柔軟な見方を培うことを含む、創造性に対するモチベーションを高める有望な戦略を示しており、ひいては、学生が新しいことを始め、学び、やり遂げるように促すことで、創造的な成果を促進する可能性がある。

学生（私たちの場合はプログラマー）たちに、創造性は習得できるスキルで、生まれ持ったものではないということを示せば、学生（プログラマー）たちの創造性は花開きます。どのような形であれ、本書が読者の心にそのような「創造性は育てられる」という見方を培うことができたとしたら、この上なくうれしいことです。もしそうではないなら、遠慮なく批判を送ってください！

責任としなやかマインドセット

硬直マインドセットの人々は、常に自分の価値を証明する必要性を感じています。うまくいかないときにミスを認めることは、彼らの計画にはありません。「私がやったのではない！」とか「それは彼らのせいだ！」といった反応は、典型的な硬直マインドセットの行動です。第3章でも示したように、否認や責任転嫁することも、共有責任の道を阻んでいるのです。

知的能力は伸ばすことができますし、創造性も伸ばすことができますが、ほかのスキルと同じく、創造性を育てるという考えを受け入れる必要があります。研究者のミッコヴィル・アピオラ（Mikko-Ville Apiola）とエルッキ・スティネン（Erkki Sutinen）は、高等教育で

※注4　Jean E. Pretz and Danielle Nelson『Creativity is influenced by domain, creative self-efficacy, mindset, self-efficacy, and self-esteem』（The Creative Self, pp155-170, 2017）。https://doi.org/10.1016/B978-0-12-809790-8.00009-1

※注5　Pin Li、Zhitian Skylor Zhang、Yanna Zhang、Jia Zhang、Miguelina Nunez、Jiannong Shi『From implicit theories to creative achievements: The mediating role of creativity motivation in the relationship between stereotypes, growth mindset, and creative achievement』（The Journal of Creative Behavior, Vol55, Issue1, pp199-214, 2020）。https://doi.org/10.1002/jocb.446

情報科学を学ぶ学生のマインドセットと学習成績の関係を調べた最近の研究[注6]で、情報科学に対する考え方はしなやかマインドセットである一方、創造性に対する考え方は全ての尺度の中で最も硬直的であることを発見しました。つまり、情報科学を学ぶ学生は、自分には創造性があるかないかの二者択一で考え、創造性を育てるという考えに積極的ではないということです。著者たちは、次のように結論付けました。

> これは興味深いものであると同時に、警戒すべきことでもある。コンピューターサイエンスは、本質的に創造的な領域であり、技術を構築するためには創造性が必要になるため、創造性に対する硬直マインドセットは、将来の技術構築にネガティブな影響を与える可能性があると推測できる。

　残された問題は、これらの結果を経験豊富なプログラマーに適用できるかということです。情報科学におけるマインドセットに関する研究は、まだ初期段階にあります。いくつかのパイロット研究では、情報工学部1年生のプログラミングのパフォーマンスを向上させる活動に、しなやかマインドセットを介入させて成功した例が報告されています[注7]。1回の介入には、しなやかマインドセットを培う基礎を促進するための講義と体験談、ドゥエックの研究から引用したケーススタディ、頻繁なフィードバックループという3つのパートで構成されていました。

　しかし、平均的なマインドセットは、それほど変わりませんでした。1学期の間ずっと介入すれば（わずかに）成績が上がる可能性もありますが、マインドセットはそう簡単には変わりません。これは、知的能力の文脈だけではなく、特に創造性に関して、硬直マインドセットをしなやかマインドセットへ継続的に方向転換させ続けることの重要性を再度示しているのです。

演習

最後にプログラミング作業に関わるコンフォートゾーンから出ることを余儀なくされたのはいつですか？　未知の世界に足を踏み入れるきっかけとなったのは、いったい何だったのでしょうか？　あなた自身にとって、プロジェクトにとって、そして将来の未知なる世界への冒険の可能性にとって、その創造的な結果はどのようなものでしたか？

[注6]　Mikko-Ville Apiola and Erkki Sutinen『Mindset and study performance: New scales and research directions』（Proceedings of the 20th Koli Calling International Conference on Computing Education Research, No14, pp1-9, 2020）。https://doi.org/10.1145/3428029.3428042

[注7]　Keith Quille, Susan Bergin『Promoting a growth mindset in CS1: Does one size fit all? A pilot study』（Proceedings of the 2020 ACM Conference on Innovations and Technology in Computer Science Education, pp12-18, 2020）。https://doi.org/10.1145/3341525.3387361

6.3　好奇心を持ち続けること

　好奇心とともに、根気は主要な創造的な特性であると認められています。もし好奇心がなければ、チャールズ・ダーウィンは彼のノートに魅力的な情報を集めることはなかったでしょう。しかし、情報を集めたノートをつなげ、掘り下げ、修正し、見直し続ける根気がなければ、彼は**ビーグル号**での航海から23年後に『On the Origin of Species』を書くことは決してなかったでしょう。

6.3.1　根気とグリット

　キャロル・ドゥエックのマインドセットは、自分自身（および他者）の学習能力に対する認識方法を変えるという視点です。しなやかマインドセットは、好奇心を培いながら、逆境でも根気を持ち続けることに焦点を当てています。心理学者のアンジェラ・ダックワース（Angela Duckworth）の研究は、ドゥエックが中断したところを取り上げました。彼女は、成功の秘訣として、**グリット**（grit）と呼ばれる情熱と根気を組み合わせた特別な言葉を造っています[※注8]。しなやかマインドセットと同じく、グリットは培えることが科学的証拠で裏付けられています。才能は忘れよう……ただ壁に頭を打ちつけ続ければ、最終的には突破口が見つかるはず。

　グリットと学業成績の関係は、数々の研究で証明されています。これは、落第率の高いことで有名なプログラミング学科においても同様の関係が見られました。ジェームズ・ウォルフ（James Wolf）とロニー・ジア（Ronnie Jia）の研究では、グリットの高い学生ほど、低い学生に比べて成績が高いことを発見しています[※注9]。

　もちろん、グリットだけでは限界があります。IQや才能として表現される先天的要素は、潜在的な能力の指標として依然として重要です。これについては、心理学の領域において未解決で激しい論争が続いているため、このへんにしておきましょう。

　グリットとしなやかマインドセットのどちらにも、好奇心と根気の明確な兆候が見られます。好奇心から情熱は燃え上がり、情熱がまったくなければ、コードの問題に向かって誰も無駄に頭を打ちつけ続けるようなことはしません。23,954回目の頭突きで、情熱は消えて激しい頭痛に変わっていたかもしれません。

[※注8]　Angela L. Duckworth, Christopher Peterson, Michael D. Matthews, and Dennis R. Kelly『Grit: Perseverance and passion for long-term goals』（Journal of Personality and Social Psychology, Vol92, Issue6, pp1087-1101, 2007）。https://doi.org/10.1037/0022-3514.92.6.1087

[※注9]　James R. Wolf and Ronnie Ji『The role of grit in predicting student performance in introductory programming courses: An exploratory study』（Proceedings of the Southern Association for Information Systems Conference, 2015）。

アンジェラ・ダックワースが『Farnam Street』[訳注9]というブログサイトでインタビューされた際、フィードバックを求めてそれを正しく処理することの重要性も強調していました[※注10]。「フィードバックは贈り物です。しかし、私たちの大半は、それをどのように解釈すればよいのかを知りません。だから受け取りたくないのです」と。グリットは、勇気、ひたむきさ、回復力、根気という一連の特徴によって定義される特性という形で、グリットよりも幅広い特性を網羅するしなやかマインドセットの一部と見なされることがあります。注目すべきなのは、ドゥエックとダックワースのどちらも、困難に直面したときは、常に新たなチャレンジを求めるのではなく、問題と長く向き合うことを私たちに促している点です。アルベルト・アインシュタインは「私は、それほど賢いわけではありません。ただ、人より長く、1つのことに付き合ってきただけなのです」と述べています。

ほとんどの人は、方向性と決断の間で葛藤します。物事がうまくいかなくなるとすぐに別の道を選び、誤りをそそくさと隠そうとします。そうではなく、そこから学び前進し続けるように、グリットは私たちに伝えているのです。ダーウィンは、激しい船酔いに苦しみました。まともな人間なら、わざわざ5年間も船酔いを我慢するでしょうか? 私ならやりません。考えるだけで胃がムカムカします。もしダーウィンがダックワースのグリットを計測していたとしたら、間違いなく高得点だったでしょう。

ビル・ゲイツのグリット

プログラミングの世界には、根気にまつわる数え切れないほどの成功物語がありますが、その中でもビル・ゲイツ(Bill Gates)の物語が最も有名です。彼は、若い頃からコンピュータープログラミングに興味を持っていました。当時のプログラミングは、中央のマシンとそれに接続する端末上で行われていました。つまり、コンピューターを使う時間は貴重で、制限があり、共用されていたのです。しかし、彼は、自分の持ち時間が終わってもまだ満足できず、利用時間をもっと手に入れるためにコンピューターを不正利用しました。最終的に彼の権利が取り消されたときも、内部の仕組みを学ぶためだけに、学校のスケジュールプログラムにハックを仕掛け続けたそうです。

1970年代、まだMicrosoftを設立する前のことです。ゲイツと彼のパートナーであるポール・アレン(Paul Allen)は、交通量測定のためのソフトウェアを作成しました。このTraf-O-Dataプロジェクトは失敗だと見なされましたが、彼はビジネスを諦めずにハーバード大学を中退し、最終的に何十億もの富を築き上げたのです。

アンジェラ・ダックワースとのインタビューで、かつてMicrosoftの応募者を選別

訳注9 https://fs.blog/

※注10 次のインタビュー記事で確認できる。https://fs.blog/knowledge-podcast/angela-duckworth/

していた際に最も根気のある候補者を選んでいたことをビル・ゲイツは明かしました。厳しいプログラミングの課題に対して、ストレスに打ち勝ち、あきらめずに試行し続ける候補者を彼は好んだそうです。

6.3.2 意志力は消耗品

　理論上、しなやかマインドセットを持ち、グリットを高めることは簡単に聞こえます。しかし、実際にネガティブなフィードバックに対処する際、プライドを捨てるためにはかなりの意志の力が必要です……自転車のタイヤがパンクし、急な大雨に見舞われるという不幸が同じ日に起きたせいで気分がすでに下がっているなんてときは特に。そして、その日の夜遅くにチョコレートを食べすぎた後に「今日はただツイてなかっただけだ」と思うのでしょうね。

　しかし、これは単にツイてない日ではないのです。これは**意志力**と呼ばれ、社会心理学者のロイ・F・バウマイスター（Roy F.Baumeister）は、意志力が有限な資源であることを発見しました[注11]。私たちが何気なく下すほとんどの決断は、わずかに意志力を消耗しているのです。そして、（突然の土砂降りやネガティブなフィードバックに対処するなどの）大きくて怖い決断や出来事は、意志力をたくさん消耗します。夜中にジャンクフードを食べることを防ぐ力は、もはやまったく残っていません。

　創造的な天才たちは、これを本能的に理解していました。ジークムント・フロイト（Sigmund Freud）とイマヌエル・カント（Immanuel Kant）は、毎日スケジュールを厳守していました。アインシュタインとダ・ヴィンチは毎日同じ服を着ていました。アメリカ合衆国大統領でさえ、着る服を自分で選ばず、スタッフが選びます。決断することが1つ減るということは、創造的な決断や命に関わる重大な決断のために費やせる意志力が少し増えるということです。ばかげているように聞こえますが、小さな積み重ねが大きな力になるのです。バウマイスターが**自我消耗**（ego depletion）と呼んでいるものによって、私たちは自分自身の制御（パフォーマンスコントロール）を失い、強い欲求に屈してしまう（衝動コントロール）ことがあります。

　忍耐力を持ち、硬直マインドセットからしなやかマインドセットに切り替えるには、意志力を代償にしても自制心が不可欠です。マインドセットを変えるということは、散らばっている数個のアドバイスを拾っていくことではありません。新しい視点で物事を見るために継続的に投資するということです。それが簡単だとは誰もいっていません！　幸いにも、意志力は

※**注11**　Roy F. Baumeister and John Marion Tierney『Willpower: Rediscovering the greatest human strength』（Penguin, 2012）。邦訳『WILLPOWER 意志力の科学』（渡会 圭子 訳／インターシフト／ ISBN978-4-7726-9535-0）。

筋肉のようなもので、しっかりトレーニングをすれば、徐々により重いものを持ち上げられるようになることをバウマイスターは示してくれています。彼は、ジョン・マリオン・ティアニー（John Marion Tierney）との共著『Willpower』で、習慣を作ること、維持するための発信機を見つけること、目標を設定して自分に挑戦することなど、意志力を高める方法と意志力の無駄な消耗を避ける方法に関するいくつかのヒントとともに締めくくっています。

> **演習**
>
> グリットの大きさを測るために、https://angeladuckworth.com/grit-scale/ の
> 10個の質問に回答してください。結果は0.0から5.0の間のグリッドスコアになります。そのスコアについてどう思いますか？　それは現在のあなたを反映していますか？　どの質問に少し抵抗を感じましたか？　それは今後取り組むべき課題である可能性があります。結果は、いつも同じにはならないことに注意してください！

6.4　好奇心からモチベーションへ

　驚きは、全ての学びの源です。驚きは、学び続けるモチベーションに発展する可能性があります。それはさておき、ここでは昔からある「内発的動機付け vs. 外発的動機付け」の議論について考えてみます。創造性はどちらに当てはまるのでしょうか？　詳しく見ていきましょう。

6.4.1　内発的動機付け

　外発的要因なしに自分自身で何かをする気になる（たとえば創造的になる）ことを**内発的動機付け**といいます。「第1章　創造性の先にあるもの」の冒頭で述べたように、私たちの内に宿るウンベルト・エーコの**創造的衝動**を満たすのは、おそらく内発的な決断でしょう。私たちが創造的になるのは、そうなりたいからです。フィンセント・ファン・ゴッホは、お金ほしさではなく、絵を描きたいから描いたのです。お金がほしければ、父親の跡を継いでオランダ改革派教会の牧師になっていたことでしょう。実際、ファン・ゴッホの最初の願望は牧師になることでした。

　認知心理学者のテレサ・アマビールによる研究は、内発的動機付けを持つ学生のほうが、より創造的な成果を出すことを示しています。この研究では、あるグループの学生には自分の作品がアーティストに評価されると伝え、ほかのグループには「ただ楽しむ」ように伝えます。その結果、驚くべきことが明らかになりました。「ただ楽しむ」グループは、ほかの対照グループに比べて、CATテストで有意に極めて高いスコアを獲得したのです。アマビールは、これを**内発的動機付け理論**と呼び、「人々は外部からのプレッシャー

ではなく、興味、楽しみ、満足感、そして仕事自体のやりがいによって主に動機付けられるとき、より創造的になるのでしょう」と述べています[注12]。

だいたいまあ、妥当ですね。私は、この研究結果には誰も驚かないと思います。しかし、この内発的動機付け理論は、必ずしも現実の世界でうまくいくわけではありません。

6.4.2　外発的動機付け

何かをするよう指示される外部要因は、**外発的**動機付けと呼ばれます。これは、雇用主から引き受けた課題であったり、お金や権限に関する契約であったりします。銀行からの資産運用を勧める電話は、手数料を取るためにかかってくるのかもしれません。

アマビールの実験は大学生に限定されていました。言い換えれば、彼女は経験の浅い新人のクリエイターを選んだということです。経験豊富なクリエイターを含めるべきだったのでしょうか？　別の研究は、そうであると示しています[注13]。これは、著名な科学者たちの激しい競争の世界をちょっと覗けば証明できます。「第5章　批判的思考」のルイ・パスツールの嫉妬を思い出してください。彼は、ライバルがより多く名声と助成金を得られないようにあらゆる手を尽くしました。ノーベル賞受賞者のジェームズ・ワトソン（James Watson）とフランシス・クリック（Francis Crick）は、ノーベル賞そのものが研究の動機だと述べています。

外部で起きる競争は、優れた科学者に明確な動機を与えます。この「公表するか滅びるか」システムの影響がなくても、報酬の魅力は、創造的な仕事にポジティブな影響を与えるようです。

そろそろ、あなたはシステム思考に精通しているはずです。あなたを取り巻く環境を考慮せずモチベーションについては語れません。さらに、外部からのプレッシャーはさまざまな形で現れます。たとえば、常に外部からパフォーマンスを監視されることは、明らかに創造性の妨げになります。そういった環境の影響については、次章で詳しく説明します。

6.4.3　内発的動機付けと外発的動機付けを組み合わせる

でも、ちょっと待って……多くのソフトウェアシステムや芸術作品も依頼されて作られています。内発的動機付けと外発的動機付けのうち、決定的な要素はどちらなのでしょう

※**注12**　Teresa M. Amabile『Motivational synergy: Toward new conceptualizations of intrinsic and extrinsic motivation in the workplace』(Human Resource Management Review, Vol3, Issue3, pp185-201, 1993)。https://doi.org/10.1016/1053-4822(93)90012-S

※**注13**　Barry Gerhart and Meiyu Fang『Pay, intrinsic motivation, extrinsic motivation, performance, and creativity in the workplace: Revisiting long-held beliefs』(Annual Reviews, Vol2, pp489-521, 2015)。https://doi.org/10.1146/annurev-orgpsych-032414-111418

か？　答えはもちろん、「どちらも少しずつ」です。

　たとえば、モーツァルトは、内発的にも外発的にも動機付けられていました。彼は、誰かが依頼したときのみに偉業を成し遂げていたのです。依頼主が彼に喝を入れ、創造的プロセスが軌道に乗った後にだけ、非常に優れた音楽作品は生まれました。モーツァルトが欲深いことは有名で、商業政治に参加するのが大好きでした。ルネサンス時代にも同様の例があります。数え切れないほど多くの素晴らしい創造的な芸術作品や建物は、教会やメディチ家が発注したものです。フィリッポ・ブルネレスキ（Filippo Brunelleschi）の人目を惹くフィレンツェの大聖堂ドームは、内発的動機付けによるものではなく、報酬のために建てられました。

　プロジェクトは、つまらないコーディング作業から始まり、徐々にモチベーションが高まって、最後はかなり情熱を注がれるものになることがあります。私には週に数日だけ企業にサービスを提供しているプログラミングコンサルタントの知り合いがいますが、彼によると「本当に退屈な.NETの仕事をしている」のだそうです。「じゃあ、なぜ続けているのか」と私が尋ねると、「給料はいいし、ソフトウェア自体はおもしろくなくても、私が夢中になれる創造的な自由をたくさん与えてくれるんだ。あたかも実験するためにお金をもらっているみたいなんだよ！」といいました。この回答には内発的と外発的動機付けの両方が見られます。また、別の元同僚は、C++とスマートポインターの使い方を学ぶために、明らかに皆が恐れているC++のメンテナンスチームへ異動を希望しました。これぞ真摯な姿勢というものでしょう。

　その逆もあります。私の2人の元同僚は、エンタープライズJavaを使った開発に飽き飽きし、ScalaとAkkaを学ぶためにPlay Frameworkに手を出し始めました。そして、仕事の後に何か具体的なものを作りたいと思い、地元の合唱団の座席予約システムを作成したのです。1年ほど経った頃に彼らは仕事を辞め、セールスの専門家の助けを借りつつ、そのシステムをスタートアップとして立ち上げ、それ以来自社のクラウドベースの製品を発展させ続けています。

　ソフトウェア起業家のジェイソン・フリード（Jason Fried）とデイビッド・ハイネマイヤー・ハンソンは、この現象を「自分のかゆいところをかく」と好んで呼んでいます[注14]。Basecampは、もともとクライアントの仕事を内部で管理するために設計され、徹底的にそのかゆみをかいたものでした。最初に自分自身のために構築し（内発的）、それから周りに展開します（外発的）。「自分のかゆいところをかく」の掟は、もとより自分自身のために素晴らしいものを作っているので、創造的な好奇心を高める上で非常に強力です。

[注14]　『Scratch your own itc』（The Rework Podcast from 37signals）。https://www.rework.fm/scratch-your-own-itch/

興味深いのは、ソフトウェアシステムの中には、最初は内発的な情熱のあるプロジェクトとしてスタートしたものの、時間の経過とともにモチベーションが徐々に低下していく場合があるため、外発的動機付けを高めるのは決して悪いことではないという点です。結局のところ、私たちの中でどのくらいの人が、報酬をもらわなくてもプログラミングの問題を解決し続けるでしょうか？　私たちの中でどのくらいの人が、不当に安い報酬でも熱心にコーディングし続けるでしょうか？　名声、競争、お金は、明らかに経験豊富なクリエイターを駆り立てますが、経験の浅いクリエイターを抑制します。ほら、これが昇給を要求するためのフリーパスなんだよ。

演習

プログラミングに対して、あなたに**創造的衝動**はありますか？　たとえば、多くのペットプロジェクトをメンテナンスしていますか？　それらのうち、発展させていけば実質的に有用で製品化できるものはどれでしょうか？　それとも、あなたは外発的な報酬に釣られやすいですか？　であれば、日々の退屈な仕事を処理するのに役立つ、現在の仕事の内発的な報酬を見つけませんか？

6.5　マルチポテンシャリティ

　本当に創造的な人々は、好奇心をたった1つの領域に制限することはめったにありません。これは直感に反しているように思えますか？　もしかしたら、精神分析学領域の創始者であるジークムント・フロイトのような人々の生涯にわたる献身を思い浮かべているのかもしれません。このような人々は専門性が高くない（フロイトのケースだと心理学）ということでしょうか？　ドレイファスモデルや魔法の1万時間ルールは、確かにフロイトに当てはまるかもしれませんが、彼がアマチュアの考古学者でもあったことを忘れてはなりません。彼は、自分のオフィスに飾るための独特なアンティークを集めるのが大好きでした。考古学への愛が彼に「心の発掘」というアイデアを与え、それが心理学と掛け合わされたのです。

　フロイトは、認知的柔軟性を高めると証明されている**多様な経験**（diversifying experiences）を積んでいたのです[注15]。システム思考家のノラ・ベイトソン（「3.1.1　カメラータを動かしたもの」を参照）は、好奇心をたった1つの領域に制限することを農業の

※**注15**　Simone M. Ritter, Rodica Ioana Damian, Dean Keith Simonton, Rick B. van Baaren, Madelijn Strick, Jeroen Derks, and Ap Dijksterhuis『Diversifying experiences enhance cognitive flexibility』（Journal of Experimental Social Psychology, Vol48, Issue4, pp961-964, 2012）。https://doi.org/10.1016/j.jesp.2012.02.009

単一栽培にたとえています。小麦、大豆、もしくはアーモンドの木のどれか1つだけが無限に広がった畑は、生物の多様性に対して壊滅的かつ長期的な影響をもたらすそうです。**心の単一栽培**（mental monocropping）も同様に、認知的な健康に有毒な影響を与えます（図6.5）。

⊗**図6.5**　この巨大な小麦畑の代わりに、自分の脳の写真を想像してみてほしい。蒔いた種の成果を収穫しよう。小麦、小麦、さらに小麦。パン作りには最適だが、アイデアを培うには壊滅的である。写真提供：ベンス・バラ・ショットナー（Bence Balla-Schottner）／ Unsplash

6.5.1　複数の天職

　創造的な個人の模範的な例は、レオナルド・ダ・ヴィンチです。彼の『モナリザ』は、ルーヴル美術館で数百万人の観光客を魅了しています。しかし、彼は単なる優れた画家や製図工ではありませんでした。巧妙な機械装置を設計したり、UFOの飛行についての理論を展開したりするなど、解剖学、生理学、工学、そして生物学も研究していたのです。そして、彼は、自身が持つ全てのアイデアに科学的な厳密さを適用しました。ダ・ヴィンチは、**博学者**（polymath）、あるいは**ルネサンス期の学者**（Renaissance man）の典型でした。こういった人々は、知識が複数の領域にまたがっており、複雑な問題を解決したり斬新なつながりを思いついたりするために、複数の領域の知識を1つにまとめられます。

　真の**博学者**（Uomo Universale）訳注10の期待に沿って生きることは少々無理があるかもしれません。そこで、創造的な万能家であるエミリー・ワプニック（Emilie Wapnick）は、複数の興味を持つ人を指す**マルチポテンシャライト**（multipotentialite）という

訳注10　多面的才能を兼ねそなえた人間。

独自の言葉を考案しました※注16。法律の勉強をし、Webサイトを構築し、芸術に取り組もうとしたところで、彼女は飽きてしまい、興味が次々とほかに移っていきました。どのカクテルパーティでも問われる「職業は何ですか?」という質問に対していつも答えられないことに悩んでいたとき、彼女は、自分が**マルチポ**(multipo)と呼ばれる、いわゆる万能家であることに気付いたのです。

ワプニックは、さらに困ったことに気付きました。現代の社会は、マルチポテンシャリティをすんなりと受け入れてくれないのです。専門主義を崇拝し、複数の領域に興味を持つ人々は脇に追いやられてしまいます。さらに追い討ちをかけるように、ワプニックのような人々は、「大人になったら何になりたいの?」という質問に対して「パン職人」と「プログラマー」と「哲学者」とつぶやいた後、自分の何が間違っているのかを考え込んでしまうのです。私たちの文化は、散弾銃ではなく、単一の銀の弾丸を求めています。

マルチポは、専門家と比べてさまざまな長所を持っています。次のリストは、ワプニックの研究の要約です。

- **アイデアの合成**:創造性はたった1つの領域内で安全に起こるのではなく、領域のはざまで起こる
- **迅速な学習**:万能家は初心者であることに慣れており、新しいことを学ぶのが得意である
- **適応性**:さまざまな状況にはさまざまなアプローチが必要だが、それらに適応してベストな取り組みができる
- **大局的思考**:専門家はトンネルビジョンを持ちがちだが、万能家はより広い視野を保つ
- **関連付けと翻訳**:多くの領域に精通しているため、自分が知っている別の専門領域同士を関連付けやすい

エミリー・ワプニックは学者ではありませんが、彼女のアイデアは私の研究中に出会った多くの論文で反響を呼んでいます。ワプニックだけが、万能主義のアイデアに賛同する非学術的な作家ではありません。記者であるデイヴィッド・エプスタイン(David Epstein)も、最新刊『Range: Why Generalists Triumph in a Specialized World』で、それを証明しています。

ゼロから始めることは、とても大変です。なぜ写真のエキスパートとしての快適な立場

※**注16** Emilie Wapnick『How to be everything: A guide for those who (still) don't know what they want to be when they grow up』(HarperOne, 2017)。邦訳『マルチ・ポテンシャライト 好きなことを次々と仕事にして、一生食っていく方法』(長澤 あかね 訳/ PHP研究所/ ISBN978-4-569-84109-0)。

を捨て、まったくの初心者からプロの料理人になろうとするのでしょうか？　アメリカで最初の禅宗寺院を創設した仏教の僧である鈴木俊隆の「初心者の心には多くの可能性がありますが、熟練者の心には可能性がほとんどありません」[訳注11]という引用が役に立つかもしれません。

「第4章　制約」で紹介した、**まさにナイーブさが生み出した**ジェームズ・ボンドのビデオゲーム『ゴールデンアイ』を思い出してください。Rareのゲーム開発初心者たちは、専門家たちが実現できないと思っていた可能性を見出しました。これは、マルチポテンシャライトが制約を扱うのが得意である可能性を示唆しています。

ネイサン・ミルボルド（Nathan Myhrvold）はMicrosoftの元CTOですが、数学の博士号を取得した彼は、エンジニアリングの経験、科学的な厳密さ、そして食べ物の写真撮影への愛情を活かし、究極のパン作りの聖書である『Modernist Bread (The Cooking Lab, 2017)』を出版しました。この巨大な百科事典のような作品の中で、パン作りに関して私たちの知るべき全てのこと（生地の中の微生物学的プロセス、オーブンの中の化学的プロセス、美味しいパンの一切れをかむときに起きる私たちの脳内での心理的プロセスなど）について、彼は隅々まで分析しています。ミルボルドは、ワプニックのマルチポテンシャライトの条件の多くを満たしているのです。

パン職人として生まれ変わり、自身の経験を活かしてパン作りのプロセスを洗練させているエンジニアを私は何名か知っています。たとえば、ジャスティン・リアム（Justin Liam）は、Raspberry Pi上でコンピュータービジョンを使用した発酵監視システムをサワードウスターター[訳注12]に組み込みました[※注17]。あるいはフレッド・ベネンソン（Fred Benenson）とサラ・パビス（Sarah Pavis）のソフトウェアとハードウェアエンジニアのコンビは、コンパニオンモバイルアプリ[訳注13]とWebからアクセスできる高度なダッシュボードが付属したスマートなサワードウのトラッカー「Breadwinner」を発明しました[※注18]。彼らの適応能力、アイデアの合成、そして関連付けと翻訳というマルチポテンシャライトの特性がなければ、こういった製品は存在しなかったでしょう。

コーディングの仕事を辞めてパン職人になるつもりがないのであれば、より万能家の視点を採り入れることで、プログラミング領域で、さらに創造的かつ商業的な可能性が広が

訳注11　「［新訳］禅マインド　ビギナーズ・マインド」（藤田 一照 翻訳／PHP研究所／ISBN978-4-569-85293-5）

訳注12　小麦粉に自然に存在する「野生酵母」と「乳酸菌」を使ったサワードウパンを作る際に使用する。野生酵母、乳酸菌、小麦粉、水を混ぜたものを指す。

※注17　https://www.justinmklam.com/posts/2018/06/sourdough-starter-monitor/

訳注13　スマートフォンやタブレットなどの携帯端末にインストールして、ネットワークに接続されたテレビやゲーム機などとの連携を可能にするアプリケーション。

※注18　https://breadwinner.life/

るかもしれません。これは、まさにアダム・トーンヒル（Adam Tornhill）がやろうとしていることです。彼は、エンジニアリングと心理学両方の学位から全てを絞り出すことに成功したプログラマーです。彼は、「PMD」[訳注14]などの多くの静的コード解析ツールとは異なるコード解析ツールである「CodeScene」を作成しました。これは、単に潜在的なコードの臭いを返すだけではなく、アダムの心理学的な経験と犯罪学者との協力に基づいてコード内の隠れた社会パターンを検出します。CodeScene（犯罪現場としてのコード）は、アダムの複合的な関心がなければ存在しなかったであろう行動コード解析ツールなのです。

6.5.2 複数の興味に取り組む方法

　全てのマルチポテンシャライトが、同じような形で好奇心を向けるわけではありません。継続してただ1つの興味を深く探求していくことで、驚異的な成果を出す人もいます。ワプニックは、これを**フェニックスアプローチ**（Phoenix Approach）と呼んでいます。これは、ほかの人よりも長く、ただ1つのことに興味を持ち続けて深く掘り下げ、しばらくすると視野を広げるために次のステップへ向かうアプローチです。

　これ以外にあり得るアプローチとしては、次のようなものがあります。

- **スラッシュアプローチ**（Slash Approach）：複数の興味を並列で行う手法。私は、パン職人／プログラマー／教師／研究者／作家である。アダム・トーンヒルは、心理学者／プログラマーである。
- **グループハグアプローチ**（Group Hug Approach）：さまざまな領域を結び付けて多面的な仕事を持つ手法。学術界のソフトウェア開発者は、複数の科学的領域に関与し、教育指導法を教え、データを分析するためにコーディングし、結果を公表するために執筆するなどの活動に携わっているのかもしれない。
- **アインシュタインアプローチ**（Einstein Approach）：安定しているが退屈な本業と夜の創造的な発見を組み合わせる手法。これにより、経済的な安定が得られると同時に、本業で必要とされることに妥協することなく、自分のかゆいところをかく自由が得られる

　そしていつものように、これらのアプローチからいくつかを組み合わせたハイブリッドソリューションが、あなたには最も適しているのかもしれません。

創造性の暗黒面

　社会心理学の研究者であるフランチェスカ・ジーノ（Francesca Gino）とダン・アリエリー（Dan Ariely）は、「独創的な人は、より不誠実である」と結論付けました[注a]。創造的マインドセットが個人の行動を正当化する能力を促進し、結果的に不道徳な行動につながる可能性があることを彼女たちは発見したのです。創造性の性格特性の尺度で高い評価を受けた学生は、実験中に不正行為を行いやすい傾向がありました。さらに、創造的思考を促された学生は、対照グループの学生よりも不誠実な行動をとる確率が高かったのです。

　創造的なプログラミングスキルが、同僚、クライアント、その他の関係者に対する責任よりも優先されるべきであってはなりません。若きパダワン[訳注15]よ、ダークサイドへの道には用心せよ！

6.5.3　専門主義は創造性を殺すのか？

　著書『The Geography of Genius』の中で、エリック・ワイナーは、専門化へのプレッシャーが増していることを嘆いており、彼によると、それが創造性を新たな高みへと押し上げるどころか、抑制してしまっているそうです。あらゆる領域が複雑化し、現在では1人の頭で全ての側面をほぼ把握できなくなってしまいました。1989年のゲームボーイ内部の全ての0と1（ビット）を私は説明できますが、2020年製MacBookに搭載されたM1チップの動作原理を説明してとはいわないでください。それを理解しようと多くの時間を費やしても、実際のところ、全ての詳細を完全には理解できません。プログラミングも同様です。ゲームボーイでは、各アセンブリラインは、CPUが解釈する、まさに文字通りの命令です。しかし、Java仮想マシン内で`Collections.sort(myClientList, Collections.reverseOrder())`を実行すると、実際には何が起きるでしょうか？確かに、利便性によって複雑さは抽象化されましたが、問題が発生すると、デバッグして問題を正確に特定することが非常に困難になる可能性があります。

※注a　Francesca Gino, Dan Ariely『The dark side of creativity: Original thinkers can be more dishonest』（Journal of Personality and Social Psychology, Vol102, No3, pp445-459, 2012）。https://doi.org/10.1037/a0026406

訳注15　『スターウォーズ』に登場するジェダイ騎士団の構成員に対する称号の1つ。

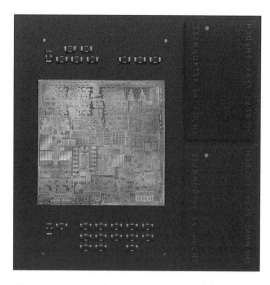

図6.6　AppleのM1システム・オン・チップ（SoC）：160億個のトランジスタ、最大8コアのGPUおよびCPUが、ユニファイドメモリアーキテクチャ（Unified Memory Architecture：UMA）を経由し、高速キャッシュとDRAMが組み合わさっている。この説明を読むと、『Fawlty Towers: "¿Qué?"』のマヌエルのような気分に私はなる。これを約1万個のトランジスタで構成されるZ80 CPUを搭載した8ビットのゲームボーイと比較してみよう。おぉー。しかし、感動と覚えると同時に重要なのは、創造的な類まれなる才能の存在は否定できないが、このアイデアを考え出すために何百人もの高度に専門的なハードウェアとソフトウェアエンジニア（そして、莫大なお金）が必要なことだ。

　専門主義の台頭は、情報科学だけではなく、ほかの領域でも見られます。たとえば、パン作りの仕事を考えてみましょう。通常は「パン職人募集」という求人広告で十分でしょう。その人はパンを焼き、ペイストリートリーツやタルトを発酵させ、プリンを作り、新しいプラリネ^{訳注16}のフレーバーを発明する仕事に就くでしょう。しかし、そうではないのです。小さなパン屋でも、専門のパン職人やパティシエが雇われています。このように、専門領域の厳格な分類によって派手な専門職が生み出される一方で、両方を組み合わせる余地はほとんどありません。

　純粋なサワードウブレッド職人やショコラティエを専門としていることに誇りを持つことに問題はありません。問題は、専門主義がそれだけにとどまらないことにあります。大規模な製パン業界の求人広告のほとんどは、エンジニアリングの専門家をオペレーションマネージャーとして呼ぶか、「ミキサー」を求めているかのどちらかです。調理器具のミキサーと混同しないでください。このミキサーは生地を混ぜる専門の人です。ただ混ぜるだけです。それは、組み立てライン上の高度に専門的で完全に気の遠くなる仕事なのです。これが、専門主義の行き着く先です。

イギリスの政治活動家であるケン・ロビンソン（Ken Robinson）は、彼の著書とTEDトーク「Education Kills Creativity」でありありと語っています^{※注19}。「創造力を奪うことで未来の不確実性に対処する能力も奪っている」と、彼は主張します。高校では、ていねいに包装された、数学、歴史、生物学、ラテン語、情報科学のパッケージが提供されます。教師は、これらのパッケージの隙間のことについて学生が学習したり（あるいは興味を持ったり）すると、学生が目の前の教科のパッケージ内に無事に収まるようにあらゆる手を尽くすのです。

高等教育における専門主義の推進は、状況をさらに悪化させています。大学のプログラムは「学際的[訳注17]な学習」をしつこく売り込んでいますが、残念なことに、それはほとんど実現されていません。「第3章　コミュニケーション」のグレゴリー・ベイトソンのサイバネティックスとシステム思考の功績のように、生物学と人類学と歴史を研究することは、たった1つの専門領域に特化するよりもはるかに困難なのです。はっきりとした道筋がない状況では、探究心旺盛で向上心のある人々、そして興味が多岐にわたる人々は、ほかの人が失敗するかもしれない場所で成功するでしょう。

2008年、ベルギーの大学は、産業界に求められる専門的な科目を網羅するために、コンピューターサイエンスの修士課程に5年目を追加しました。全ての工学部の学位についても同様の議論が続いています。一方で、退職年齢はますます上昇しており、学校で無駄に過ごした歳月は就業経験には含まれません。

専門家の卵である博士課程の学生数は、過去100年間で4倍に増えました。創造性に関していえば、博士号を持っているだけでは何も得られません。むしろ、統計的にいえば、創造的なブレイクスルーを起こすチャンスを**減らしている**のです！　これはワイナーの研究で引用されていますが、私は引用元を見つけることができませんでした。確かに、一部の博士論文は創造的な成果であるかもしれませんが、残念なことに、それらが異なる領域から引用されることはほとんどないのです。

6.5.4 テクノロジーにおける万能主義と専門主義

全てのプログラマーは、テクノロジーの世界が高度に専門化されていることを知っています。Pragmatic BookshelfやManningの書籍のほぼ90%が、プログラマーを専門家にするためのものです。テクノロジーの世界は非常に変化が激しいため、テクノロジーの専門主義にはリスクがあり、プログラマーに継続的な再開発を強制します。専門主義と変化の激し

※**注19**　Ken Robinson and Lou Aronica『Creative schools: Revolutionizing education from the ground up』（Penguin Books Limited, 2015）。邦訳は『CREATIVE SCHOOLS—創造性が育つ世界最先端の教育』（ケン・ロビンソン、ルー・アロニカ 著、岩木 貴子 訳／東洋館出版社／ ISBN978-4-491-03666-3）。

訳注17　学問が複数の領域にまたがること。

イギリスの政治活動家であるケン・ロビンソン（Ken Robinson）は、彼の著書とTEDトーク「Education Kills Creativity」でありありと語っています^{※注19}。「創造力を奪うことで未来の不確実性に対処する能力も奪っている」と、彼は主張します。高校では、ていねいに包装された、数学、歴史、生物学、ラテン語、情報科学のパッケージが提供されます。教師は、これらのパッケージの隙間のことについて学生が学習したり（あるいは興味を持ったり）すると、学生が目の前の教科のパッケージ内に無事に収まるようにあらゆる手を尽くすのです。

高等教育における専門主義の推進は、状況をさらに悪化させています。大学のプログラムは「学際的[訳注17]な学習」をしつこく売り込んでいますが、残念なことに、それはほとんど実現されていません。「第3章　コミュニケーション」のグレゴリー・ベイトソンのサイバネティックスとシステム思考の功績のように、生物学と人類学と歴史を研究することは、たった1つの専門領域に特化するよりもはるかに困難なのです。はっきりとした道筋がない状況では、探究心旺盛で向上心のある人々、そして興味が多岐にわたる人々は、ほかの人が失敗するかもしれない場所で成功するでしょう。

2008年、ベルギーの大学は、産業界に求められる専門的な科目を網羅するために、コンピューターサイエンスの修士課程に5年目を追加しました。全ての工学部の学位についても同様の議論が続いています。一方で、退職年齢はますます上昇しており、学校で無駄に過ごした歳月は就業経験には含まれません。

専門家の卵である博士課程の学生数は、過去100年間で4倍に増えました。創造性に関していえば、博士号を持っているだけでは何も得られません。むしろ、統計的にいえば、創造的なブレイクスルーを起こすチャンスを**減らしている**のです！　これはワイナーの研究で引用されていますが、私は引用元を見つけることができませんでした。確かに、一部の博士論文は創造的な成果であるかもしれませんが、残念なことに、それらが異なる領域から引用されることはほとんどないのです。

さが組み合わさると、ほかの領域に移行する手段を見つけない限り、一生懸命得たスキル
や知識が間違いなく無駄になってしまうのです。しかし、「第5章　批判的思考」で説明し
たプログラミング言語間の干渉は、知識の移行が簡単ではないことを伝えています。

　最も優れたクリエイティブプログラマーはマルチポテンシャライトですが、テックカンパ
ニーは「Javaスペシャリスト」「BIエキスパート」「Oracleデータベースマネージャー」など、
モチベーションを失わせるような求人広告を市場に氾濫させ続けています。もし5年後に
会社がMicrosoft SQL Serverに切り替えないのであれば、Oracleデータベースの構文
に特化することは、確かによい生計を立てる妥当な手段かもしれませんが。

　Stack Overflowの毎年の開発者調査によると[注20]、テクノロジーの専門家は、フルス
タックエンジニアと比較して、より高い報酬を得ています。しかし、これはギャンブルみた
いなものです。図6.7のグラフは、専門家が特定の機会においては万能家を圧倒できる
一方、ほかの仕事では役に立たず、最適ではないことを示しています。

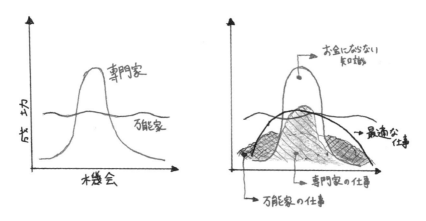

❀**図6.7**　過剰資格[訳注18]は専門家にも起こり得る。追加できない価値に対して報酬を得ることはでき
ない。この図は、イヴァン・ペペルニャック（Ivan Pepelnjak）によるITスキルに関する議論に基づいてい
る。https://blog.ipspace.net/2015/05/on-i-shaped-and-t-shaped-skills.html

　企業は専門家を探しているかもしれませんが、実際のところ、ベストな仕事の適性
は、専門性と汎用性を組み合わたものです。Javaの専門家がC#の専門家になるために
は、考え方を切り替えるだけで済みます。違いは驚くほど小さいのです。にもかかわらず、
ほかの技術を信奉して茶化す同僚もいます。ベストな仕事の発見の邪魔をするのは、私た
ちのプライドや恐れだけではありません。（企業）文化も原因となることがよくあります。

　フルスタックエンジニアの登場は、この専門主義の地獄から救ってくれるのでしょう

※注20　https://insights.stackoverflow.com/survey/

訳注18　仕事内容に比べて高すぎる知識（能力・経験）を持っていること。

か？　実際には、そうではありません。**フルスタック**という言葉を見たとき、最初に思い浮かぶのは何でしょうか？　AngularJSのフロントエンドとSpring Bootのバックエンド？　それとも、まったく別の複数のRESTfulなElixirエンドポイントを使ったPhoenixフレームワークでしょうか？　もちろん、汎用性と専門性のレベルも異なります。（この文脈ではHTTP、JavaScript、HTML、RESTといった）基礎をマスターすることで、（この文脈ではAngularやPhoenixといった）専門的なフレームワークをより早く学べます。問題なのは、Angular/Phoenixの知識を汎用化するために一歩引いて見ていない点であり、そうなるとスタック間の移行がより困難になってしまいます。

　ゲーム業界の最先端に居続けるためには、「第3章　コミュニケーション」で紹介したテクノロジーレーダーの助けを借りて、業界のトレンドに注意を払うのがベストな方法です。新しい経験に開放的になり、高度に専門化された仕事に執着しないように心掛けてください。

　それでもだめなら、ほかの興味を追求したり、（Breadwinnerのように）興味のあるものを組み合わせて斬新な製品を開発したりすることに、遅すぎなんてありません。マーク・フェラーリ（「4.2.1　ハードウェア固有の制約」参照）の2Dピクセルアートのキャリアは3Dモデリングの出現によって停滞しましたが、その代わりに、彼はファンタジー小説を書くことに取り組みました。今では、色鉛筆で書かれた彼の作品が、誇らしげに彼の著書を飾っています。

認定の危険性

　企業は従業員を教育するためにワークショップを主催し、高価な専門コースに人々を送る努力をしています。さらによくないのは、多くのコンサルティング会社がプログラマーに資格取得を義務付けていることです。私はZend認定のPHPアーキテクト、Sun認定のJava開発者、そして認定スクラムマスターでもあります。素晴らしい！　さて、私はPHP／Javaという枠に閉じ込められる一方で、私の雇用主は私の働きにもっと高い料金を請求できるようになりました。

　資格取得による専門主義は、あなたのキャリアを発展させる役にはほとんど立ちません。ただ他者の財布を膨らませ、履歴書にたくさんの用語を埋められるようになるだけです。私がPHPの認定証を手に入れたのは、エンタープライズJava開発以上の幅広い興味を上司に示すためでしたが、効果はありませんでした。ベルギーのブリュッセル地方では、Javaのコンサルタントの日給のほうが、はるかに高くなっています（もちろん、私はそんな賃金をほとんど見たことがありませんが）。

　一方で、資格証明書は、学位と同様に価値がある場合もあります。ひとまず多様化を図り、最終目標が、個人の利益なのか会社の利益なのかを考えてみてください。

6.6　偶然の発見

　何か特定のものを探していないのに、書店やレコード店で興味のあるものを見つけたことはあるでしょうか？　それならば、セレンディピティが何であるかを理解しているでしょう。これは、必ずしも探していたわけではないものを見つけるということです。私は、このような幸運な偶然が大好きです。私たちは幸運です。なぜなら、エンジニアリングのセレンディピティは（ある程度）起こり得るからです。こうした偶然の瞬間に積極的に耳を傾けるように私たちのシステム（「第2章　専門知識」参照）を微調整することで、楽しい発見の数を増やせます。

　人々が正しい場所と時間に偶然出くわしたときに唐突に起こる革新は、神秘に包まれています。ニュートンの偶然のリンゴが、彼に重力の法則を発見させたわけではありません。アルキメデスの偶然の「エウレカ！」も、入浴だけに起因するわけではありません。にもかかわらず、研究によると、これらの神話は、少なくともある程度は真実であることもわかっています。何気ないおしゃべりのほうが、無理やり人々を会議室に押し込むよりも頻繁に思考を刺激するのです。これは、「第3章　コミュニケーション」に出てきたスティーブン・ジョンソンの液体ネットワークが示していたことです。

6.6.1　物事に偶然出会う方法

　法学者のキャス・サンスティーン（Cass Sunstein）によると、新聞こそが偶然の発見を生み出すはずだそうです^{※注21}。記事の見出しは、読者を引き込み、注意を惹き付けるために付けられています。それだけではなく、それほど興味がなかったことだったとしても、読めば世界観が変わるのではないかと期待させるようにデザインされているもので

訳注19　チームや組織が効果的に活動するために必要なスキル、知識、行動、能力をマッピングするツール。

※注21　セレンディピティを設計する方法についての対話。https://bloggingheads.tv/videos/1615

す。しかし残念ながら、現代のニュース業界は、本当に興味深い情報を提供するよりも、クリック数とあなたのデータに興味があります。そこで、「第2章　専門知識」で取り上げたRSSフィルターの出番です！

　Wikipediaには「ランダム記事」リンクがあります。Obsidianには「ランダムなノートを開く」ボタンがあります。それなのに、ランダムなソースファイルを開くJetBrainsのIDEプラグインがないなんて信じられません。まず、その機能を使ってコードを書き始める状況を想像してみてください！　DEVONthinkは「関連しているけどリンクされていないドキュメント」を「関連項目」に提案します。かつて人気だったStumbleUponに取って代わったDiscuvverは、あなたの受信トレイにランダムに便利なサイトを毎週送信します。IndieWebのDiscoveryページ（https://indieweb.org/discovery）では、「思いがけない方法」でコンテンツ、Webサイト、コミュニティ、人物を探す方法について言及しています。Yahoo!がGeoCities[訳注20]を買収する以前、ソーシャルメディアのアルゴリズムが世界を支配していない1990年代のWebリンクを覚えていますか？　あの頃は、目に見えないアルゴリズムがあなたのタイムラインに表示するものを決定することもなく、あまり知られていなくても同じくらい興味深いコンテンツを発見する可能性がありました。今では、同じものがひたすら提供されます……あるいは、もっとひどいと、最も人気のあるものか有料コンテンツだけなんてことも。

　異質性はセレンディピティを促進します。伝統的なニュースサイトをRedditのようなユーザー生成ニュースアグリゲーターに置き換えると興味深い話題につながるかもしれませんが、驚くほどの偶然の発見はほとんどありません。Redditのユーザー層は、依然として圧倒的に男性が多く、テクノロジー業界で働き、アメリカ出身です[※注22]。つまり、特定の話題が、ほかのものよりも賛同を集める可能性が高いということです。ここではホモフィリー[訳注21]の詳細については踏み込みませんが、お伝えしたいことは明確です。偶然の発見を似たようなものだけに求めないでください。本書のほかに、『Art as Therapy』『The Go Programming Language』[訳注22]『Sophie's World』[訳注23]を読んでください。

訳注20　1994年に創業されたWebサイトのホスティングサービスの草分け。サイトを街に見立て、ユーザーは割り当てられた住所に自分のWebページを持つことができた。日本でも「ジオシティーズ」としてサービスが提供されていた。SNSやブログなどのサービスが生まれるより前、インターネットユーザーは、GeoCitiesのようなサービスで情報を発信していた。サービスの終了によりデータが削除されたため、「ここにしかない」コンテンツが数多く失われたといわれている。

※注22　2022年1月時点の世界のRedditユーザーの男女別分布。Statista。https://www.statista.com/statistics/1255182/distribution-of-users-on-reddit-worldwide-gender/

訳注21　同じような属性や価値観を持つ人とつながろうとする人間の傾向のこと。「類は友を呼ぶ」。

訳注22　邦訳『プログラミング言語Go』（アラン・ドノバン、ブライアン・カーニハン 著、柴田 芳樹 訳／丸善出版／ISBN978-4-621-30025-1）

訳注23　邦訳『新装版　ソフィーの世界 哲学者からの不思議な手紙』（ヨースタイン・ゴルデル 著、池田 香代子 訳／日本放送出版協会／上：ISBN978-4-14-081478-9、下：ISBN978-4-14-081479-6）

また、『The Pragmatic Engineer』^{訳注24}『The Marginalian』^{訳注25}『Programming Digressions』^{訳注26}『Farnam Street』などのブログをフォローしてください。

6.6.2 経験への開放性

　大手企業のプログラミング職に応募すると、仕事のパフォーマンスを評価するビッグファイブ性格特性診断（心理学者のセバスティアン・ロートマン（Sebastiaan Rothmann）と彼の同僚によって作られたツール）のような、ある種の性格特性テストを受けることになるでしょう^{※注23}。ビッグファイブの性格特性は、**誠実性、外向性、協調性、情緒安定性**^{訳注27}、**経験への開放性**です。

　ビッグファイブモデルは診断できる範囲が限られており、理論的および方法論的根拠が不明瞭であるため批判されていますが、依然として業界や創造性の研究で広く使用されています。創造性とこの5つの特性の1つとの相関関係を調査した複数の研究は、「経験への開放性と参加者（の仕事）に関連する創造性の評価との間に、小から中程度の正の関係がある」ことを示しました^{※注24}。ここでも、アマビールのCATシステムを使用して創造性は評価されています。

　クリエイティブプログラマーを定義するという私たちの探求の文脈では、上記のような研究は、せいぜい示唆に過ぎません。このような研究は、「第1章　創造性の先にあるもの」のカウフマンとスタンバーグによる「創造性の古い定義に固執している」「拡散思考のみを予測するだけのトーランス式創造性思考テストのような測定基準を使用している」「データの取得が簡単なのでテスト対象を学部生に限定している」のいずれかに該当します。内発的動機付けと外発的動機付けにおける、個人の経験レベルに基づいた違いを覚えているでしょうか？　大学生は初心者です。そのため、このような研究結果は何かを示唆しているかもしれませんが、たやすくプログラマー全体に一般化することはできません。だからこそ、ソフトウェアエンジニアリングにおける創造性の役割を探るために、私た

訳注24　https://blog.pragmaticengineer.com/

訳注25　https://www.themarginalian.org/

訳注26　https://programming-digressions.com/

※注23　Sebastiaan Rothmann and Elize P Coetzer『The Big Five personality dimensions and job performance』（SA Journal of Industrial Psychology、Vol29, Issue1, pp68-74, 2003）。http://dx.doi.org/10.4102/sajip.v29i1.88

訳注27　原文では「neuroticism」。「神経症傾向」などと訳されることもある。

※注24　Jason Hornberg and Roni Reiter-Palmon『Creativity and the Big Five personality traits: Is the relationship dependent on the creativity measure?』（The Cambridge Handbook of Creativity and Personality Research, pp275-293, 2017）。https://doi.org/10.1017/9781316228036.015

ちは業界に目を向け、サーベイやフォーカスグループ^{訳注28}によるインタビューを実施しました。その結果として、一連の学術論文と実用的なガイドである本書が生まれたのです。

それでも、特定の性格特性の組み合わせが、創造的な仕事を促進するというのは理にかなっています。非合理的でいじわるな性格では、カメラータには入れません。同じことが経験への開放性にも当てはまります。他者の経験に対する感謝の念がないと、真の好奇心を呼び起こせないのです。

> **演習**
>
> 次に誰かが自分の趣味について話すのを聞く機会があれば、誠実な関心を示してください……特にそれがあなたの興味がないものであれば、なおさら。あなたが熱心な読書家でなくても、機会があれば書店に立ち寄ってみてください。そして、いくつかの書籍の背表紙を指でなぞってみてください。色、タイポグラフィー、タイトルの影響を受けましょう。おそらく、あなたはより豊かな体験をし、40ドル貧しくなって家へ帰ることになるでしょう。

セレンディピティには、ある程度の経験への開放性が求められます。偶然の出会いに感謝してください。AmazonのWebストアを閲覧することはカウント**されません**。関連記事を提案する賢いアルゴリズムは便利ですが、セレンディピティはほとんど起こらないのです。

6.7 楽しむことについて

プログラマーに「どうやって同僚が創造的になっているかを評価するのか？」を尋ねたところ、いくつかの回答は「単にボディーランゲージを見るだけかな」「幸せか？ そして、たくさんジョークをいっているか？」「ゾーンに入っているか？」といった、非常に驚くべき回答がいくつかありました。ただし、最後の「ゾーンに入っているか？」は、「ひたすらハガキに切手を貼るような流れ作業でもゾーンに入れる」という別の参加者からの意見があり、却下されました。私は、切手の熱心な愛好家にインタビューしなければならなかったのかもしれません。いくつかの議論の末、結論は「プログラマーは、時々立ち止まって考えていることがあるか？」になりました。立ち止まっている時間が長すぎる場合、そのプログラマーは行き詰まっています。まったく立ち止まらない場合、それは流れ作業で、創造的な活動をしていない可能性があります。（明らかに目に見える）生産性を測定

訳注28 ある共通した特徴をもつ人々からなる小規模のグループ。または、そのようなグループを作って話し合うこと。

することと、創造性を測定することは別物なのです。

　先ほどの驚くべき回答のうち、2番目の回答は非常に興味深いものです。なぜジョークをいうことが創造性の指標になるのでしょうか？　参加者ははっきりとはわかっていませんでしたが、よいところに気付きました。楽しみは、繰り返しや退屈を相殺し、精神を高揚させ、モチベーションを高めるのです。

　1976年、行動心理学者のアブナー・ジブ（Avner Ziv）は、イスラエルで最も人気のあるコメディアンのレコードを青少年グループに聞かせました。その後、彼らはトーランス式創造性思考テストを受けなければなりません。その結果、レコードを聞かなかったグループのほうが、テストの成績は著しく悪かったのです※注25。一方で、最も大きな笑い声を上げていた10代のグループは、最も創造的な成績を出しました。「第4章　制約」で見たように、トーランスのテストが全てを網羅しているわけではありませんが、より多くの最近の研究で、このテストの効果をうまく再現しています。ユーモアのある刺激に対して笑うという反応は、創造的思考を増加させるのです。その効果が限定だったとしても、ユーモアの伝染効果はグループの結束力を高める素晴らしい方法であり、それが創造性に重要な役割を果たします。

　認知と創造性の研究者であるベス・ナム（Beth Nam）は、ジョークが無意識のトリガーとして発見や洞察を引き起こすために活用できることも発見しました※注26。ユーモアを理解することで、言語や意味の理解に関わる脳領域と、両半球の側頭部や前頭前野がより強く活性化することを示しています。そして、同じ脳の領域が、発見や洞察を生むためにも使われているのです。

　さて、2つのバイトがバーに入ります。バイト11111111はバイト11101111に尋ねます。「元気がないみたいだけど、体調がよくないのかい？」。それに対して、もう片方のバイトが答えます。「いいや、ちょっと（a bit）気分が悪いだけさ」。**ビット**（bit）、わかるかな？　ダメ？　アブナー・ジブもジョークの質が重要だというようなことを書いていましたが、おそらく、そうなのでしょう。本当におもしいジョーク（おもしろさはプロのコメディアンに任せておこう）は、思いがけず論理的な要素を伝えるからおもしろいのであり、それがセレンディピティと創造的な発見や洞察に関連しているのです。

※**注25**　Avner Ziv『Facilitating effects of humor on creativity』（Journal of Educational Psychology, Vol68, Issue3, pp318-322, 1976）。https://psycnet.apa.org/doi/10.1037/0022-0663.68.3.318

※**注26**　Beth Nam『Hacking the creative mind: An insight priming tool to facilitate creative problem-solving』（Creativity and Cognition, No71, pp1-3, 2021）。https://doi.org/10.1145/3450741.3467467

（「第5章　批判的思考」で見たように）創造性のための創造性は、単純にはしゃぎ回って楽しめるので、学ぶための素晴らしい手段です。ただし、発見や洞察は歓迎されますが、それが目標ではありません。Mastodon※注27のweirder.earthインスタンスのユーザーは、「とにかくやる」という熱意を示すのが大好きです。

> 心に留めておくべきベストなアイデアの1つは「ウサギの穴に落ちる訳注29」ことだと思います。何かをすることに興味を持ったら、ウサギの穴に落ちてみるのです。そうすると、最終的には独自のファンタジーエミュレータ、おもちゃの言語、クールなグラフィックスを作成し、なすすべもなく「生産的であり続け」ようとするのではなく、ただコンピューターを使って楽しめます。

楽しむこと以外に真の目標を持たないまま白ウサギ訳注30を追いかけることは、さらに興味深い発見につながる新しいものに出会うための素晴らしい方法なのかもしれません。それこそが、パン作り、ゲームボーイ開発、哲学、創造性の研究、万年筆、ブログに私が没頭した経緯でもありました。そういえば、あの頃が、最も充実して生きていると感じていたときでもあったなあ……。

創造的な工作は、興味を発見するための優れた手段であり、それが創造的衝動を刺激するのです。ただ、1つ問題があります。穴に飛び込むには勇気が必要なのです。これは、まさにキャロル・ドゥエックのしなやかマインドセットにつながります。

ウサギを追いかけることはヤクの毛刈りではありません

　ウサギを追いかけることは、ヤクの毛刈り訳注31にとても似ています。一見、ランダムなコードをリファクタリングすることは、ある問題を解決するための問題を解決するために必要だと判断され、何段階かの再帰を経て、現在取り組んでいる本当の問題の解決に至るのです。

　ウサギを追いかけていくうちに、ほかのアイデアを追いかけることに気を取られて

※注27　プライバシーとコントロールを最優先に考えた、X（旧Twitter）の代替えとなる分散型サービス。https://joinmastodon.org/

訳注29　原文は「Go down the rabbit hole」で、「底なし沼にハマる」ことや「本筋から離れる」ことを指すイディオム。

訳注30　英語圏では、白ウサギは朝に見ると縁起のよいものとされている。

訳注31　ある問題を解決しようとすると別の問題が発生し、それを解決しようとすると、さらに別の問題が発生し……」ということが延々と続くこと。

しまうことは、間違いなく起こります。ただし、今回のトピックに限っては、それがまさに目標であり、学びと楽しみ以外の真の目標はありません。ヤクの毛を刈ることは、問題を解決しようとしているときにだけ悪いことなのです。

6.7.2 ただのお楽しみ：悪い人ボーナスチャレンジ

ウサギの穴に飛び込む準備はできましたか？ 興味深い思考パズルを用意しました。図6.8には、「いい人」と「悪い人」が何名か含まれた9人の例が2つあります。悪い人を見つけ出しましょう。

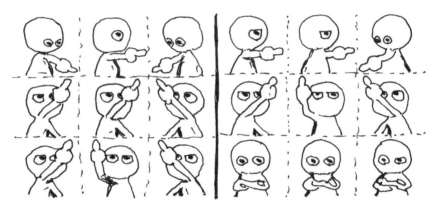

⚐**図6.8** 2人の悪い人は誰？ 左右それぞれ別の問題である。このアイデアは LEVEL 5 Interactive によるパズルに基づく。

いい人の隣に1人以上悪い人がいる場合、いい人はその悪い人の中の1人を指します。いなければ腕を組みます。悪い人は常に誰かを指しますが、それがいい人か悪い人かは関係ありません。2人の悪い人を見つけてください！

おもしろかったですか？ さて、ここからが本番です。これをコードに変換して、解決策をプログラムしましょう。方向を示す矢印を保つ3×3の行列に変換可能です。図6.8の2つの状況は、次のように記述できます。

```
1->5,2->3,3->5
4->2,5->3,6->2
7->5,8->5,9->5

1->2,2->3,3->5
4->2,5->2,6->2
7,8,9
```

予測される出力は、各状況に対して2つの対になる数字を生成し、悪い人を特定します。どうか楽しむことを忘れずに。ただ遊んでいるだけなのです。前述の図6.8からの入力で、問題は解決できますか？　結果をハードコードできるので、それほど難しい問題ではありません。では、パズルの入力ジェネレータを書いてみるのはどうでしょうか？　行列のサイズを3×3に制限すれば、あまり難しくありません。

　もっと楽しい問題がいいですか？　別のプログラミング言語で再実装してみましょう。もしかしたら、パフォーマンス分析（100のパズルを解くのにかかる時間を計測すること）で最適化するチャンスがあるかもしれません。それでもまだ足りないのなら、友達に挑戦するためのWebインターフェイスやアプリを作っても苦にならないでしょう。

　もっと難しいものに挑戦したいですか？　このパズルのベースとなっている、レイトン教授シリーズをプレイしてみてください。ニンテンドーDS（3DS）とSwitchでプレイできます。コードで解決するのは、いつも楽しい！　ねぇ、**わかるよね**！

　パズルが苦手なら、クールなランダムの迷路をコーディングできます。プログラマーのジェイミス・バック（Jamis Buck）は、「楽しい……プログラミングが楽しかった頃を思い出せるからかな？」という理由で、迷路の作り方に書籍を1冊捧げました[注28]。バックがBasecampで働いていたとき、燃え尽き症候群に悩んでいました。そして1年の休暇取得後、迷路のような馬鹿馬鹿しいものをコーディングしてモチベーションを取り戻すまで、またコーディングをする日が来るとはまったく思っていませんでした。バックが書いたように、それは「プログラマーの壁、燃え尽き症候群、そして日々の最も暗い部分への最高の薬」なのです。ただ楽しむためにコーディングすることは、緊張をほぐし、アルゴリズム問題へのおもしろいアプローチを発見し、最後には、そういったアイデアを日々のプログラミングルーティーンに還元できる素晴らしい方法なのです。

まとめ

- 難しいプログラミングの問題に対して創造的な解決策を見つけるためには、無難に自分の専門領域に留まり続けていてもほとんど役に立たない。
- 同じことが、何かを理解しようとしてうまくいかず、挫折してあきらめる場合にも当てはまる。好奇心と根気を組み合わせると、あなたをはるかに成長させることをどうか忘れずに。
- いつも急いで次の問題に取り掛かるのではなく、のらりくらりと考える時間を作ろう。**なぜその解決策がうまくいくのかわかっている**？

※**注28**　Jamis Buck『Mazes for programmers: Code your own twisty little passages』（Pragmatic Bookshelf/ISBN978-1680500554）

- 本書で紹介されている概念は、プログラミング領域だけではなく、もちろん、ほかの領域にも応用できる。好奇心のおもむくままに新しい興味を持とう。ただし、時には立ち止まり、その新しい興味が、潜在的なプログラミングの解決策にどのように影響を与える可能性があるのかを考えよう。

- スキルとしての創造性は、知識と同じく培うことができる。次に「自分はあまり創造的ではない」と口にしたときには、**まだなっていないだけ**だということを思い出してほしい。創造性は培うことができると気付いた瞬間、硬直マインドセットからしなやかマインドセットへ切り替わりつつあるのだ。

- 批判は、スキルのさらなる向上の手段として受け入れよう。批判を受けるのは決して楽しくはないけれど、そこから何かを学び、そして改めて、クリエイティブプログラマーとして成長できるかは、あなた次第なのだ。

- コンフォートゾーンの外に無理やり放り出されるのを待っていてはいけない。自ら外に出ることで、新しい人々や、あなたのツールキットにいつか加わるかもしれない技術に出会う可能性があるということを認めよう。それは、プログラミング言語を切り替えたり新しい趣味を追求したりするのと同じくらいにシンプルなことだろう。

- 一部の人々は、万能家あるいはエミリー・ワプニックが**マルチポテンシャライト**と呼ぶ存在として成功している。そういった人々はたいてい、迅速な学習、アイデアの合成、そしてさまざまな状況に適応するのが、ほかの人と比べて得意なのだ。ひょっとしたら、複数の関心を受け入れるために、あなたも、フェニックス、スラッシュ、グループハグ、アインシュタインなどのアプローチを活用できるかもしれない。

- あなたはさまざまなことで優秀に**なれる**。プログラミングの経験を1つの言語だけに制限するのは止めよう。多ければ多いほどいい。特化しすぎると視野を狭める可能性がある。

- モチベーションを保つベストな方法は、内発的な報酬と外発的な報酬を組み合わせることである。現在、何があなたのモチベーションを上げる（または下げる）のかを意識すると、創造的な取り組みにもっと集中できるかもしれない。

- いつも真剣に取り組む必要はない。プログラミングは楽しくもあるべきだ！楽しむためのコーディングは、日々のプログラミング作業中に起きる困難な問題の解決を助けるかもしれない、おもしろいアプローチを発見するための絶好の方法である。

創造的な心の状態

　「エウレカ、エウレカ、私はついに見つけた！」と、シラクサの通りを裸で走り回りながら、アルキメデスは叫びました。古代シチリア人は気にも留めません。彼らは、この裸の狂人を見て見ぬふりをすることに慣れています。アルキメデスは急いで家に戻ると、何か書くものを手に取り、仕事に取り掛かりました。というより、むしろ仕事を続けました。ローマの作家であるウィトルウィウス（Vitruvius）によれば、アルキメデスは、ヒエロ二世王（King Hiero II）から、新しく作られた王冠が純金でできているか、王冠を傷付けずに確かめるという使命を与えられていたそうです。困難な問題を考えるたびに、アルキメデスは風呂に入りました。そして今回、風呂に入ると水位が上昇することに彼は気付いたのです。沈んだ王冠はその体積と同じ量の水を押し上げるのではないだろうか？エウレカ！

　この「エウレカ！」物語は、現代版に書き直され、伝説になっています。しかし奇妙なことに、アルキメデスの論文『浮体の原理（On FloatingBodies）』に黄金の王冠は出てき

ません。これが真実であるかどうかは永遠にわからないでしょう。しかし、ヒエロ二世王が、600人以上が乗船でき、運動場、複数の神殿を持つ巨大な船の建設をアルキメデス（図7.1）に依頼したのは確かです。それは、まさに古代ギリシャの**タイタニック号**でした。

⊗**図7.1**　ドメニコ・フェッティ（Domenico Fetti）のアルキメデスまたはある学者の肖像画（1620年）。
出典：パブリックドメイン

　20世紀後、アンリ・ポアンカレ（Henri Poincaré）は、ノルマンディのクタンス地区で公共のバスに乗っているときに、「**Mon Dieu, c'est ça!**（それだ！）」と思いました。彼は、数週間ずっと難しい数学の問題を解こうとしていましたが、まったく実らず、進展のなさにやりきれなくなっていました。そこで、休憩を求め、当時の地元であるカーン近くで開催される地質学のツアーに参加します。その際に乗った探検ツアーのバスが、思いがけず彼の方程式の証明にインスピレーションを与えたのです。それでも、ポアンカレは、論理にどっぷり浸かっていたため、なぜ突然アイデアが現れたのかの説明を探す際に、神に頼ることはありませんでした。彼は、真の科学的な方法でパターンを明らかにしようと決心し、創造的な心の状態に関する独自の理論を立てることを決意しました。その理論で

は、創造的な活動には「意識的な作業期間の後に、無意識の作業期間が続く」と結論付けています。無意識の心が生み出すものは、完全な解決策というよりも正しい方向へのヒントであるため、その後、さらに意識的な作業が必要です。そういった無意識のヒントは、優雅で魅力的に思えるかもしれませんが、徹底的に分析すると実用性を欠いていることがあります。

創造性に関する自身の理論を立てた後、ポアンカレは、ノルマンディーの断崖や、のちに教鞭を取ることになるソルボンヌのキャンパスを散歩しているところを定期的に目撃されています。ほかの教授と同じく、彼は何かに没頭していましたが、彼の気晴らしは、意識的な活動中に無意識な処理を加速させるための意図的な試みでした。幾何学の算術変換に関する複雑な証明、アイデア、そして論文を構想したのは、このような思考、いや非思考状態のときだったのです。

「わぁ、時間が経つのは本当に早いね！」。フィリップ（Philip）は、双子の兄であるアンドリュー（Andrew）のお腹が鳴った後、そういいました。オリバー兄弟は、次回作のビデオゲーム『Fantasy World Dizzy』をプログラミングする作業に完全に没頭しており、気付くとまた深夜まで働いていたのです。3番目の『Dizzy』（図7.2）は、1989年10月にCodemastersから発売されましたが、それは兄弟が最初のコードを書いてからわずか6週間後のことでした。

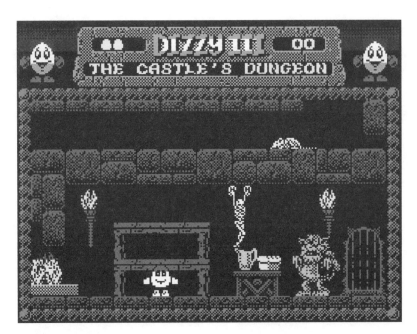

⊗ **図7.2** Dizzy III：ZX Spectrum 上の『Fantasy World Dizzy』

この象徴的な卵の形をしたイギリスのキャラクターは、もともとは別のゲーム『Ghost Hunters』の開発中に、さまざまなアニメーションを作成する間の気晴らしとして描かれたものです。フィリップは、24×32ピクセルという制限されたスプライトセットで、顔の表情を最大限に引き出そうとしていました。腕や足のスペースは足りず、代わりに粗い赤いボクシンググローブを着けなければなりませんでした。結果に満足したフィリップは、そのキャラクターを頭の中にしまい込み、『Ghost Hunters』の開発を再開しました。

数か月後、オリバー兄弟は、アーケードとアドベンチャーゲームが独特に融合した『Dizzy』を開発し、Amstrad CPCとZX Spectrum向けのものは、たちまち大ヒットしました。そして、その後の5年間で、フィリップとアンドリューは、Amstrad用に25本、Spectrum用に17本、そしてNES用に11本ものゲームをリリースしたのです……これは、「最も多作な8ビットビデオゲーム開発者」というギネス世界記録に認定されるのにふさわしい数でしょう。コンピューターの前にいるとき、彼らは完全にコードに没頭し、時間はその意味を失っているようでした。

しかし、オリバー兄弟は、成功までの道のりで何度も壁にぶつかっています。そして、アイデアが尽きたときは、テレビ番組を見たり、ほかのゲームをプレイしたり、スプライトエディターで実験したり、古典的なおとぎ話や物語を読んだりすることで、意図的に休憩を取っていました。『Count Duckula』『Zork』『Philosopher's Quest』『Jack and the Beanstalk』『Gauntlet』のいずれも、さまざまな『Dizzy』シリーズに影響を与えました。

7.1　正しい創造モードに入ること

アルキメデスの思考を助けたリラックスした入浴のひととき、アンリ・ポアンカレの行き先のないバス旅行や長い散歩での洞察、そしてオリバー兄弟の生産性の間にある注目すべき共通点は何でしょうか？　これらの3つの例はどれも、特定の創造的な心の状態を示しています。熟考とリラックスを交互に行い、意識的な脳の活動の後に無意識に脳を働かせ、行き詰まった際は休憩を取っているのです。

アンリ・ポアンカレ（1854 ～ 1912年）は、数学、物理学、工学、哲学の分野で優れた成果を上げた博識家です。また、「潜在的自我」を駆使して創造的な心の状態を演出する達人でもありました[注1]。

※注1　Henri Poincaré『The foundations of science: Science and hypothesis, the value of science, science and method Reissue edition』（Cambridge University Press, ISBN978-1107252950）。邦訳『科学と仮説』（伊藤 邦武 訳／岩波書店／ ISBN978-4-00-339029-0）。

> *潜在的自我は、意識的自我に決して劣るものではない。完全に無意識というわけではなく、優れた判断力を持ち、機転が利き、繊細なのだ。潜在的自我は、選択や占う方法を知っている。何というべきだろうか。潜在的自我よりも予見する方法を知っているのだ。なぜならば、意識的自我でできなかったことが、潜在的自我ではできるからである。*

　寝室兼オフィススペースに閉じこもることで、オリバー兄弟は短時間で多くの仕事をこなしました※注2。コードに集中し始めると、時間が加速したように感じていたようです。そして、何かうまくいかないときは、ちょっと気分転換するだけで再び集中を取り戻し、アイデアが次々と湧いてくる状態を維持しました。

　創造性は、適切な心の状態に入らなければ発揮されません。裸で走り回り「エウレカ！」と叫ぶためには、意識的な努力が必要です。あの「アハ！」という瞬間は、その前の意識的な取り組みやアイデアを受け入れる心の準備なくして、突如現れるものではありません。

　本章では、これまでに出てきた概念を多く取り上げ、それらを組み合わせて、私が**創造的な心の状態**（creative state of mind）と呼ぶものについて説明します。私と同僚がインタビューしたソフトウェアエンジニアは、個人の創造的な心の状態（創造的な流れの中にいる、生産性ツールを使う、「なるほど！」という瞬間がある、シャワーソート：Shower thoughts訳注1など）と、集団の創造的な心の状態（環境の影響により、自由と柔軟性は促進されるはず）を明確に区別していました。では、楽しくコーディングしている間、時間を忘れるためには何が必要なのかというところから見ていきましょう。

7.2　ディープワークにおけるフロー

　あなたは、1日の仕事時間があっという間に過ぎていくスピードに、（不）快な驚きを経験したことがありますか？　時計を10回見るごとに秒針がゆっくりと進むような耐え難いほど遅い1日？　あるいは数時間が数分のように感じられたあの日の驚くべき瞬間？誰もが両方を経験したことがあるでしょう。そして仕事に関していえば、時間停止のイリュージョンほど恐ろしいものはありません。

※**注2**　このストーリーは、『Retro Gamer』『Retro Gamer Reviews』『Voletic』のインタビューに基づいている。

訳注1　ふとした瞬間、特にリラックスしているときやシャワーを浴びているときにふと頭をよぎる、奇妙で興味深い、または洞察に富んだ考え。https://parade.com/living/shower-thoughts

　心理学者のミハイ・チクセントミハイは、この現象を**最適経験**または**フロー**と呼んでいます[注3]。スポーツ、科学、ビジネス、工学、アートなどにおける数百人以上の成功者とのインタビューを通じて、彼は、これらの人々が、ただ何か得意なだけではないことに気付きました。彼らは**ほかの人よりも優れている**とともに、どういうわけか心から楽しんでいたのです。文字に起こし、分析し、必要な統計を適用した後、チクセントミハイは次のようなフローの9つの原則を抽出しました。

- 心に明確な目標がある
- 全ての活動の直後にフィードバックが行われる
- 挑戦とスキルのバランスが取れている
- 行動と意識が一体となっている
- 気を散らすものは意識から排除されている
- 失敗を恐れない
- 自覚がほとんどない
- 時間の感覚が麻痺している
- 活動が自己目的的（内発的：プログラミングのためのプログラミング）である

　チクセントミハイのフローに関する有名な研究は、彼の創造性への関心に先立っており、多くの研究によると、彼の直感は正しいことがわかっています。つまり、創造性とフローの概念は密接に関わっているのです。前章で、「他者からのフィードバックを受け入れる」「自分に挑戦する」「失敗に落ち込まない」「集中思考を使って気が散るものを排除する」「好奇心を解き放つ」というフローの9つの原則の痕跡を見てきました。いったんは却下されましたが、やはり「ゾーンに入る」は追加すべきですね！

　フローは、深い楽しみ、創造性、そして人生への完全な没頭を引き起こすようです。チクセントミハイは「フローは人生に意味を与える手段の1つである」とさえいっています。しかし、フローを実現するにはどうすればよいのでしょうか？　フローを体験するためには、3つの要素が必要です。現実的な目標、行動のチャンスに見合ったスキル、そして活動に完全に集中することです。与えられた挑戦に対してあなたのスキルレベルが高すぎる場合、あなたは注意散漫になって退屈するでしょう。難しすぎる場合、不安やイライラを感じて止めてしまうでしょう。フローを取り巻く異なる心の状態を描写するチクセントミハ

※**注3**　Mihaly Csikszentmihalyi『Flow: The psychology of optimal experience』（Harper Perennial Modern Classics, 2008）。邦訳『フロー体験 喜びの現象学』（今村 浩明 訳／世界思想社教学社／ ISBN4-7907-0614-1）。

イのフローモデルは、図7.3に示しています。

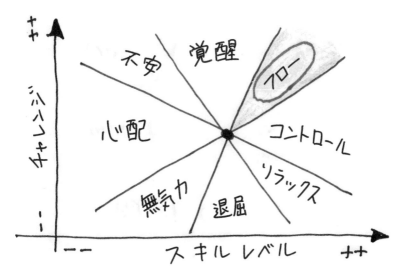

😯 **図7.3** 高いスキルレベルと高い挑戦がフローという精神状態へと導く。簡単な挑戦は満足感を減少させ、低いスキルレベルは不安を引き起こす可能性がある。ここに描かれた精神状態は、ミハイ・チクセントミハイによってフローモデルとしてまとめられている。

あなたは、つまらない挑戦に対して創造的なプログラミングスキルを発揮しようとするでしょうか？　もちろん、そんなことはありません。その問題はもう何十回も解決されており、実装を繰り返すだけで、ほとんど創造性を必要としません。一方で、本物の挑戦には創造的なアプローチが求められます。それには、あなたの創造的なスキルが十分に磨かれている必要があります。いや、もう磨かれているはず！

人々は、作業中に難しい問題に没頭することを好みます。チクセントミハイは「参加者の54%が仕事中にフローを体験したことがある一方で、余暇中にそれを体験した人は18%に過ぎない」と述べています。おそらく、余暇中はたいてい休憩時間に当たるため、これは驚くべきことではありません。仕事のスキルが高くやりがいを感じている人は、より幸せで、より自信に満ち、より創造的で、より満足感を得ています。

チクセントミハイは、2つの重要なことを私たちに伝えています。フローはコントロールできること、そして、フローは達人や霊的指導者の専売特許ではないということです。スキルが足りないと感じているのなら、さらなる学びを始めるだけです。でも、挑戦できるものがないと感じていたら？　ひょっとしたら仕事自体を変えるときが来ているのかもしれません。

フローがより多いということは、より創造的であるということです。プログラマーに、創造的になるために必要なものを尋ねた際、回答者の1人は次のように答えました。

> 本当に全てがうまくいっていると感じられるなら、私は創造的です。つまり、雰囲気、自分が本当にフローの中にいる感覚、いわば、何かを成し遂げよう、何かしようと考える必要がなくなったような感覚です。

詳しく聞くと、さらに続けました。

> 個人的には、1人または複数人で、非常にリラックスした雰囲気の中、締め切りのプレッシャーもなく、締め切りがそこにあるという感覚もなく、何かに集中できているときです。

過度なプレッシャーは、フローを心配と不安に変えます。

最近の研究では、「心躍る探求」という概念が議論され、「フローが創造性に関する好奇心の側面とつながっている」と結論付けています[注4]。もしかしたら、心躍る探求とは、ダーウィンがガラパゴス諸島で新種を発見したときに感じたようなものなのかもしれません。次に時計を見て、「さっきの3時間はどこに行ってしまったんだ」と思ったら、自分に拍手を送ってください。おめでとうございます、あなたはフローを体験したのです！

演習

プログラミング中に、最後にフローを体験したのはいつですか？　具体的には、その作業の何が楽しかったのですか？　反対の質問もできます。最後にまったくフローに入れなかったのはいつですか？　振り返りをもとに、人生においてフローの発生を増やす方法はありますか？

※**注4**　Nicola S. Schutte and John M. Malouff『Connections between curiosity, flow and creativity』(Personality and Individual Differences, Vol152, 2020)。https://doi.org/10.1016/j.paid.2019.109555

　チクセントミハイが目の前の状況に没頭していることを**フロー**と呼ぶ一方で、カル・ニューポート（Cal Newport）は、深い集中状態を**ディープワーク**と呼んでいます[注5]。ディープワークは、変化を起こすために必要不可欠です。コンピュータサイエンスの理論家で生産性の評論家でもあるニューポートは、作業活動を2つのグループに分類しました。シャローワーク（認知的負荷が低く、流れ作業的な活動）とディープワーク（認知的負荷が高く、私たちを限界に追い込むような活動）です。ディープワークは価値を生み出しますが、シャローワークはやり残した作業をただ片付けるだけです。

　ほとんどの（プログラマーを含む）知的労働者全員が直面する問題は、**注意散漫**（distraction）です。注意散漫と割り込みは、シャローワークに取り組むのと同じような状態で認知的負荷の高い作業に取り組んでしまう原因となります。ご想像の通り、そして、おそらくあなた自身も経験したことがあると思いますが、これは生産性と創造性の両方に壊滅的な影響を及ぼします。シャローワークとディープワークのどちらも私たちを忙しくさせますが、活動と生産性、また生産性と創造性を混同してはいけません！

> ### ディープワーク vs. フロー
>
> 　ディープワークとフローの違いは何でしょうか？　フロー状態にある人も、注意散漫にならずに認知的負荷の高い作業（はい、図7.3を参照してください）に取り組んでいる（はい、フローの9つの原則を参照してください）のではないでしょうか？
>
> 　ニューポートによれば、ディープワークを行うことはフロー状態を生み出すのに適した活動だそうです。言い換えると、ディープワークは必ずしもフロー状態になっていることを保証するわけではありませんが、フローに入っているということは同時に「ディープに」作業をしているということを意味します。フローは充実している体験に関してであり、ディープワークは長時間の集中を可能にするためのフローの一部なのです。

　実質的に、カル・ニューポートの著書『Deep Work』の内容は、文化的な批評と、周りの騒音と割り込みを最小限にするための実用的なアドバイスを組み合わせたものになっています。会議を増やしても難しい問題が解決しないことは誰もが知っていますし、プッシュ通知、開いたままのメールボックス、オフィスのデスクに戦略的に置かれたスマートフォンといったものの破壊的な性質を誰もが十分に認識しています。しかし、私たちはそ

※注5　Cal Newport『Deep work: Rules for focused success in a distracted world』（Grand Central Publishing, 2016）2016）。邦訳『大事なことに集中する』（門田 美鈴 訳／ダイヤモンド社／ ISBN978-4-478-06855-7）。

れに対して無抵抗なのです。むしろ、技術が進歩するにつれ、問題はさらに悪化しているように感じます。にもかかわらず、学術界は「出版しないと滅びる」と叫び、産業界は「生産しないと成功しない」と叫びます。ニューポートは、この労働文化のパラドックスに光を当てようとしています。

> ディープ・ワークをおこなう能力は、現在の経済状況下でますます「価値が高く」なっていると同時に、能力自体はますます定価している。その結果、このスキルを磨き、それを仕事の中心にする少数の人だけが成功するだろう。

「第5章 批判的思考」で出てきた集中思考は、ディープワークです……注意散漫にさせるものを全て追い払えるのなら。

メッセージの通知をオフにするほかに、ディープワークを始めるベストな方法は何でしょうか？ ニューポートは、集中を高めるためのよい実践をシンプルな習慣に変えるように勧めています。注意深い読者であれば、これはほとんど驚くことではないでしょう。「第6章 好奇心」ですでに発見したように、意志力は有限な資源なのです。ロイ・バウマイスターの意志力に関する研究は、よい習慣は最終的に無意識へ浸透することで意志力の消耗を減らし、集中力を削ぐ煩わしいものを断ち切るためのエネルギーを多く残してくれることを証明しています。

毎日少しずつディープワークを行い、それを習慣化して、徐々にその集中した状態で過ごす時間を増やそうとしてください。気が付けば、あなたは本を書いています！

「注意を向けるものは成長するものである」という安っぽい言葉は、真実です。そして、内省的な作家であるウィニフレッド・ギャラハー（Winifred Gallagher）は、彼女の著書『Rapt』の中で、その言葉を科学的な根拠とともにうまくまとめています[注6]。私たちの脳は、私たちが注意を向けることに基づいて世界観を構築するのです。ギャラハーは「注意をうまく管理することは、よい人生の必要条件であり、あらゆる体験のほとんど全ての側面を向上させるための重要なポイントである」と結論付けています。

注意の管理には、創造性も含まれます。もし、思考するための入浴時間が常に中断されていたとしたら、アルキメデスは、今でも古典古代を代表する科学者や技術者の1人と見なされていたでしょうか？ 熟考モードで散歩するために時間を費やすことを大学が許可していなかったとしたら、アンリ・ポアンカレは定理を証明できたでしょうか？ オリバー兄弟の『Dizzy』の開発に費やした時間がマネージャーに注意深く監視されていたとしたら、大きな成功を収めたでしょうか？ たとえ大量の無意味な行政メール

※注6　Winifred Gallagher『Rapt: Attention and the focused life』（Penguin, 2009）

やニュースレターのメールに気を取られていたとしても、トーマス・エジソン（Thomas Edison）は大衆に電気を届けるよい方法を考え出す努力に粘り強く取り組んでいたでしょうか？　90年代初頭のcomp.os.minix[訳注2]ニュースグループが現代の割り込み型インスタントメッセージングシステムに置き換えられていたとしたら、リーナス・トーバルズはLinuxを設計して微調整する時間があったでしょうか？　私にはそうは思えません。

7.2.3　移動中のディープワークとフロー

フローに入るために、環境は重要でしょうか？　私たちソフトウェアエンジニアは「もちろん、重要です」と答えます。あるインタビューで、「全ての難しい問題は車の中で解決している」「よくあるのは、車の中で考えはすでにまとまっていて、職場に着くと、1時間ほどタイピングするだけ」と答えた人がいました。

ほかの参加者たちは同意を示すようにつぶやき、考えることは仕事の中の創造的なパートで、タイピング作業は「それを世に出す」ためだけの行為であるということが示唆されました。そして、散歩、シャワーを浴びること、地元の屋内プールでの運動など、創造的な心の状態を促す可能性がある活動について参加者たちは話し始めました。あるグループは、冗談混じりに、運転中に創造している人物を見つける方法を発見しました。「信号が青になったとき、後ろの車がいつもクラクションを鳴らさないといけないのであれば、たぶんそうです」と。

ポアンカレの創造性に関する潜在意識の理論は、それほど大きく外れていなかったようですね！　チクセントミハイの創造的な天才たちへのインタビューでも同様のことが示唆されており、「彼らの車は『考える機械』です。なぜなら、運転しているときにだけ、自分の問題を熟考して客観的に捉えられるほど十分にリラックスできるからです」と主張しています[※注7]。彼は次のように続けます。

> インタビューした人の中には、心配事があまりにも切迫してくると、月に1度、仕事の後に車へ乗り込み、シカゴからミシシッピまで半夜かけてドライブする人がいました。彼は車を止めて川を約30分間眺め、その後引き返して明け方にはシカゴに戻ってきます。長いドライブはセラピーとして機能し、彼が気持ちを整理するのを助けているのです。

訳注2　Linuxの原型となったMINIXを実用に耐えるOSにしようという試みが行われたニュースグループ。

※注7　Mihaly Csikszentmihalyi『Creativity: Flow and the psychology of discovery and invention 』（Harper Perennial, reprint edition, 2013）。邦訳『クリエイティヴィティ　フロー体験と創造性の心理学』（浅川 希洋志 監訳、須藤 祐二、石村 郁夫 訳／世界思想社／ ISBN978-4-7907-1690-7）。

働く場所の主観性

　創造的思考に最適な場所は、とても主観的なものです。これは当然のことですが、繰り返し述べておく必要があります。何年か前、毎日の通勤時間を往復3時間に延ばすように上司から「勧められ」ました。「なぁ、電車は仕事をするに本当にいい機会なんだぞ！」と、その上司は熱心に話します。私の抗議は無視され、最終的には仕方なく従いました。

　ナショナルノベルライティングマンス（NaNoWriMo）^{訳注3}のためのクレイジーな小説を除いて、私は電車の中で価値あるものを何も生み出せませんでした。乗り物酔いしやすいし、電車の狭い座席に詰め込まれながら働くのは好きではありません。さらにひどいのが、ベルギーの鉄道システムは決して時間通りではないことです。線路上で遊ぶ子供たち、凍ったケーブル、線路際の火事、自殺、または単純に故障、どれも私は聞いたことがあります。

　私にとって、電車で創造的な仕事をするのは悪夢のようなものです。それがあなたに合うのなら、それは素晴らしい！　ただ、それを「生産的だ」と呼び、長時間通勤をするように私を説得しようとは決してしないでください。

　カル・ニューポートとセス・ゴーディンは、長時間のフライトを、まさにディープワークをする絶好の機会として理想化しています。しかし、生産的で創造的になることは、母なる地球を犠牲にしてなされるべきではありません。ポワンカレだけが、二酸化炭素排出量ゼロの思考の散歩を推進した唯一の人物ではありませんでした。古代ギリシャの哲学者たちもまた、議論と思考と散歩を同時に楽しんでいたのです。実際、これらの哲学者たちは、歩いて考えること愛していたため、「第3章　コミュニケーション」の導入部分でも出てくるように、歩きながら考えることにちなんで、学派全体を「ペリパトス」と名付けています。有名な啓蒙思想家のイマヌエル・カントは、故郷であるドイツのケーニヒスベルクを歩きながら、外の世界に対する多くの洞察を得ていました。そして一度も故郷を離れることはなかったのです。カントは毎日の散歩が規則正しかったことで有名で、「ケーニヒスベルクの時計」というあだ名がついていたほどでした。

訳注3　毎年11月にインターネットで行われる小説執筆イベント。https://nanowrimo.org/

もしかしたら、最も興味深い散歩中の心の状態は、哲学者フリードリヒ・ニーチェのものかもしれません。彼は、1日に8 〜 10時間、深いドイツの黒い森（シュヴァルツヴァルト）を歩きながら、後で紙に書き留める考えをまとめていました[注8]。彼の不朽の名作は、散歩の哲学の中に満ち溢れています[注9]。

私たちは、本に刺激を受けて、本の中だけで発想するわけではない。私たちは、歩いたり、跳んだり、登ったり、踊ったり、外で考えることが習慣となっているのだ。特に、道でさえ思慮深い孤独な山や海の近くで考えるのが好きだ。

　歩くことが彼の哲学の中心だったのです。ニーチェは「可能な限り座るな。座るための肉体を持つことは、聖霊[訳注4]に反する罪である」と結論付けています。現代のフランス人哲学者であるフレデリック・グロ（Frédéric Gros）は、著書『A Philosophy of Walking』の中で「長時間散歩をすると、私たちは崇高なものと交わることができる」[注10]と述べています。ポアンカレの潜在自我と対話をすることとの驚くべき類似性は、偶然ではありません！

　最近の研究では、ハイキング中とその直後の両方で、歩くことが創造的な発想力を高めることが確認されています。マリリー・オッペゾ（Marily Oppezzo）とダニエル・L・シュワルツ（Daniel L. Schwartz）は、「散歩はアイデアの自由な流れを引き出し、創造性と身体活動の両方を向上させる素晴らしい方法である」[注11]と提案しています。とはいうものの……。

演習

立ち上がって、1人で散歩休憩をとりましょう。ペンと紙を持って行ってください。今まで読んだ内容について考え、それをプログラマーとしての日々の仕事にどう応用できるか考えてみてください。さぁ、お待ちしています。

※注8　ニーチェの認知症が進行して発狂したのは、孤独な散歩に執着するようになったことと関係があるかもしれない。

※注9　Friedrich Nietzsche『The gay science: With a prelude in rhymes and an appendix of songs.』（Vintage, 1974）。邦訳『ニーチェ全集8　悦ばしき知識』（信太 正三 訳／筑摩書房／ ISBN4-480-08078-3）。

訳注4　キリスト教の三位一体のうちの1つ。聖霊は、神の力としての神の存在を表す。

※注10　英訳『A philosophy of walking』（John Howe、Andy Bliss 訳／ Verso Trade ／ ISBN978-1804290446）。

※注11　『Give your ideas some legs: The positive effect of walking on creative thinking』（Journal of Experimental Psychology: Learning, Memory, and Cognition、2014年）。

　職場でウォーキングエクササイズをする勇気がなくても心配はいりません。勇気がないのは、おそらく、あなただけではないでしょう。雇用主は**生産的な**従業員を好むものです。デュアルスクリーンを配置し、うるさいメカニカルキーボードを打ち続けるプログラマーを見て大いに喜んでいます。「おぉ、みんなやっとるね！　お疲れさま！」と。創造的**思考**モードで廊下を歩き回っている従業員や、さらにひどいと数時間忽然と姿を消すチームメンバーを雇用主は見たくはありません。

　思考の散歩が一般的に疑いの目で見られるのは、とても悲しいことです。私の大学でも、カントやポワンカレの現代の化身のような存在は、ほとんど見かけません。代わりに、人類学者でアナーキストの故デヴィッド・グレーバー（David Graeber）が好んで使った事務的な「クソどうでもいい仕事（bullshit jobs）」に、学者たちは忙殺されています[注12]。

　数年前、同僚と私は、緊急のホットフィックスをリリースするために競っていました。実際、これはある種の「創造的なワークアラウンド」が必要だったのです。私たちは、休憩をスキップしてノンストップで働き、ついに実現可能な解決策に辿り着きました。自分たちをほめ称えた後、私たちはカフェテリアでトランプをして短い休憩を取っています。5分後、上司が通りかかりました。彼は「まだ午後3時だというのにカードをやるとはいい度胸だな！！」と激怒しています。私たちは謝り、静かにデスクに戻りました。本当はいつも以上に一生懸命（そして、より創造的）に働いていたにもかかわらず、遅めの昼休みが私たちを怠け者のように見せてしまったのです。ただ、従来の就業規則に従っていなかっただけなのに。

> **生産的なふりをすること**
>
> 　デイビッド・グレーバーの著書『Bullshit jobs: A theory』では、上司に喜んでもらうために生産的なふりをする、従業員の愉快で不快なエピソードが紹介されています。たとえば、ある人はコマンドラインブラウザのLynxをインストールしました。これによって彼はターミナルで一日中スクリプトを書いている専門家のように見えましたが、実際はWikipediaの記事を編集していたのです。

[注12]　David Graeber『Bullshit jobs: A theory』（Simon & Schuster, 2018）。邦訳『ブルシット・ジョブ　クソどうでもいい仕事の理論』（酒井 隆史、芳賀 達彦、森田 和樹 訳／岩波書店／ ISBN978-4-00-061413-9）。

あまりにも多くのテック企業のマネージャーが「プログラミングは創造的な仕事である」ということを全面的に支持すると主張しているのに、依然として「プログラミングは創造的な自由をほとんど必要としないデスクワークだ」と、内心では思っています。オリバー兄弟は、行き詰まったとき、テレビ番組を視聴したり、ほかのビデオゲームをプレイしたりしました。そういった行為が、彼らにインスピレーションを与え、**さらに**リラックスもさせてくれていたのです。もし彼らが小さい個室に閉じ込められ、すぐに「作業」に戻されていたとしたら、どうなっていたと思いますか？

こういった理由から、たいていは独立した制作者が最も創造的な存在となるのです。そのような人々も納期や出版社と仕事をしてはいるものの、何ができて何ができないかを教える人は周りに誰もいません。独立性は、創造的スキルの発達をもたらす要素として長い間認められています。1970年代、心理学者のジョイ・ギルフォード（Joy Guilford）は、好奇心と自省に並ぶ創造性の特徴として独立性に言及しました[注13]。20年後、創造性の研究者のマーク・ルンコは、「高いIQを持つ学生たちの独立性と拡散思考との間には、正の相関関係がある」と述べました[注14]。同じテーマに関する最近の論文はどれも、「自由」「自律」「独立性」のいずれかに言及しているようです。

ソフトウェア開発の世界では、複雑な問題のほとんどは、コンピューターの前にいるときやミーティング中には解決されません。そのような問題は、ジムや車の中、散歩中に解決されます。もちろん、その解決策を実装するためにキーボードは必要ですが。

創造的自由への支持をどのように増やせますか？　上司に『クリエイティブプログラマー』読書グループへの参加を勧めてみましょう！　「7.5　企業の創造的な心の状態」では、企業文化の影響についてより深く掘り下げます。

7.3　割り込み！

コンピューターアーキテクチャでは、割り込みは、プロセッサに対する命令の実行を停止する要求として機能し、現在のプログラムが終了するのを待たずにイベントを処理できるようにします。たとえば、Serial Link Interrupt 0x0058は、割り込みフラグがオンになっている場合、シャープ製CPUのLR35902[訳注5]の実行を一時停止し、ネットワークデータを受信したことを通知します。割り込みハンドラーが定義されている場合、CPUは

※注13　Joy P. Guilford『Characteristics of creativity』（Illinois State Office of the Superintendent of Public Instruction, pp10, 1973）。https://eric.ed.gov/?id=ED080171

※注14　Mark A. Runco『A longitudinal study of exceptional giftedness and creativity』（Creativity Research Journal, Vol12, Issue2, pp161-164, 1999）。

訳注5　ゲームボーイで採用されているCPUでサウンドなどの機能も組み込まれている。「カスタムZ80」と呼ばれることもある。

その関数を一時的に評価し、その後で中断された命令の実行を再開します。

　創造的な心の状態も同様です。私たちは、現在の仕事を思いがけず中断されることがあります。それは、突然頭の中に浮かんだアイデアのような内的要因であったり、多数の外部からの問い合わせであったりします。「第2章　専門知識」で登場したエリザベス・ギルバートならば、図7.4で示すようなことが起きた場合、ひらめいたアイデアを忘れてしまわないように、中断した作業に戻る前に、どんな形でもいいから残しておけというでしょう。

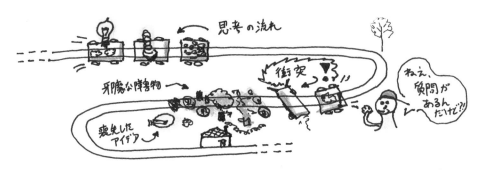

⚠ **図7.4**　アイデアが失われる可能性を示す、思考の流れの衝突

　まさにCPUのように、私たちは、保留中の割り込みを認識し、割り込みの種類と出所を特定し、それに対してどのような処理を行うかを決定し、効率的にコンテキストスイッチを行い、最終的に中断された作業を再開しなければなりません。あれ、私は何をしていたんだっけ？

　突然の中断は、列車が脱線するようなレベルで、私たちの思考の流れを妨げることがあります。こう考えてみましょう。非トランザクショナルなリレーショナルデータベースの書き込み操作が中断されると、データを損失する可能性があります。知的労働において、創造的なアイデアを失うこと以上に悪いことなんてあるでしょうか？

　衝突は、あなたの思考の列車を衝突させ、その積荷（貴重なアイデア）を散乱させるだけでなく、徹底的な後始末も必要になります。列車の線路は、がれきで覆われています。より多くのアイデアを得たいのであれば、そのがれきを素早く片付けなければなりません。これはまさに、作業から作業へとコンテキストスイッチするときに起こります。そして、私たちが元の軌道に戻るためには、約20分のクールダウンが必要になるのです。

ソフトウェアエンジニアの生産性に関する研究では、379人のインタビュー対象者のほとんどが、「大きな中断やコンテキストスイッチがなくタスクが完了しているときは、日々生産的であると感じる」と答えました[注15]。しかし、観測的研究の後半では、非常に多くの中断やコンテキストスイッチが毎日起こっていることを明らかにしています。特に創造的な作業が関わる場合、コンテキストスイッチの影響はさらに悪化しました。また、より集中力を要する創造的な作業からの切り替えのほうが、ルーティン作業からの切り替えよりもコストがかかります。

ジョエル・スポルスキ（Joel Spolsky：Stack Overflowの共同創設者）が自身のテックブログで書いたように、プログラミングは「短期記憶にある多くの細かい情報を一度に処理できるかどうかにかかっている」ことを全てのエンジニアが知っています[注16]。そして、中断されると生産性だけではなく創造性も損なうリスクがあるのです！　プログラミングについての多くの書籍では、中断が生産性に与えるネガティブな影響については言及していますが、創造性についてはまったく言及していません。そこで問題となるのは、「避けられない列車事故に対して、どうすれば適切に備えられるのか？」という点です。

7.3.1 中断への意識を高めること

アンドレ・マイヤー（André Meyer）と同僚による前述の研究は、より適切にエンジニアの仕事を管理、改善するための議論を行い、より高い生産性レベルを実現するポイントについて結論付けています。研究者たちは、次の3つのポイントを特定しました。

最初のポイントは、**レトロスペクティブ分析**[訳注6]**用のツール**を使うことです。プログラミング活動を監視することで、起こり得そうな中断パターンが明らかになる可能性があります。意識することが、常に最初の一歩です。ポモドーロアプリや時間追跡ソフトウェア、Fitbitアクティビティトラッキングデバイスなど、シンプルで人気のあるツールを試してみる価値はあります。

[注15]　André N. Meyer, Thomas Fritz, Gail C. Murphy, and Thomas Zimmermann『Software developers' perceptions of productivity』（Proceedings of the 22nd ACM SIGSOFT International Symposium on Foundations of Software Engineering, pp19-29, 2014）。https://doi.org/10.1145/2635868.2635892

[注16]　https://www.joelonsoftware.com/2000/04/19/where-do-these-people-get-their-unoriginal-ideas/

訳注6　過去のデータや情報に基づいて行われる分析。

> ### キッチンタイマーがコーディングの生産性を向上させる
>
> 　ポモドーロテクニックでは、よくあるキッチンタイマーを使用します。最適なのは**ポモドーロ**、つまりトマトの形をしたタイマーです。作業を約25分間隔に分割し、5〜10分の休憩を挟みます。いわゆるポモドーロを4回行ったあとは、より長い休憩を取ります。このテクニックは、フローを中断するネガティブな副作用を減らすだけではなく、内部および外部からの中断に対処するための手段としても使えるのです。
>
> 　ポモドーロは、80年代末にタイムマネジメントの手段として初めて紹介されましたが、最近ではプログラマーの間でも人気が集まっています[※注a]。もちろん、コーディング作業に集中するためのトマトの形をしたアプリもたくさんあり、中には、気を散らせるものやインターネット接続を無効化する機能まで備えているものもあります。

　2つ目のポイントは、**コンテキストスイッチを減らす**ことです。インタビュー対象者によれば、ビルドを待つ間にメールを読むような素早いコンテキストスイッチは生産性に影響を与えないものの、思考の切り替えを必要とするコンテキストスイッチは、はるかにコストが高いそうです。私には、にわかに信じられません。というのも、そのメールの内容は、あなたがビルドしているものとはおそらく別のトピックであり、それに返信するためには思考の切り替えが必要である可能性が高いからです。もちろん、メールの受信トレイを閉じておけば、この問題を回避できます。もしくはビルド時間を短縮する、あるいはビルドをまったくしないなんてのはどうでしょう？

　3つ目のポイントは、**目標を設定する**ことです。セルフモニタリング[訳注7]と組み合わせた目標設定は、行動変革を促進する効果があることが以前から示されています。ただし、「通常（企業の）目標には、より（厳格な）監視が伴うため、中断を減らすどころか、むしろ増やしている」と、一部の参加者ははっきりと述べています。

7.3.2　中断に備える

　（完全に避ける以外の）中断問題に対する最もシンプルな解決策は、意外なことに、この研究では言及されていませんでした。その解決策とは、書き留めておくことです！列車が全速力で接近してくるのが見えたら、浮かんだ内容をさっと確認し、さくっとメモに書き留め、**その後**で衝突しましょう。

※注a　Staffan Nöteberg『Pomodoro technique illustrated: The easy way to do more in less time』(The Pragmatic Bookshelf, 2009)。邦訳『アジャイルな時間管理術　ポモドーロテクニック入門』(渋川 よしき、渋川 あき 訳／アスキー・メディアワークス／ ISBN978-4-04-868952-6)。

訳注7　自分の体調や気分、行動などを記録し、観察・分析した上で次の行動につなげていく習慣。

ただし、災害ツーリスト^{訳注8}にならないようにしてください。定期的な列車事故は、鉄道の状態を不安定にします。研究によれば、長期的かつ頻繁な中断は、作業記憶やメンタルヘルスにまで悪影響を与えることが示されています。

研究と私自身の仕事の経験でも、作業が中断されると、作業記憶にある重要な情報が失われることを示唆しています。結果的に、仕事を再開するのを難しくしているのかもしれません。私は何をしていたんだっけ？　何のテストを書こうとしていた？　どんなアイデアが浮かんでたんだっけ？　先ほども述べたように、このウォームアップとクールダウンには、最大で20分かかる可能性があるのです！

フェリエンヌ・ヘルマンスは、その著書『The Programmer's Brain』（「第5章 批判的思考」参照）の中で、中断とその扱い方について1章を割いています。彼女のアドバイスは、書き留めるというシンプルで効果的なものです。ほかの人があなたを中断する前に、あなたのメンタルモデル^{訳注9}を記録しておきましょう。スクリーン上や紙にあなたの脳内を素早く書き出して、自分のための道標を残しておきましょう。考えていたことや、行おうとしていたことを全て書き出してください。コンパイルできなくても構いません。文法やスペースのことは気にしないでください。こうすることで、はるかに素早く正しい軌道に戻れるのです。

ざっと書かれた付箋紙メモの問題は、文脈の欠如です。個人の知識管理システムにおけるアイデアは、「第2章　専門知識」で述べたように、それ自身で自己完結しているべきであることを思い出してください。文脈を保持しようとしているのにもかからず、TODO項目を数日後に読み直すと、間違いなく意味がわからなくなっています。私は、いくつかのキーワードをサッとメモしてからほかの作業に戻ったものの、後でそのメモを読み解くことができないという間違いを何度も何度も犯してきました。

中断後すぐに作業を再開するか、あとで思い出すためにメモへ十分な文脈を追加するか、どちらかを確実に行なってください。「真っ白な状態で1日を終わらせるな」という著名な小説家たちからのアドバイスも同じことを伝えています。ある章を書き終わったら、次章の数文を書いてください。この持続的な精神状態によって、翌日よいスタートが切れるでしょう。コーダーやライターからのより実践的なアドバイスについては、「第8章 創造的なテクニック」で詳しく説明します。

訳注8　自然災害や人為的災害が発生した後の地域を訪れる人々のこと。興味本位や好奇心から、被災地の状況を直接見たいという動機によって行われることが多い。

訳注9　個人の実世界に対する認識や解釈に関する認知モデル。

7.3.3 どの中断に注意すべきかを知る

全ての中断が、私たちの創造的なフローに同じダメージを与えるわけではありません。SlackやWhatsApp上のインスタントメッセージは、しばらく後回しにできます。あなたの上司は緊急の問題をすぐに解決するように怒鳴るかもしれませんが、おそらく緊急ではありません。私たちは、主に中断を**外部からの**厄介者と見ていますが、実はそれはごく一部に過ぎません。

2018年、どういった中断がほかの中断よりもソフトウェア開発中に問題を起こすのかを調査した、大学縦断の研究が公表されました[※注17]。それによると、優先順位といった明らかに**タスク固有の要因**のほかに、中断の種類やタイミングといった**文脈的な要因**も潜在的に有害なことがわかったのです！ 回答者たちは外部からの中断がフロー状態に最も有害だと考えていましたが、分析の結果、自発的なタスクスイッチのほうが破壊的であることが明らかになりました。

別の行動実験では、瞳孔の広がりを詳しく調査して、自己中断にかかる余分な時間を測定しました。1回の自己中断には、約1秒かかります[※注18]。たった1秒なら問題にならないように思えますが、こう考えてみてください。研究者たちは、メールを開けて一部を読むだけで、平均5回もの中断を計測したのです。1日の労働時間の中で、どれだけ潜在的に創造的な時間が失われているか、想像してみてください。

演習

次の連続1時間のプログラミング時間中に、あなたが体験した中断の数を紙に書いて追跡してください。そして、内部からの中断と外部からの中断を別々にマークしてください。自己中断については正直に書きましょう。この演習を数回繰り返してください。たとえば、月曜日と火曜日の朝と午後に行うなど。結果はどうなりましたか？驚きましたか？ 最も創造的な活動は、いつ行われていましたか？

※**注17** Zahra Shakeri, Hossein Abad, Oliver Karras, Kurt Schneider, Ken Barker, and Mike Bauer『Task interruption in Software development projects: What makes some interruptions more disruptive than others?』（Proceedings of the 22nd International Conference on Evaluation and Assessment in Software Engineering, 2018）。https://doi.org/10.48550/arXiv.1805.05508

※**注18** Ioanna Katidioti, Jelmer P. Borst, Marieke K. Van Vugt, and Niels A Taatgen『Interrupt me: External interruptions are less disruptive than self-interruptions』（Computers in Human Behavior, Vol63, pp906-915, 2016）。https://doi.org/10.1016/j.chb.2016.06.037

自己中断の数を減らすには、「第6章　好奇心」で説明されているように、意志力に頼る必要があります。もちろん、心がさまよっているときは休憩するタイミングかもしれません。2分前にすでに休憩していなければ……そういったときは、新しい領域を探求すると、もしかしたら、とても驚くようなことが起きるかもしれません。

全ての中断が無駄だとは限りません。「第2章　専門知識」で出会った名高い社会学者のニクラス・ルーマンは、行き詰まったときは、ほかに取り組んでいた作業にコンテキストスイッチしていました。ルーマンは、常に複数の興味を持って仕事に取り組んでおり、この戦略は異なる領域間でアイデアが交配する可能性をさらに高めていたのです。

同僚と意見交換するためにあえて中断することは、生産性を向上させる方法と捉えることもできます。2018年に行われた長期間の行動研究の参加者の1人は、次のように述べています。

> 私と同じプロジェクトに取り組んでいる人とアイデアを交換できれば、それは生産的なタスクスイッチになります。また、迅速なバグのトリアージ[訳注10]のような緊急の状況でも同様です。

中断という観点で、ペアプログラミングについて説明するのは少しばかげたように聞こえます。おそらく、もっと興味深いのは、中断による悪影響が及ぶ時間帯でしょう。午後は回復するのが難しい開発者もいれば、午前中に苦労する開発者もいます。

「邪魔しないで」クリスマスライト

誰かと一緒に仕事をしているとき、いつ質問してその人の作業を中断するかを決める際、その人の好みの時間帯を配慮するのはいつも難しく感じます。前の雇用主に対しては、個人用の「今忙しいんだよライト」を導入してみました。ライトが点灯しているときは、「邪魔しないで」時間です。

悲しいことに、経営陣は「邪魔しないで」ライトをいつも無視し、さらに、ライトの悪用疑惑もかかってしまいました。結局、ライトで明るく照らされていたオフィスの風景は、あっという間に憂うつな灰色の風景に戻ってしまったのです。

訳注10　多くの傷病者が発生している状況において、傷病の緊急度や重症度に応じた優先度を決めること。ここでは、ソフトウェアのバグが報告された際、開発者側で「深刻な問題か、緊急に対応が必要か」などの観点から、それを分類するという意味で使われている。

マインドフルネスは集中力を高める

　純粋な意志力だけで自己中断に対抗することは、スーパーマンにしか成し遂げられない偉業のように思えます。「第5章　批判的思考」で初めて見たように、ジョナサン・スクーラーがマインドワンダリングを調査した際、集中力は、まさに意志力と同じようなものだということを発見しました。つまり、集中力は鍛えることができる筋肉なのです。鍛えるための最も簡単な手段は、非常に古くから伝わり、一見単純に見える**マインドフルネス**（mindfulness）という方法を使うことです。

> 　私たちの調査結果では、注意焦点[訳注11]を高めるためのトレーニングが、最近まで不変だと思われてきた認知スキルの向上の鍵となる……可能性があることを示唆している。したがって、マインドワンダリングについて楽観的になるのに十分な根拠がある。実際に、知覚、認知、行動に対して記録された負荷の多くは、マインドフルネスとして知られている古くから伝わる解毒剤のようなものを適用することで改善されるようだ。

　私たちは、マインドフルネスを創造性に単につなげただけなのでしょうか？マインドフルネスを通じた集中力の向上は、2008年のアンディ・ハントの著書『Pragmatic Thinking and Learning』で、すでに言及されていました。創造性とマインドフルネスの相反する関係は、最近学術界で急速に関心が高まっています。公表された89件の相関関係をメタ分析したところ、2つの概念の間には、わずかながらも統計的に有意な相関が見つかりました[※注19]。

　つまり、どういうことでしょうか？　その効果は、創造性（洞察 vs. 拡散思考）の測定方法とマインドフルネスの種類（観察 vs. 意識的な行動）次第であるように感じました。ほかの研究は、慎重ながらも楽観的です。つまり、マインドフルネスを実践することで、実際に創造性をサポート**する可能性がある**心のスキルや習慣が改善されるということです[※注20]。**可能性がある**という点に注目してください。マインドフルネスの専門家になったからといって、創造的な成功が保証されるわけではありません。単に私たちの注意力の持続時間を高めるだけです。創造的洞察を生み出すためには、まだたくさんの努力が必要になります。

訳注11　個人が注意を向ける対象や活動の特定の側面に関する心理学の概念。

※注19　Izabela Lebuda, Darya L. Zabelina, and Maciej Karwowski『Mind full of ideas: A meta-analysis of the mindfulness–creativity link』（Personality and Individual Differences, Vol93, pp22-26, 2016）。https://psycnet.apa.org/doi/10.1016/j.paid.2015.09.040

※注20　Danah Henriksen, Carmen Richardson, and Kyle Shack『Mindfulness and creativity: Implications for thinking and learning』（Thinking Skills and Creativity, Vol37, 2020）。https://doi.org/10.1016/j.tsc.2020.100689

7.4　創造的洞察を引き起こすこと

　私の妻は犯罪シリーズに夢中です。彼女は、よい殺人が関わるあらゆる番組を楽しんでいます。各エピソードの最高なシーンは、もちろん、結末に設定された大きな謎解きパートです。**お待たせいたしました**。探偵は、突然ひらめいたアイデアをそこで披露します。まだ困惑している同僚を置き去りにしつつ、探偵は、悪者を逮捕して関係者全員の前で卑劣な犯行を明らかにするために飛び出します。このシナリオも、突然のひらめきを美化する典型的なケースです。イギリスとフランスが共同制作した、カリブ海の素晴らしい風景とユーモアが盛り込まれたテレビシリーズ『Death in Paradise』^{訳注12}を特にお勧めします。この番組は、突然の気づきの瞬間と、容疑者たちを集めて証拠をもとに犯行について語ることで知られています。

　そろそろ、「第5章　批判的思考」の創造的プロセスの全てのステージ、すなわち「準備、培養、発現、検証、提示／受容」について、あなたはもう十分に詳しくなっているはずです。アルキメデス、ポアンカレ、オリバー兄弟は、発現される前の培養ステージの重要性を強調しました。ポアンカレの創造性に関する潜在意識理論は、「準備が90％、発現が10％」と、潜在的な洞察が生まれる前の意識的な作業（準備）の重要性を主張しています。

　観察の鋭い犯罪ドラマの視聴者は、捜査官がゆっくりと着実にさまざまな手がかり（準備）を集め、それらをつなぎ合わせる様子を注意深く追いかけます。一部の手がかりは、全体像に当てはめるまで意味がわかりません。夢中にさせる瞬間が次々と起こった後、フィナーレ（発現）の時間がやって来ます。

　時間効率に取り憑かれているマネージャーは、**突然**のひらめきがどこからともなくやって来るというおとぎ話をたやすく信じてしまうかもしれませんが、クリエイティブプログラマーは、そう簡単には**騙**されません。おそらく**徐々に**という言葉のほうがより適切でしょう。アメリカの小説家のジャック・ロンドン（Jack London）は「インスピレーションがやってくるのを待ってはいられない。こん棒を持って追いかけるしかない」と述べています。

　次のセクションでは、**洞察**と呼ばれる黄金の鳥^{訳注13}を探す際に考慮するべき、さらなる要素について説明します。

訳注12　イギリスBBCが製作・放送するミステリードラマ。日本では「ミステリー in パラダイス」として「ミステリーチャンネル」（CS放送）で放送されている。カリブ海にある架空の島「セント・マリー島」を舞台に、事件を捜査する刑事たちを中心にした物語が1話完結で放送される。主人公が事件の真相を解明する直前に、容疑者の相関図の前で急速な閃きと洞察があり、一か所に容疑者全員を集め推理を披露し、犯人を特定する。真実はいつも1つ。

訳注13　グリム童話のうちの1つ。

　ニーチェ、カント、ポアンカレといった著名な学者たちの思考の散歩は、1人で行っていたようです。これらは意図的な決断だったのでしょうか？　ニーチェと同時代の多くの人々が、反社会的なナルシストと一緒にハイキングしたがったとは思えません。「第3章　コミュニケーション」で紹介したコミュニケーションの中での洞察を念頭に置くと、思考の散歩の多くの利点が見えてきます。現代のソフトウェア開発は集団の努力であることから、1人で難問を抱えて悩むのは合理的ではないでしょう。アリストテレスと彼の弟子たちもまた、第3章の冒頭で言及したように、さまざまな哲学的トピックを議論しながらアテネ中を散策するのが大好きでした。結局、1人で思考の散歩をするのと、よい仲間とともにするのは、どちらがより深い洞察をもたらすのでしょうか？

　本書の全ての質問と同じく、答えは「一概にはいえない」です。曖昧な点が気に障らないことを願っています。私がいいたいことを視覚化してみましょう。

　図7.5は、思考を表現するための5つの異なる方法を示しています。私たちが持っている**データ**は、最初はバラバラです。ゴミを整理することで、データは**情報**に発展していきます。一部はxであり、ほかはyです。素晴らしい、何かに向かって進んでいます！　では、経験と実践を通じて別々の部分をつなげてみるとどうでしょう？　リレーショナルデータベースは、外部キー制約を使って**知識**を表現します。

　しかし、これまでの関係が、親子関係であることは明らかです。洞察が起きるとき、私たちは、一見関係なさそうな情報の断片の間に新しいつながりを作ります。最後に、異なる洞察ノード間の特定のパスが意味をなすとき、本物の**知恵**を生み出したことになるのです。

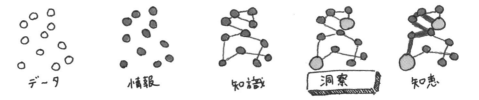

●**図7.5**　見かけ上はつながりのないデータから、洞察、そして知恵への進化。Gapingvoid Culture Design Group に基づいたアイデア。

　この素晴らしいイラストの1つに最初に出会ったのは、Gapingvoid Culture Design Group のWebサイトでした[注21]。このグループ企業は、ほかの組織が企業文化を変革するための支援を専門としています。Gapingvoidは、企業文化の兆候やプロセスを調査し

※**注21**　https://www.gapingvoid.com/

て説明するためにこの図を使っていますが、私たちは個人の洞察を説明するために同じものが使えます

　確かに、この図は部分的にしか完成しておらず、外部からの影響、（ほぼ）何もない状態からのスタート、フィードバックの流れ、これらの全てが追加される場合もあります。第3章のシンマセシーの概念を思い出してみてください。私の限られた描画スキルでは、両方のアイデアを組み合わせると間違いなくめちゃくちゃになっていたでしょう。

　それでも、図7.5のメッセージの核は変わりません。新しい洞察を得るためには、次の2つのことを行う必要があります。

1. 点を**集める**
2. 点と点を**つなげる**

　点を集めるには、他者からの点も含めた入力が必要です。活発な議論は、間違いなく点を集める役に立ちます。対照的に、点と点をつなぐことは、より個人的なプロセスです。全ての人の思考列車が、同じように設計され、同じ速度で進み、同じ線路を使うわけではありません。これは、ペアプログラミングセッションで多くのフラストレーションが溜まる原因です。専門家と初心者を組み合わせることが、常に知識を伝達するためのベストな方法ではありません。専門家は、たいてい十歩先を行っており、自分が心得ている細かい詳細を説明したがりません。一方で、初心者は、ついていくのがやっとな状態で、その途中で大切な貨物を失ってしまいます。

　他者と一緒に点を集めましょう。そして、1人で点と点をつなげましょう。少なくとも、他者がその人自身のペースで新しい情報を考えて処理できるように、十分な余裕を与えてください。私は、終日ペアプログラミングを強制する会社で働いたことがあります。それはそれで充実していましたが、同時にとても疲れました。これほど短い時間に、これほど多くを学んだことはありません。しかし、本当の洞察とは？　それは主に勤務時間の前後に起こりました。勤務時間中は、ただ物事をゆっくり考える時間がなかったのです！私は、脱線しないようにペースを維持するので精一杯でした。

　後に働いた会社では、ペアプログラミングをたまにしか取り入れず、自分のペースで新しい知識を処理するための余裕がありました。しかし、この場合にも、真の仲間意識が薄かったり、ベストプラクティスの共有が遅れたりするなどのデメリットがあります。また、100％ペアプログラミングの仕事も、内向的な人にとっては非常につらいものです。私はペアプログラミングを強く支持していますが、クリエイティブプログラマーに関していえば、たまに離れることは間違いなく有益でしょう……お互いのために。

学術研究者になって以来、私は自由に活動していますが、これは諸刃の剣です。一方では、点と点をつなげることで報酬を得ることに解放感を感じています。しかしもう一方では、ペアプログラミングのパートナーであれば気づいていたであろう点を定期的に見落とすことがあり、とても孤独を感じるのです。

「フローと集中は、創造的であるための2つの特徴であり、だんだんと迫ってくる締め切りの恐怖から解放してくれる」といっていたインタビュー対象者を覚えていますか？実は、仕事中の真の創造性について、彼はかなり悲観的な意見を持っていました。

> 仕事中、真に創造的になることはとても少ないと思います。……私にとって、それは、むしろ自分の頭の中に入り込み、実際に自分の世界にいるという感覚なのです。

彼が本当にいいたかったのは、創造性には点と点をつなげる作業が含まれているため、1人で過ごす時間（あるいは休憩時間）が必要だということです。議論が進むにつれて、彼は創造性の究極の証明として**アハ体験**を挙げました。しかし、ほとんどの参加者によると、通常、それはデスクワーク中には起こらないそうです。

私が話した全てのプログラマーは、10％の発現を信奉しています。不思議なことに、そこに到達するために必要な90％の準備、つまり、コードベースの深堀り、テストされていないメソッドの調査、誤用されたパターンを次から次へと通り抜けること、バグレポートの解読、ただの確認のためだけの同じ機能についての6回目の議論などについては、誰も言及しませんでした。みんな、点を集めていないの？　点と点をつなげていないの？

7.4.2　睡眠と洞察

多くの著名なクリエイターは、良質な睡眠が洞察の源だと考えています。（良質な）睡眠が創造性を促進することは、私自身の豊富な経験上からいっても、確かであると支持します。私たちが眠っている間、時間の経過に伴う自己連続性[訳注14]と空間認識を担当する脳の領域である海馬は、その日の印象を自由自在に操作し、つなげているのです。神経科学者のマット・ウィルソン（Matt Wilson）は、それをまるで意図的な行動であるかのようにいいます[※注22]。

訳注14　自己が経時的に同一の存在としてつながっているという感覚。

※注22　M. R. O'Connor『Wayfinding: The science and mystery of how humans navigate the world』（St. Martin's Press, 2019）。邦訳『WAYFINDING 道を見つける力：人類はナビゲーションで進化した』（梅田 智世 訳／発行：インターシフト、発売：合同出版／ ISBN978-4-7726-9571-8）。

> 睡眠中、人は既に学んだことを理解しようとする……経験が膨大に記憶されたデータベースにアクセスし、新たな関連性を見つけ、新しい経験を解釈するためのモデルを作り出すのだ。知恵とは、この先出会う新しい状況で適切な決断をするための、経験に基づいたルールなのである。

　私たちは、睡眠がその役割を果たすのをただじっと待つ必要はありません。行動科学者のシモーネ・リッター（Simone Ritter）と彼女の研究チームは、密かに香りを拡散させることが創造性を促進することを発見しました[※注23]。夜、寝る前に、参加者には創造的な解決策を必要とする問題を提示します。問題を提示する際、隠れたディフューザーが、ある香りを拡散します。眠っている間、参加者の1つのグループには問題を提示したときと同じ香りを拡散し、別のグループには別の香りを拡散しました。もう1つのグループには香りを拡散しません。翌朝、起床直後に参加者らの解決策を見せてもらうと、寝ている間に問題提示時と同じ香りを嗅いでいた最初のグループが、ほかのグループよりもはるかに創造的であることがわかったのです。

　リッターは、これを「睡眠中のタスクの再活性」と呼んでいます。参加者数が非常に少なく、60年代に作られた古い創造性評価方法が使われましたが、ここでのメッセージは明確です。私たちの睡眠が、これまで関連のなかった情報をつなぎ合わせられること、そして、そういった現象を能動的に引き起こせる可能性があるということです。疑問に思われているかもしれないのでお伝えすると、オレンジバニラが勝利の香りでした。

　デクスターがテレビアニメ『デクスターズラボ』[訳注15]のエピソードで「ねえ、勉強なんて誰が必要なんだい？　僕の天才的な才能があれば、寝ている間に勉強できるよ！」と宣言したのは、もしかしたら正しかったのかもしれません。彼が心地よく眠っている間に、「潜在意識記憶促進ステレオ」が必要なフランス語の単語を頭に入れてくれるのでしょう（http://mng.bz/D4oV）。ただし、レコードが**Omelette du Fromage**（チーズオムレツ）のフレーズで引っかからないように気を付けてください[訳注16]。

※注23　Simone M. Ritter, Madelijn Strick, Maarten W. Bos, Rick B. Van Baaren, and A. P. Dijksterhuis『Good morning creativity: Task reactivation during sleep enhances beneficial effect of sleep on creative performance』（Journal of Sleep Research, Vol21,Issue6, pp643-647, 2012）。https://doi.org/10.1111/j.1365-2869.2012.01006.x

訳注15　アメリカのアニメ専門チャンネル「Cartoon Network」が制作し、放送しているアニメ。天才少年デクスターを中心に、彼の姉ディディや両親、ライバルのマンダークらとともに繰り広げられるコメディ。日本では、国内外のアニメの専門チャンネル「カートゥーン ネットワーク」で放送されている。

訳注16　このエピソードは、https://www.youtube.com/watch?v=vNhFf0-THHwで冒頭だけを視聴できる。

7.4.3 精神刺激物に関する注意事項

プログラマーはコーヒーが大好きです。これは、私たちが何回かフォーカスグループを実施して辿り着いた結論です。創造性に対するコーヒーの効果は、2つ見られます。まず、そして、もしかしたら一番重要なのは、コーヒーマシンや給水機まで歩くこと自体が点と点をつなげるのに十分な活動であることです。参加者のうちの1人が次のように説明してくれました。

> ……コーヒー、ある意味では、何かをしていて行き詰まり、コーヒーを飲みに行くために立ち上がって戻ってくる最中に、問題を解決するかもしれない何かが思い浮かぶのかもしれません。

別の参加者は、冗談めかしながら、コーヒーをたくさん飲むとトイレの回数も増えるといいましたが、それによって（気分転換以外の）何かが引き起こされる可能性もあります。現代のプログラマーにとって、コーヒーやほかの飲み物を飲むことは、アルキメデスにとっての入浴と同じなのです。

コーヒーには別の有名な効果があります。あるプログラマーが述べたように、カフェインは「脳をより速く動かす」のです。確かに私たちの集中力は高まります。しかし、コーヒーを飲みすぎると、独創的なアイデアを思いつくために必要なツールである拡散思考モード（「5.2.3　拡散思考」参照）から締め出されてしまう可能性があるということは、あまり知られていません。

芸術における精神刺激物と創造性の関係に関する文献をレビューしている中で、イアイン・スミス（Iain Smith）は、「精神刺激物は集中思考を促進する能力が主な作用機構であるが、拡散思考を抑制するような代償を伴う」と結論付けています[注24]。古代ギリシャ人は、哲学的な議論の際に希釈されたワイン[訳注17]を飲んで認知の壁[訳注18]を崩していました。ニコチンとカフェインは、作家が言葉を紙に書き起こし、自分の創造的な仕事を評価するためによく利用されています。しかし、何かを構想したり熟考したりする際のベストな方法は、頭をクリアにすることです。

[注24]　Iain Smith『Psychostimulants and artistic, musical, and literary creativity』（International Review of Neurobiology、2015年）。

[訳注17]　古代ギリシアのワインは、生のままでは飲めないくらい濃厚で粘り気があるものだった。そのため、古代ギリシアでは、希釈しないワインを飲むのは「無作法」と見なされていた。

[訳注18]　人とアイデアの間にある知的な壁のことで、そのアイデアとつながり、理解することを妨げる。

精神刺激物の脳への影響の研究は、それ自体で独自の研究領域です。最近の研究結果をまとめることは、本書の範囲を超えています。深く掘り下げたいなら、マイケル・ポーラン（Michael Pollan）の『How to Change Your Mind』をお勧めします。これは、幻覚剤の科学を巡る個人的な旅の記録です[※注25]。

7.5　企業の創造的な心の状態

建築家のいうことを信じるなら、会社の建物の外観と内装のデザインは重要です。私たちがインタビューしたプログラマーたちのいうことを信じるなら、刺激的な環境で働くと、文字通り創造性が高まります。「第3章　コミュニケーション」では、都市や産業コミュニティを注意深く計画することで、天才集団の再現を試みる現代のテクノロジーの現場を見ました。職場環境は、自分たちが認めたくないほど、私たちに影響を与えます。戦略的に配置されたオフィスデスクやビリヤード台と、交互に緑が生い茂るジャングルに囲まれるのがよいでしょうか？　それとも、毎日灰色のレンガの壁に向き合うほうがよいでしょうか？

全員にとっての完璧なオフィスは設計できません。活気ある環境が好きなプログラマーもいます。閉め切ったドアによってプライバシーが守られた状態を好むプログラマーもいます。ビリヤードが嫌いな人もいます。理想的な企業の創造的な心の状態とはどういうものなのか、調べてみましょう。

7.5.1　創造的な環境

創造的な環境設計について考える際にまず思い浮かべるのは、（理論上は）偶発の創造性を促す開放的なスペースと、ディープワークを推進する閉ざされたオフィススペースの間の衝突です。開放的なスペースは、構造や境界を破壊し、よりよいアイデアを生み出す思いがけない衝突を起こすはずです。

しかし、私と同僚のものも含めた多くの研究が実証しているように、実際に、開放的なオフィスの騒音は、創造性を**徐々に損なわせます**[※注26]！　一方、真逆に振り切って人々を小さな個室に隔離すると、気が滅入ります。開放的なスペースと閉ざされたスペースのど

※注25　Michael Pollan『How to change your mind: What the new science of psychedelics teaches us about consciousness, dying, addiction, depression, and transcendence』（Penguin Books, 2019）。邦訳『幻覚剤は役に立つのか』（宮﨑 真紀 訳／亜紀書房／ ISBN978-4-7505-1637-0）。

※注26　Torkild Thanem, Sara Varlander, and Stephen Cummings『Open space = open minds? The ambiguities of procreative office design』（International Journal of Work Organisation and Emotion, Vol4, Issue1, pp78-98, 2011）。http://dx.doi.org/10.1504/IJWOE.2011.041532

ちらも創造性に反するのであれば、建築家は職場をどのように設計するべきなのでしょう
か？　唯一の解決策は、**折り合いをつける**ことです。

　カル・ニューポートの『Deep Work』では、長い廊下と閉ざされた複数の環境を組み
合わせることを提案しています。これにより、アイデアを交換するために人々とすれ違うこ
とができると同時に、実装の詳細に取り組んでいる同僚のフローを邪魔することなくコー
ヒーマシンに向かえます。チームの要望に応じて、共同作業スペースは、さらに区画分け
できます。

　ニューポートは、機械工場やピアノ修理施設などの難解なテナントと同じ建物を共有し
ていたミスマッチな建物の例として、マサチューセッツ工科大学の20号館ビルを挙げて
います。そのスペースは、必要に応じて再配置可能であり、学際的な議論と孤独な集中の
ひとときを同時に実現していました。

　20号館ビルは、もともと一時的なはみ出したスペースとして作られていました。しかし、
20号館での成功以降、より体系的に計画されたほかの建物にも同じ設計哲学が見られ
るようになったのです。ニューポートは、ベル研究所の設計に関するジョン・ガートナー
（Jon Gertne）のメモを引用しています。

> 何名もの知人や問題、気晴らしやアイデアに出会わずに、ホールをゆっくり進むこと
> はほぼ不可能だ。カフェテリアで昼食に向かう物理学者は、まるで鉄粉の上を転が
> る磁石のようだった。

　私たちがインタビューしたあるプログラマーは、オフィススペースは「邪魔にならない
ことを優先するべきだが、想像力をかき立てるものでなければならない」と、まとめてい
ます。フロイトは、彼を刺激する考古学上の驚くべき成果に囲まれることが好きでした。
これらのキラキラした小物がなければ、もしかしたら、彼の仕事も今のように輝かなかっ
たかもしれません。

　ハイブリッドコワーキングスペースは、「第5章　批判的思考」に出てきたジョナス・ソー
クが、ソーク生物学研究所の建築を委託するときにまさに思い描いたものでした。建築
家のルイス・カーン（Louis Kahn）は、他者の仕事をまったく中断せずにアイデアが交
配できるようにするために、大胆に光が変わる外観、そして流動性のある研究所を選び
ました。その結果、図7.6に示したように、とても魅力的で見事な現代アート作品の1つと
なったのです。

⊗ 図7.6 ソーク生物学研究所の中庭には、戦略的に配置された実験室、設備、太平洋を見渡せるオフィススペース、そして研究スペースのある鏡面の建物があります。写真提供：アダム・ビグネル（Adam Bignell）、Unsplash

　（ハイブリッドな）創造的スペースの特徴と構成とは、具体的にはどのようなものなのでしょうか？　行動工学研究者のカーチア・ソーリング（Katja Thoring）と彼女の同僚は、文献の中からその答えを出そうとしました。前述のソーク生物学研究所のような慣例にとらわれない職場環境のほとんどは、さまざまなニーズに応じて別々のスペースを提供しています。次に挙げたリストは、彼女たちが特定したスペースの種類の抜粋です[注27]。

- 個人／集中スペース
- コラボレーションスペース
- 制作／実験スペース
- 展示スペース
- プレゼンテーション／共有スペース
- 解放／休憩／リラックススペース
- 非日常／遊び心のあるスペース
- バーチャルスペース
- 培養と内省のスペース

[注27] Katja Thoring, Pieter Desmet, and Petra Badke-Schaub『Creative space: A systematic review of the literature』（In Proceedings of the Design Society: International Conference on Engineering, Vol1, Issue1, 2019）。https://doi.org/10.1017/dsi.2019.33

大手テック企業は、新たな才能を惹き付けることを期待して「遊び心のある」スペースを見せびらかすのが好きです。雇用主が、昼食時のXboxトーナメントについて誇らしげに語っていた面接を私は覚えています。後に、昼休みが厳しく監視されていることを聞きました。私は、ていねいにオファーを断りました。さて、もしSuper Nintendoだったら……。

働くだけでなく、キャンパス内で生活することまでプログラマーに要求する企業もあります。ソーリングの論文では、アイデアの培養スペースが独立して挙げられているのは興味深いことです。アルキメデスならば、豪華なバスルームを要求したことでしょう。

創造的な環境には、多くのチェック項目があります。社会的で、刺激的で、魅力的で、快適で、健康的で、安全で、驚きがあり、柔軟で、アクセスしやすく、遊び心があり、広々としていて、離れていて、居心地がよく、栄養満点で、有益である必要があります。それに加えて、創造的な環境は、偶然の出会いを促し、会社のアイデンティティを反映し、豊かな緑に囲まれ、建物で驚きを呼び起こし、たくさんのカフェがあり、簡単にプロジェクトの作業が見えるようにするべきです。

仕事場の多くが、これらの期待の全てに応えられないのは当然でしょう。エリック・ワイナーは「創造性は私たちの環境に対する反応です」と率直に語っています（第3章を参照）。世界的なCOVID-19のパンデミックは、まずリモートワークを強制することで環境を一変させました。この変化が創造性にどのような影響を与えたのかは、これから徐々に明らかになるでしょう。

働く環境の設計による私たちへの影響は限定的である可能性もありますが、まさにフロイトと同じく、あちこちにインスピレーションを感じるオブジェクトをいくつか追加できなくはありません。働く環境のレイアウトや装飾に共同責任を持つ「最高幸福責任者（チーフ・ハピネス・オフィサー）」という役職がある企業を見たことがあります。あなたの会社にこういった役職が存在するのなら、素晴らしい。あなたも参加して、創造性に関する研究を紹介したり本書のコピーを貸し出したりしてみてください！　会社に専属のインテリアデザインや従業員の幸福を考える人がいないのであれば、あなたが立ち上がり、環境が創造的なパフォーマンスに与える影響についての意識を高める手助けをする隠れたチャンスです。

> **演習**
>
> 家であれオフィスであれ、あなたの机の周りを見てみてください。**つまらない**という
> 叫びが聞こえますか!? インスピレーションを与える本やポスター、あるいは植物
> をいくつか追加してみてはどうでしょう? 古いマザーボードをスプレー塗装した
> り、使われていないiPodを分解して壁に取り付けたりしましょう。あなた自身を表現
> し、インスピレーションを与えるもので溢れたムードボード^{訳注19}を作り上げましょう。
> そして、いつものように、もっと創造的な例をインターネットで探してみましょう。

修道士の衣を身にまとう

　一時的に別の環境に身を置くことで、よい効果を生むこともあります。私は、
博士論文を完成させるために、修道院にこもった同僚を知っています。家だと騒々
しい子供たちに創造性の流れを断ち切られるため、彼はそうしたのかもしれません。
　ミハイ・チクセントミハイは、北イタリアのコモ湖東部を見下ろす一隅にある静寂
な修道院の中で、自身の『創造性』の本の大部分を執筆しました。ロックフェラー
財団は、毎年、美しくも遠く離れた場所に学者を派遣し、壮大な景色と近くにある
遺跡が醸し出す歴史的な重みが創造性の大爆発を引き起こすことを期待していま
す。そして、多くの場合、それは実現されているのです。

7.5.2　創造的な作業場としての職場

　素人目には、アーティストの作業場は、明るく、ゴミが散らかった場所にしかに見え
ません。作業場の最も重要な側面、つまり**文脈**は、目に見えないものです。全ての体系
的なものと同様に、作業場自体も、創造的な作品を決定し、変化するシステムの一部
なのです。2021年の作業場カンファレンス「1 + 1 = 3」と題されたイベントで^{※注28}、
フランドルの現代ビジュアルアーティストであるジョナス・ファンスティーンキステ (Jonas
Vansteenkiste) とジョーク・ラエス (Joke Raes) は、物理的な仕事場との関係の中で、
どのように彼らの作品が発展し、形作られてきたのかについて話しました。「1 + 1 = 3」
という論理を無視した公式は、「第3章　コミュニケーション」でノラ・ベイトソンが説明
した**シンマセシー**と呼ぶものを参照しています。すなわち、個々の要素の合計は、その

訳注19　デザインのイメージやコンセプトを紙面やスクリーン上にまとめてコラージュし、分かりやすく視覚的に共有す
るためのデザインラフの一種。

※注28　https://web.archive.org/web/20211110064653/https://www.platformwerkplaatsen.nl/nl/
werkconferentie-1-1-3

個々の要素を足したものよりも大きいということです。

　個々の作業場は、最終的な作品に大きな影響を与えます。たとえば、ショップには、木工旋盤やセラミック材料など、特定の技術に使うために選ばれたものが備わっています。また、作業場に在籍するプロの木工職人や彫刻家の助言も、作品にかなり影響を与えます。

　ジョーク・ラエスの作品は、彼女がアトリエ※注29の内外で偶然目にした、廃棄された工業製品の残骸や自然由来のオブジェといった素材から生まれます（図7.7）。彼女の作品は、環境の変化に伴って変化するのです。彼女はまた、セレンディピティの重要性も強調しています。彼女の作品は、事前の計画から外れるべきタイミングを意図的に選択していますが、時には、まったくの偶然に後押しされ、有機的に進化していくのです。彼女によると、「創造的な仕事に、唯一のレシピは存在しない」のだそうです。

◈図7.7　ジョーク・ラエスのアトリエの内部をちょっとだけ覗いてみよう。壁は彼女の彫刻で飾られている。たくさんのスケッチブックやマニュアル、さまざまな材料が手の届く範囲内にあるが、それでも呼吸したり、考えたり、仕事したりするために十分な光と空間が残されている。写真提供：ジョーク・ラエス

　プログラミングやハードウェアの調整もまた、物理的な素材に依存し、物理的な文脈の中で行われます。イントロダクションから「第6章　好奇心」までに登場したArgonaut Gamesのエンジニアたちが回路基板のプリントに夢中になっていなかったとしたら、彼らはゲームボーイの内部構造をリバースエンジニアリングできなかったかもしれません。仮に、彼らの好奇心や根気が実らず、自ら部品を作らずに発注し、それでも何とかゲーム

ボーイのゲーム『X』を製作できたとしましょう。最終的な製品の形は、まったく異なっていたはずです。

プログラミングを行う仕事場は、創造的な最終成果物に影響を与えます。GoogleとAppleの製品が考案された、改造ガレージのロマンチックなイメージが思い浮かんだかもしれません。歴史研究者であるキャサリン・エリカ・マクファデン（Katherine Erica McFadden）は、彼女が**ガレージクラフト**と呼ぶものに博士論文の全てを捧げました[※注30]。こういったガレージは、まさに創造的な作業場のような役割を果たしていたのです。

> （ガレージは）技術を試したり、実験したり、（そして）商品化したりする場所を提供する一方で、新たなアイデンティティと共同体の基準を作り出すスペースでもある。私たちが作るものや作り方は、結局のところ、物を作り上げること自体よりも、自分自身を作り上げることに関わっているのである。

シリコンバレーのガレージいじりは夢物語のように聞こえることもありますが、現実問題として、ガレージ／作業場とその中身がいじくり屋の想像力に与える影響は否定し難いのです。私たちプログラマーも、インスピレーションを求めてたまに立ち寄れるような、自分だけのプライベートな作業場やアトリエを建ててみませんか？

7.5.3 安全な避難所としての職場

そのような仕事場なら、創造的な試行もできるはずです。私たちのフォーカスグループの調査対象者の1人は、次のように説明しました。

> それはモチベーションのようなものだと思います。あなたが創造的になれる、それはつまり、失敗が許され、何かを試すことができ、その試みがサポートされ、その環境を快適に感じられる枠組みを作るのです。……たとえば、柔軟な労働時間は重要だと思います。時間に追われる心配はありません。その代わりに、車の中で落ち着いて問題について考えられるのです。

創造性を促進する仕事場は、時間に（過度に）追われることがなく、あなたが自信を持って何かを試し、つまずき、失敗し、そして再び試行できる場所です。再度、自由が創造性の重要な決定要因として出てきました。もちろん、ホワイトボードが側にあれば役に

[※注30] Katherine Erica McFadden『Garagecraft: Tinkering in the American garage』(PhD dissertation, College of Arts and Sciences, University of South Carolina, 2018)。https://scholarcommons.sc.edu/etd/5096/

立ちます。あるいは、IdeaPaint^{訳注20}や黒板塗料で壁に絵を描けると、さらによいでしょう。しかし、「制約と自由の間の理想的なバランスはどこにあるだろうか?」という、まだ答えのない問いがあります。もしかしたら、それが本章の最後を締めくくるよい思考訓練なのかもしれません。

まとめ

- デスクワーク中にコーディングの問題を直ちに解決できない場合、しばらくデスクから離れるのはよいアイデアかもしれない。

- 絶対に解決しなければならない何かの途中でも、たまにはゲームをプレイするなどして脳を解放しよう。リフレッシュされた脳が創造的な問題解決スキルに与える影響の大きさに、あなたはうれしい驚きを覚えるだろう。潜在意識からの信号を決して無視しないでほしい。

- あなたのチーム内であれ異なるチームであれ、全員それぞれにとっての最適なプログラミング作業体験のフローを尊重するように合意を得よう。

- いつものオフィス環境以外でも、同じような調子で最も集中力を要する作業ができるかを確かめてみよう。そのタスクがディープワークなのかシャローワークなのかを見極め、それに応じて仕事場を選ぼう。

- 柔軟で創造的な心の状態は、企業のサポートがあると維持しやすい。雇用主に創造的な(環境面と働き方の柔軟性に関する)サポートをしてもらえるように働きかけよう。

- ずっと同じことを繰り返す雑務は、退屈になって創造性を完全に消し去る。一方で、ストレスレベルを高めるような難しすぎる仕事に頻繁に取り組むのも、創造性のアウトプットを減らす。わかり切っていることなのだが、スプリントプランニングの熱気の中では、誰もがこのことを忘れがちになる。

- メモを取る手段を持たずに散歩してはいけない。

- インスタントメッセージと電子メールは典型的な創造性殺しである。チームのコミュニケーションシステムを選ぶ際、どのメッセージが常に開発者に必ず届かなければならないか(あるいは、そうでないか)を念頭に置いておくこと。そして、このシステムでは、1日に数回、決められたタイミングのみでメールをチェックできるようにすべきである。

訳注20　https://ideapaint.com/

- 自分自身からであれ同僚からの予期しない質問によるものであれ、頻繁な中断に気を付けることは、創造的な注意をよりよい方向に向ける役に立つ。中断が頻繁に起こる場合は、反応する前に現在の思考の流れをダンプしよう。
- プログラミングとは無関係でも、自分を向上させる可能性がある他者の仕事に興味を示そう。
- デスク環境を殺風景なままにせず明るくしよう。時には、本当に些細なことが重要になる。
- ペアプログラミングのテンポが速すぎてついていけない場合は、新しい知識を自分のペースで処理してみよう。あなたの創造的な心の状態について説明すれば、相手はきっと理解してくれるだろう。
- クリエイティブプログラマーはよく休息をとる。良質な睡眠の重要性を無視するな！

<Chapter>

創造的なテクニック

本章の内容

- ●アートベース学習の概念
- ●アイデアの借用：よい盗みと悪い盗み
- ●創造性を高める執筆テクニック
- ●クリエイティブプログラマーのツールボックスの点検

　崩壊するローマの街には、死の影が漂っています。史上初のパンデミックとして知られるアントニヌスのペストは、西暦170年にローマ帝国で蔓延し、20年間で人口の15％を消滅させました。帝国中にパニックが広がり、多くの生存者は、都市で略奪をするか逃げ出しました。しかし、当時の皇帝であるマルクス・アウレリウスは、多くの前任者とはまったく対照的に、そこに留まって危機に立ち向かうことを選び、自分の命がほかの誰と比べても価値が高いわけではないことを示して国民を安心させました。アウレリウスのストア派としての鍛錬が、疫病のような命を脅かす問題に直面したとき、自分の状況に焦点を合わせるのではなく、全体を見ることを彼に教えてくれたのです。

　疫病の猛威が続く中、さらに悪いニュースが押し寄せ続けます。ローマの国境は、常にゲルマン系民族の攻撃にさらされ、徐々に、しかし確実に、兵士や財政を疲弊させていました。そこで、アウレリウスは、国庫に空いた大きな穴を埋めるために、たとえば増税や隣国から略奪するなどの狭量な手段を取るのではなく、その逆のことを行ったのです。彼は、視野を広げて問題の全ての側面を見つめました。そして、前任者が光輝く

装飾品を数多く蓄えており、それが今ではただ埃を被っていることに気付いたのです。そこで、アウレリウスは大胆な決断を下しました。彼は、フォーラム^{訳注1}で皇帝の財宝をとにかく全て売却したのです。後に装飾品を返しに来た者には金を返却し、応じない者には強要しませんでした。彼のモットーは「正しいことをせよ。ほかは重要ではない。よい人間の在り方についての議論に時間を浪費するのは止めよ。自分自身がそうなれ」というシンプルかつ謙虚でもあります。この言葉は、14人の子供のうち9人を失い、絶え間ない戦争に直面し、再発する健康問題のため、おそらく彼自身も疫病の犠牲となった人物（図8.1）から出た言葉です。彼の死により、200年に及ぶローマ帝国の黄金時代は終わりました。

18世紀後半、アメリカ合衆国西部のどこかにある静かなホテルの部屋で、走り書きしているペンの音が響いていました。中年の禿げかかった男が、小さな紙切れにメモをしています。その後も数々のホテルを転々とし、ますます増え続ける紙の山は、ロシア系アメリカ人作家のウラジーミル・ナボコフ（Vladimir Nabokov）が、鱗翅類学者^{訳注2}として蝶の採集旅行中に書いた、20世紀の古典的小説『Lolita』^{訳注3}の礎となりました。

⊗**図8.1** アントニヌスのペストは、財政を維持するために献身的なストア派による創造的な行動が必要であった。アウレリウスは、とても異常な時期にとても異常な不用品セールを開催したといえるだろう。エティエンヌ・ピカール（Étienne Picart）による銘版画『Plague of Ashdod（アシドドのペスト）』に基づくプッサン（Poussin）の作品。出典：パブリックドメイン

訳注1　ローマの市民が集まる広場。

訳注2　蝶や蛾の研究者。

訳注3　邦訳『ロリータ』（若島 正 訳／新潮社／ISBN4-10-210502-6）。

ナボコフは、ほかの多くの作家のような方法では執筆しませんでした。頭の中でイメージを形成した後、小説の全体構造を大量の情報カードに少しづつ書いていくのです。これにより、悪名高い白紙ページへの恐怖、つまりライターズブロック[訳注4]を彼は克服できました。時折、蝶の採集中であっても、インスピレーションが湧き上がるのを感じるたびに、彼は新しいカードを埋めていきます。彼はインタビューで、「私は小説を最初から書き始めません。第4章の前に第3章を書きませんし、あるページから次のページへと順番通りにも書き進めません。いえ、紙上の隙間を全て埋めるまで、あっちこっちから拾っていくのです」と述べています[※注1]。

行き詰まったり、物語の一部が魅力的だと感じなかったりする場合、ナボコフは、それに関連する情報カードをただ床に置き[※注2]、そのアイデアの断片を整理し直したり、追加したり、削除したりしました。多くの整理（と、それの繰り返し）の後、ナボコフは、それらのカードに番号を付けてつなぎ合わせ、タイピスト、校正者、時に廃棄された情報カードの救済者として働く彼の妻に、全て書き取らせました。ナボコフのジグソーパズルのような小説執筆の手法は、柔軟性と効率を彼にもたらしていたのです。

ナボコフの最後の小説『The Original of Laura』は未完のままでしたが、32年後の2009年、Penguin Booksから「断片からなる小説」として出版されました。忠実に再現された138枚の情報カードは、汚れや取り消し線が施された単語も完全に揃っています。読者は、まさにナボコフがやったのと同じように、自分が適切だと思ったとおりに切り取って整理し、再編成できます。こうすることで、ナボコフが作品をどのように構成し、登場人物を描写するのに最適な言葉をどう選択したのかが浮き彫りになります。

21世紀初頭、熱心な人間主体のソフトウェア開発の専門家チームによって「アジャイルソフトウェア開発宣言」が作成されました。そこには、「チームがもっと効率を高めることができるかを定期的に振り返り、それに基づいて自分たちのやり方を最適に調整します」と書かれています[※注3]。この宣言は、私たちの時代で最も影響力のあるソフトウェアエンジニアである、ロバート・C・マーチン、ジェフ・サザーランド（Jeff Sutherland）、アリスター・コックバーン（Alistair Cockburn）、マーティン・ファウラー、アンディ・ハント、ケント・ベック、ケン・シュウェイバー（Ken Schwaber）などによって共著されました。

2年後、ケン・シュウェイバーとジェフ・サザーランドは、「高度なプロダクト開発手法」という考えを**スクラム**（Scrum）という1つの言葉に凝縮しました。スクラムの中心にも定

訳注4　作家が新しい作品を生み出す能力を失ったり、創作上のスランプを経験したりする状態。

※注1　Robert Golla『Conversations with Vladimir Nabokov』（Univ Pr of Mississippi/ISBN978-1496810953）。

※注2　彼の愛する蝶を追いかける中でも、車の後ろのボックスで整理は頻繁に行われていた。

※注3　アジャイルソフトウェア開発宣言（https://agilemanifesto.org/）。該当部分は、https://agilemanifesto.org/iso/ja/principles.html

期的な振り返りが組み込まれています。「スプリントレビューの後で次のスプリントプランニングの前に、スクラムマスターは、チームとスプリントレトロスペクティブを行います」[注4]。こうしてスプリントレトロスペクティブは誕生したのです。

　あなたは、スプリントレトロスペクティブをどのように実施しますか？　スクラムガイドによれば[注5]、完了した作業を振り返り、人、人間関係、プロセス、ツールに関して改善できる余地があるかを検証する、楽しく効果的な方法でなければならないそうです……何を完了とするのかは、チームの「完了の定義」次第です。長年にわたって、準備をし、データを収集し、洞察を生み、何をすべきかを決定し、振り返りを終わらせるためのさまざまな独創的なテクニックが登場してきました。**チェックイン**（Check-In）、**喜・怒・哀**（Mad Sad Glad）、**5つのなぜ**（Five Whys）、**質問の輪**（Circle of Questions）、**温度計**（Temperature Reading）など、楽しく効率的なレトロスペクティブを実施する際の役に立つガイドラインが提供されています。

8.1　創造的ツールボックスを満たすことについて

　マルクス・アウレリウスの困難な時代に帝国を統治するための俯瞰的アプローチ、ウラジーミル・ナボコフの小説の構成全体を容易に変更できるようにした柔軟な情報カードシステム、そして、さまざまなアジャイルレトロスペクティブのテクニックの間にある注目すべき共通点は何でしょう？　これらの3つの例はどれも、障害を乗り越え、革新的な洞察を生み出すために、創造的なテクニックが使われていることを示しています。

　ストア派としての確固たる背景がなければ、マルクス・アウレリウスは、五賢帝の最後の1人とは見なされなかったでしょう。ネロやユリウス・カエサルと同様に、冷酷に国を統治する選択もできましたが、彼はそうしないことを選びました。彼には、悪意と偽善を否定するためのツールが与えられていたのです。年老いた頃、「カエサルのようになったり、紫色に染まったりしないように気を付けなさい[訳注5]。それはよく起こり得ることだ。単純で、善良で、純粋で、まじめで、気取らず、正義の友であり、神を畏れ、親切で、愛情にあふれ、自分の本来の仕事に強い人間であり続けなさい。哲学が望んだ通りの人間であ

※注4　Ken Schwaber『Agile project management with Scrum』（Microsoft Press, 2004）。邦訳『スクラム入門アジャイルプロジェクトマネジメント』（Ken Schwaber 著、（株）テクノロジックアート 訳、長瀬 嘉秀 監修／日経BPソフトプレス／ ISBN4-89100-440-1）

※注5　https://scrumguides.org/

訳注5　カエサルは紫色のマントを纏っていたことで知られている。この色は特定の貝を使い、特殊な技術を使って得られる染料で染められていたため、ローマ帝国では高価な染物として特権階級に用いられた。そのため、「紫色」は古代ローマの栄光（と影）を象徴している。

り続けるように懸命な努力をしなさい」と、著書『Meditations』に記しました^{訳注6}。

　情報カードがなければ、ウラジーミル・ナボコフはライターズブロックを克服できなかったかもしれません。ニクラス・ルーマンの**ツェッテルカステン**システムと同様に、ナボコフのカードは、創造性と生産性の両方を高めました。ナボコフもまた、ルーマンと同様に、小説家、詩人、翻訳家、文学教授、昆虫学者として、多才あるいは**マルチポテンシャライト**だったのです。

　アジャイルレトロスペクティブを促進する創造的なツールがなければ、ほかの会議と同じく、隔週の会議は退屈で時間の浪費になってしまいます。先述の方法の1つ以上を知っていれば、物事を楽しく効果的に進め続けることができ、これは、全てのプロフェッショナル集団が目指すべきことです。

　そういった意味では、本章の前提条件は「第2章　専門知識」と似ています。創造的な障害を克服するためには、プログラミングではなく、こういったツールに関する専門知識の基礎が必要です。本章と第2章をつなげることで、私たちは一周して始めに戻ったのです！

　「なぜ、本トピックを、ほかの章に統合せずに独立して扱う必要があるのか？」と疑問を持つかもしれません。結局のところ、個人的な知識管理のワークフローも、拡散思考も、自ら課す制約も、創造的なテクニックではないのでしょうか？　もちろん、それらも創造的なテクニックです。しかし、私たちのフォーカスグループ研究において、この創造的なツールという概念は、ほかとつながり合ってはいるものの、独立したテーマとして現れました。プログラマーたちは、自分たちの創造的ツールボックスについて話すのが大好きなようです。そして、それこそ、今ここで私たちが行おうとしていることそのものなのです。

　コーディングは、アートと執筆のどちらとも、驚くべき類似点を持っています。アートとは、与えられた一連の制約の中で、何もないところから何かを生み出す点が似ています。コーディングは、自由度の高さにもよりますが、外部の慣習によって仕事が左右されるような、つまらない事務処理や流れ作業とは別物であるはずです。コーダーとまったく同様に、アーティストも、普遍的な物理学の法則に従う必要はありません。M・C・エッシャー（M. C. Escher）の「無限階段」を見れば、一目瞭然ですね。

　私が「コーディング（または、その成果物）はアート**である**」ではなく「コーディングはアートに似ている」と書いたことに注目してください。ここには、まだ議論の余地があります。改めて、アートとは何でしょうか？　自己表現？　想像力？　創造力？　自由？　あなたはどう思いますか？

　コーディングは、私たちが命令しようとしていることをコンパイラーに確実に理解さ

訳注6　邦訳『自省録』（神谷 美恵子 訳／岩波書店／ ISBN978-4-00-336101-6）。

せると同時に、同僚やエンドユーザーにもその命令を理解してもらえるように構造化された方法で書く必要があります。これは、執筆と似ています。コンパイラーは、関数buyNewBookという名前を気にしません。その後に続く「（）｛」以降が重要なのです。しかし、私たちは、コンパイラーが構文解析できるかどうかよりも、さらにはパフォーマンスよりも、可読性をはるかに重視します。

　プログラミングを含め、ありとあらゆる各領域には、それぞれ独自の一連のテクニックがあります。そして、それらの多くは複数の領域にまたがっています。ソフトウェアの枠にとらわれないことが重要です。ただ、規模がとにかく大きすぎます。そこで、次のセクションでは、創造的なツールの調査を、アーティスト、作家、そしてもちろんプログラマーといった一部に絞ります。これは決して完全なリストではありませんが、会話を始めるのには十分であることを願っています。

> ### 問題解決テクニックと創造的なテクニック
>
> 　問題解決テクニックが創造的なテクニックであると見なされるのは、いつでしょうか？　「なぜ？」という質問を5回繰り返すだけで、本当に創造的なのでしょうか？「第1章　創造性の先にあるもの」をざっと読めば、この質問に答える役に立つかもしれません。創造的なテクニックは、創造的な行動を促すテクニックや方法です。あなた**と**あなたの仲間がそうであると見なせば、創造的であることをお忘れなく。
>
> 　だからこそ、本章（そして本書全体）を実用的なテクニックの詳しい説明書としてまとめることを私はためらっています。共感できるところもあるでしょう。非現実的だと思われるものもあるでしょう。そして、「それ、やったことがある」とつぶやきたくなるものもあるでしょう。そういう読み方をするのではなく、本書で選んだ創造的なテクニックを参考に、あなた自身に合った独自のアレンジを考え出してください。

　問題解決に焦点を当てますが、多くの創造的なテクニックは、セラピーや芸術的な表現にも利用できます。

8.2　選抜：アーティストのツールボックス

　前後の文脈がないままに**創造的なテクニック**という言葉に出会うと、私は、顔料と秘密の原料を激しく混ぜ合わせ、キャンバス自体よりも隣の床に多くの絵の具を飛び散らし、ウェット・オン・ウェットテクニック[訳注7]で意図的に水彩絵の具を互いに滲ませるジャ

訳注7　すでにインクなどで濡れている紙の上から、さらに絵の具をのせて色をにじませる手法。

クソン・ポロック（Jackson Polloc）のドリップテクニックを思い浮かべます。

こういったアートベースのテクニックは興味深いものですが、クリエイティブプログラマーには特に役に立たない……本当にそうですか？　アーティストのツールボックスを完全に無視するべきではありません。アーティストによる、少しの努力、より高度な訓練、テクニック、習慣が、プログラマーにとっても価値があることがわかるかもしれません。詳しく見てみましょう。

8.2.1　アートベース学習

お金ほしさではなく、継続的な学習の進化版を再構築する試みとして、文化史研究者のイェルーン・ルタース（Jeroen Lutters）は、アートベース学習※注6という概念を導入しました。このテクニックにより、鑑賞者は芸術作品と対話できます。アートベース学習の目的は、人生の差し迫った質問に答える手助けをすることです。目の前の物が私たちを内なる冒険へと導き、最後に自分自身への質問の答えに辿り着けることを期待しています。連想的で自由な思考が、このアプローチの中心です。ルタースは、この方法を芸術的な自己表現と比較し、「（アートベース学習は）芸術におけるミメーシス訳注8、つまり内なる探求の結果としての独特で新しい個人の創造とさほど違いはありません」と述べています。

少しあいまいに聞こえますか？　その理由は、これがアートベース学習が個人と密接に関わっていることを強調するための非常に学術的な説明の仕方だからです。アートベース学習は、どのように実施するのでしょうか？　図8.2に示しているように、4つステップにまとめられます。

⬢ **図8.2**　アートベース学習の4つのステップ。①質問を立ててアートを選び、②アートの話を聴き、③可能性を見つけ、④それらを答えに変える。

※**注6**　Jeroen H. R. Lutters『In de schaduw van het kunstwerk: Art-Based Learning in de praktijk』（博士論文，Faculty of Humanities, Amsterdam School for Cultural Analysis, 2012）。https://dare.uva.nl/search?identifier=968554fc-3dbe-4298-8a26-a027a19e7e6d

訳注8　ギリシャ語に由来する語で、しばしば「模倣」と訳される。古典的な芸術論においては芸術の基礎的なあり方を示す概念であったが、20世紀以降、より広範な領域において、さまざまな意味（例えば「同化」「擬態」「表象」「表現」など）で使われている。

最初のステップでは、関連する質問を（自分に）してください。ルタースは、博士論文で「なぜ私は死ぬことを恐れるのか？」や「今をより楽しむ方法は何か？」など、いくつかの例を挙げています。質問が決まったら、芸術作品を選ばなければなりません……いや、もしかしたら、作品があなたを選ぶのかもしれません。それは、単に本やポスターであったり、その場で惹かれた絵画、興味深い機械、あるいはコンサートに参加するという行為ということもあります。ルタースによると、物を選ぶことは、ほとんどが空想中に無意識のうちに行われるそうです。「私たちは、物を使う自由だけがあるわけではありません。時には、物が私たちを選ぶこともあるのです」と。つまり、選択することは、何かを適切に利用する能力だけではなく、何よりも、それにふさわしいと認められる技量も必要とされるのです。

　2番目のステップでは、その芸術作品に語らせてください。鑑賞者は聞き手になるのです。これは「精読」することでしか行えません。つまり、注意深く観察し、インスピレーションの可能性に心を開いてください。これは、ほぼ瞑想状態といえるでしょう。答えを積極的に探すのではなく、その作品を認め、心に銘記してください。そうすると、その作品の形が変わっていきます。

　3番目のステップでは、鑑賞者は、現在の世界から切り離され、その作品の表現の力を借りて、ほかの全ての可能性を確認します。これは、多くの可能性を見ながら自分の内部と議論するということです。この時点で、その作品は単なる作品ではなくなります。あなたが、まだ私についてきてくれていることを願っています。あともう少し！

　最後の4番目のステップは、理解と意味を自分自身の物語に変える自省のステップです。アートベース学習は、新しい物語、新しい知識、そして最初の質問に対する仮の答えが得られるはずです。

　アートベース学習は、生活における大きな哲学的な問いに取り組むためのものであり、「なぜ私のブレークポイントがヒットしないのか？」や「どうやって非同期にできるのか？」のような私たちプログラマーの実用的な問いのためのものではないことは明らかです。私たちプログラマーは、アートベース学習をどのように創造的な問題解決へ組み込むことができるのでしょうか？

　このテクニックは、「問いを考え、無意識の心を（1つの芸術作品の助けを借りて）自由にさせ、勝利をおめさる」という点で、アンリ・ポアンカレの創造力に関する潜在意識の理論と、驚くほど類似点を持っています。もしかしたら、オリバー兄弟が、ゲームの開発中に貪欲に吸収することで多くのインスピレーションを受けたテレビ番組や寓話や物語、あるいは、フロイトが好んで身の回りにおいていたインスピレーションを与える物品のうちのどれかを活かせるかもしれません。

アートには癒しの効果があります。アートに対する私たちの感謝の気持ちは、インスピレーションを与え、個人が持つ障害を取り除く役に立つでしょう。私と同僚が創造性の研究のためにインタビューした何名かのプログラマーは、図8.3に写っているような現代の高速道路の高架橋に対して、創造的なエンジニアリングの素晴らしい産物として感謝の気持ちを示しました。

人物1　私が創造性を称賛するのは、主に何かがうまく噛み合っているときだと思います。シンプルさ、えーっと、ある問題に対して、すでにある解決策を使って、複雑なものがシンプルになっているようなときですね。ソフトウェアやIT以外でも、たとえば、道路の立体交差点がまさにそれです。あれは本当にうまく作られていますね！

人物2　そういわれると、当時の新しい高速道路のインターチェンジは、うまく解決されているなと思いました。もう渋滞はないですよね。

人物1　確かに！

人物2　あれは劇的な変化でしたね。

⬥**図8.3**　ベルギーのルンメンにある高速道路のインターチェンジは、2008年から2012年の間に再設計された。新しく12本の橋が建設され、一部の橋は重さ8千トンある。この素晴らしいエンジニアリングによる解決策は、私たちのインタビュー対象者にインスピレーションを与え、まさにアート作品のように美しいのかもしれない。写真提供：ダヴィ・ホーフェルト（Davy Govaert）

著名な哲学者アラン・ド・ボトン（Alain de Botton）と美術史家のジョン・アームストロング（John Armstrong）は、物議をかもした著書『Art as Therapy』の中で、アートが有用で、現実の問題に直結し、癒しの効果があることを示唆する新しい見方を提案しています。「偉大な作品は、日常生活の緊張や混乱を制御する手がかりを与えてくれます。」と、デ・ボトンは主張します[注7]。まさにアートベース学習のようですね！　フェルメール（Vermeer）の『Melkmeisje（牛乳を注ぐ女）』や新しい高速道路のインターチェンジが、あなたが今抱えているキャッシュの問題の解決策を提供することはないかもしれませんが、徹底的に観察することは、アートと自己をよりよく理解するための役に立ち、それによって、うまくキャッシュを無効化するために必要なヒントが得られるかもしれません。

8.2.2　アーティストのように盗め

「アーティストのように盗め（Steal Like an Artist）」という、デジタル時代の創造性に対するオースティン・クレオン（Austin Kleon）の挑戦的な宣言のタイトルは、私たちの注意を惹き付けることに成功しました。その名を冠する本の中で、クレオンは、アーティストとしてのスタート時に彼が聞いておきたかった10の事柄をまとめています[注8]。

①アーティストのように盗め！

②自分探しは後回し

③自分の読みたい本を書こう（✔）

④手を使おう

⑤本業以外も大切に

⑥いい仕事をして、みんなと共有

⑦場所にこだわらない

⑧他人には親切に（世界は小さな町だ）

⑨平凡に生きよう（仕事がはかどる唯一の道だ）

⑩創造力は引き算だ

※**注7**　Alain de Botton and John Armstrong『Art as Therapy』（Phaidon Press／ISBN978-0714872780）。

※**注8**　Austin Kleon『Steal like an artist: 10 things nobody told you about being creative』（Workman, 2012）。邦訳『クリエイティブの授業　10TH ANNIVERSARY GIFT EDITION』（千葉 敏生 訳／実務教育出版／ ISBN978-4-7889-0819-2）。

このリストは、ニューヨークのコミュニティカレッジで行われた講演の基盤となっており、あっという間にオンラインでバズりました。本書の7つの創造的な問題解決領域との類似点を発見できますか？　「引き算」は制約です。「平凡に生きよう」とは、根気強くあること、流れに身を置くこと、そしてグリットを示すことです。クレオンの本の中のイラストの1つは、「好奇心、親切心、持続力、愚かに見えることを受け入れる意志が必要だ」と述べています。作品の共有は、本書の「第4章　制約」の中心的なテーマです。

　最初の項目の「アーティストのように」盗むことは、本書の「第2章　専門知識」の冒頭で、Kotlinが既存の巨人の肩の上に意図的に構築されたことや、セネカがしばしば哲学的なライバルであるエピクロスの著書を覗き見て学んだことなどで見られます。ある意味では、本書も同じように生まれたのです。

　クレオンによれば、よい盗みと悪い盗みがあるそうです。よい盗みには、敬意を表すこと、勉強すること、多くのものから盗むこと、エンディングにクレジットを入れること、改変すること、そしてリミックス（再編集）することが含まれています。一方で、悪い盗みには、侮辱すること、横領すること、たった1つのものから盗むこと、盗作すること、模倣すること、そして騙し取ることが含まれています。

　残念なことに、ソフトウェア開発の世界では、悪い盗みは日常茶飯事に起こっています。たとえば、「あなたのAIペアプログラマー」と銘打たれたMicrosoftの最近のGitHub Copilotプロジェクトは、最初は本当に巧妙なアイデアのように聞こえました。そして、おそらくそうなのでしょう。しかし、リアルタイムでコードや完全な関数を提案する機械学習駆動のCopilotは、これまでのところ、ライセンスを一切考慮せず、ホストされているGitHubプロジェクトから直接引用した数十億行のコードで訓練されているのです。いかなる種類の認定も提出していません。Copilotは、クローズドな（ソースコード非公開の）営利目的製品として、オープンソース開発者たちの何千時間ものコーディング作業に非倫理的に頼り、本来は適切なクレジットを載せる必要があるライセンスのほとんどを、公然と無視して実現されているのです。ついには、Software Freedom Conservancy[訳注9]が「GitHubを止めよ！」とメッセージを発信しました[※注9]。多くのオープンソースソフトウェアの運営者は、CodebergやSource Hut、あるいは自己ホストのGiteaインスタンスなど、ほかのソリューションに移行しています。しかし、これらも結局のところ、「無料」のデータを利用する大手テック企業のサービスなのです。

　こういうことは何度も起こっています。私は、LICENSING.mdファイルを詳しく見ずにプロジェクトの依存関係を喜んでyarn addするような複数の企業で働いたことがありま

す。ある雇用主は、「私たちは、GPLライセンス[訳注10]のソフトウェアを使っているにもかかわらず、クローズドソースとして製品を売っている」と指摘した厳格な開発者を無視しました。「悪い窃盗だ」とオースティン・クレオンはいいますが、企業側は「誰が気にするんだ?」と答えるのです。

「盗む」ことと、最も素晴らしい部分を再編集することは、特定の領域を前進させるために、しばしば必要なことです。これらの慣行は、アートだけではなく、自動車、ソフトウェア開発、ハードウェア開発の業界でも明らかに見られます。再編集の結果、味気なくつまらないオリジナルのコピーになることはあります。一方で、以前は考えられなかった組み合わせを再編集することで、合わせられなさそうなパーツ同士でも、なぜかうまくいったりすることもあるのです。

ピンボールとラン&ガンシューティングというジャンルを掛け合わせたら何ができるでしょうか?　1992年にData Eastから発売されたアーケードゲーム『Nitro Ball』は、風変わりな作品にもかかわらず、なんと奇跡的にかなり売れたのです。では、2Dの探索型メトロイドヴァニア[訳注11]と飛び跳ねるピンボールを混ぜたらどうなるでしょう?　答えは、2018年に発売された『Yoku's Island Express』(図8.4)です。このゲームは、「プラットフォームピンボールアドベンチャー」としてVilla Gorillaによって開発され、プレイヤーはフンコロガシになります。

図8.4　Villa Gorillaは、メトロイドヴァニアとピンボールというジャンルの最高の仕組みを『Yoku's Island Express』という陽気なアドベンチャーとしてどうにか融合させることに成功した。

> **演習**
>
> 最後に「アーティストのように盗んだ」のはいつですか？　あなたは悪い盗みをしましたか？　それとも、よい盗みをしましたか？　勉強しましたか？　それとも私の生徒たちのように、ざっと目を通しただけですか？（まぁ、私もやったことある！）もしかしたら、今こそプロジェクトの依存関係をサッとスキャンし、きちんとクレジットを載せるときなのかもしれません。Node.js（license-checker）、Go（go-licenses）、Gradle（gradle-license-plugin）、Elixir（licensir）などのように、多くのプログラミングエコシステムでは、ライセンス情報にアクセスするためのプラグインを利用できます。ただし、全てのライセンスがお互いに互換性があるわけではないことをお忘れなく。

8.2.3　休暇の力

　グラフィックデザイナーのステファン・サグマイスター（Stefan Stagmeister）は、7年ごとに自身のスタジオを離れ、1年間の長期充電休暇[訳注12]を取ります。長期休暇中、サグマイスターは、スポンジのように出会ったもの全てを吸収するのです。素晴らしい文化、地味な森、むやみに広がった都市、全ての印象が、彼の未来の創造的な仕事の礎となります。彼が訪れた場所の中には、「素晴らしいインスピレーションが自然と湧き上がってくる」ところもありました[注10]。

　正直にいうと、私は、彼がかなり羨ましいです。ただインスピレーションを追い求めるために1年間の休暇を取るには、財政的な安定と大胆さが必要になります。サグマイスターは、長期充電休暇の力についてのTEDトークで、**仕事**（お金のために日々の仕事）、**キャリア**（成長すること）、**天職**（本質的に満たされていること）を区別しました。「私たちは、自分が本当に望んでいることをよく見失いがちです。しかし、定期的に時間を取り、働き方の戦略を見直し、インスピレーションを得られれば、私たちが行なっていることは、仕事ではなく天職なのだと思えるようになるでしょう」と、彼は主張しています。

　7年ごとに1年間の休暇を取ることは、あなたが求めるあらゆるものを追求するために充てられる時間の12.5%に相当します。本当にそれで十分でしょうか？　この時間は、Googleのかつての「20%時間」や3Mの「15%ルール」よりも、実は少ないのです！

訳注12　一定の長期勤続者に対して与えられる取得理由に制限がない長期休暇制度。サバティカル休暇と呼ばれることが多い。

※注10　TEDトーク『長期充電休暇のちから』。https://www.ted.com/talks/stefan_sagmeister_the_power_of_time_off

もちろん、そういった「オフ」の時間は、実際は本当にオフではなく、常にビジネスの利益を意識して取られるものであります。2011年以降、Googleは、急速に拡大するにつれて、おそらくは事業の運営に重点を強く置いて「優先順位の高いものに重点的に取り組む」[訳注13]戦略を導入するために、この「自由時間」を削減し始めました。

充電休暇を取るということは、働かないということではなく、自分のやりたいことに取り組むということです。ほとんどの場合、本業のインスピレーションのきっかけになります。心理学者のダニエル・ギルバート（Daniel Gilber）のような多くの作家は、充電休暇中に本を書きます。ギルバートは、幸いなことに終身在職権を得た教授であり、そのおかげで明らかに休暇を取りやすい立場にいます。サグマイスターは、充電休暇中でもアート作品をデザインし、販売していました。私は、考え、執筆し、引きこもる計画を立て、インスピレーションを得るために、4か月間休業する心理学者を知っています。インスピレーションを広げるためにスローダウンすることは、長期休暇の主な利点の1つです。これは、数年後の創作活動の大きな燃料になります。サグマイスターは、「最初の充電休暇後の7年間に私たちがデザインしたものは、全て休暇中に考えたことから生まれました」と述べています。

充電休暇を取ることは、何も計画しないということではありません。サグマイスターは、自身の最初の充電休暇は大失敗だったと説明しています。彼は、アイデアを生み出すどころか、ただ時間をもて遊び、来たものに反応していただけだったそうです。よりよいアプローチは、興味のある事柄のリストを実行可能な計画に変換し、出発点として活用することでしょう。

しかし、サグマイスターの充電休暇の最大の利点は、もしかしたら、再び自分の仕事に愛着を持つことだったのかもしれません。彼が嫌っていた仕事が、真の天職になったのです。私たちの感情は、自分たちが認めたくないほど創造性に影響を与えます。仕事のせいで朝起きるのが嫌なら、待望の創造的ブレイクスルーが起きる確率はほぼゼロです。それは、この先の燃え尽き症候群に陥る明確な兆候でさえあるのかもしれません。

心理学の研究は、「感情と気分が、創造性や分析的な問題解決を含む認知能力に深く影響を与える」と、ここ数十年間にわたって主張してきました。しかし、ソフトウェアエンジニアリングの研究では、この主張を最近まで検証していなかったのです。ダニエル・グラツィオティン（Daniel Graziotin）と彼の研究チームは、本当に幸せなソフトウェアエンジニアのほうが、よりうまく、より創造的に問題解決できることを最近発見しました[※注11]。

訳注13　元は「more wood behind fewer arrows」というイディオム。

※注11　Daniel Graziotin, Xiaofeng Wang, and Pekka Abrahamsson『Happy software developers solve problems better: Psychological measurements in empirical software engineering』(PeerJ, 2:e289, 2014)。
https://doi.org/10.7717/peerj.289

この研究の参加者は、純粋なソフトウェアエンジニアとはいい難い、42人のコンピューターサイエンスの学生に限定されています。そこで、グラツィオティンのチームは、後続の研究で、317人の経験豊富なプログラマーに、幸福（不幸）度が、生産性やソフトウェアの品質に与える影響についてインタビューしました[注12]。そして、幸福なプログラマーは、外部の評価プロセスと自己のウェルビーイング評価の両方において、ポジティブな結果を報告したのです。

> 頻度でいえば、開発者自身の幸福がもたらす最も重要な影響は、高い認知パフォーマンス、高いモチベーション、ポジティブな雰囲気が感じられること、より高い自己達成感、高い仕事への愛着と根気、より高い創造性とより高い自信であった。

逆もまた真なりです。つまり、不幸だと感じていると、創造性が減少することが報告されています。

プログラマーとして、このことから学ぶべきことは何でしょうか？　総力を挙げて上司に長期休暇を求めるべきでしょうか？　それは、あなたにお任せします。休暇をとることの本質は、「第6章　好奇心」で探求したように、（企業のプレッシャーを感じずに）気分を軽くしてインスピレーションを得ること、再び子供のような好奇心を持ち……そしておそらく、幸せになることでしょう。これを体験するための劇的（または、それほど劇的でない）その他の手段は、長期間の休みを取ること、自営業になること、チームを切り替えること、パートタイムの仕事をすること、異なる業界で働くこと、**マルチポテンシャライト**になること、ブログを立ち上げること、本を書くことなどがあります。

「充電休暇」である必要はありません。もしかしたら、そのような休暇は、少しやりすぎなように聞こえるかもしれません（もしくは不可能なこともあります）。限られた時間の休暇を取る（たとえば、ちょっと長い週末に、ゆったりとした時間を過ごし、仕事から完全に離れる）だけでも、創造的なパワーを回復することが証明されています[注13]。組織心理学者は、仕事からの感情的な切り離しや身体のリラックスが、従業員の健康と創造性にポジティブに影響を与えることを発見しました。新しいものを発見し、新しい人々と出会うため

※**注12**　Daniel Graziotin, Fabian Fagerholm, Xiaofeng Wang, and Pekka Abrahamsson『What happens when software developers are (un)happy』（Journal of Systems and Software, Vol140, pp32-47, 2018）。https://doi.org/10.1016/j.jss.2018.02.041

※**注13**　Jan de Jonge, Ellen Spoor, Sabine Sonnentag, Christian Dormann, and Marieke van den Tooren『"Take a break?!" Off-job recovery, job demands, and job resources as predictors of health, active learning, and creativity』（European Journal of Work and Organizational Psychology, Vol21, Issue3, pp321-348, 2012）。https://psycnet.apa.org/doi/10.1080/1359432X.2011.576009

に休暇を取ることは、私たちの創造性と健康にとって確かに有益なのです。

しかし同時に、頭から完全に仕事を切り離すと、創造的な思考をサポートするような仕事のリソース（身近な同僚や利用可能な仕事の資料など）を置き去りにしてしまうため、学習や創造性に悪影響を及ぼす可能性があることも過去の研究で報告されています。

これらの研究報告の著者らは、「従業員は、健康と創造的な問題解決能力のバランスを取るために休みを取る必要がある」と結論付けています。「第9章　創造性に関する最終的な見解」では、幸福と創造性の関係についてさらに探究していきます。

8.3　選抜：作家のツールボックス

アーティストに続いて作家の仕事道具も、覗いてみると役に立つかもしれません。やはり、作家のツールボックスには、障害を飛び越え、白紙ページの恐怖を克服し、アイデア間の新しい関連性を創り出すための効果的なテクニックがたくさん含まれています。これらのツールは、ほんの少し手を加えれば、クリエイティブプログラマーが使用できる優れたテクニックになるのです。

「創造的な執筆テクニック」についてインターネットでざっと検索すると、たとえば、隠喩、修辞的な質問、頭韻、擬人化、自由な形式の文章作成や口述筆記、演出の構成から台本作成、そして、さまざまなユーザーグループから特定の言語の使用状況を抽出するかなり本格的なデータマイニング技術など、20億以上の検索結果が出てきます。

このような無数の執筆テクニックのリストは、偉大な作家たちによって定式化された執筆アドバイスほど魅力的ではありません。以降のセクションでは、私たちの創造的なコーディングを改善する役に立つ選りすぐりの偉大な作家たちのテクニックを紹介します。あなたは、多くのツールが、すでに以前の章で出てきていることに気付くはずです。

8.3.1　ウラジーミル・ナボコフのツールボックス

ナボコフ自身は、いつでもさまざまなインタビューや講演でアドバイスを準備ができていました。ロバート・ゴラ（Robert Golla）によって編集された『Conversations With Vladimir Nabokov』という本では、ナボコフへのインタビューがまとめられ、ロシア系アメリカ文学の巨匠の生涯と作品の概要で構成されています[注14]。次の数段落では、プログラミングの文脈においても役に立つと私が考えるナボコフのアドバイスの一部を共有します。

※注14　Robert Golla『Conversations with Vladimir Nabokov』（Univ Pr of Mississippi/ISBN978-1496810953）。

- **ほかのアーティストを研究せよ**

  ナボコフは「創造的な作家は、偉大なる創造主も含めたライバルの作品から、注意深く学ばなければならない。創造的な作家は、与えられた世界を再結合するだけでなく、再創造する能力を生まれながらに持っている必要がある。これを適切に行うため、そして仕事の重複を避けるために、アーティストは与えられた世界を知るべきだ」といいました。アーティストと作家のように盗もう！

- **あなたの周りの世界からインスピレーションを受け取れ**

  「文章を書くという芸術は、まず何よりも、世界はフィクションであるかもしれないと考える技術がなければ非常に無駄なものだ」。もちろん、フィクションの執筆とソフトウェアのビジネス要件の実装との間には大きな違いがありますが、IT以外の世界で私たちが目にするものからインスピレーションを受け取れないわけではありません。たとえば、私たちの郵便物を配達する郵便システムは、広く使われている人気のソフトウェアであるRabbitMQや、分散イベントストリーミングプラットフォームであるApache Kafkaのような非同期メッセージブローカーと見なせます。

- **全ての作家は偉大な詐欺師（であり魔法使い）である**

  ナボコフは、フィクションの執筆を、自然界が「見た目は単純であるものの実は複雑である」ことにたとえました。このたとえは、プログラミングにうまく変換できます。ナボコフがいうように、「見た目は極めてシンプルでありながら、洗練されたイリュージョンのような複雑な動きで、そして、その意図は明確に伝わる」コードを書くことです。優れたアイデアを実装することよりも、スタイルと構造のほうが重要です。Goプログラマーたちの間では、この考えが明確に支持されています。

- **細部に気を配れ！**

  図8.5の鉛筆の汚れから明らかなように、ナボコフは、情報カードを使うことで、書いて、書き直し、そしてまた書き直しています。「全てのカードは何度も書き直される」と彼はいいます。編集されない単語はありません。プログラミングでは、最初の要件をカバーする単体テストを書き終えたら、コーディングし、コーディングし直し、そしてまたコーディングし直すべきです。テストを含む全ての行のコードは、テストが必要な機能が実装されていることを知らせ、メンテナンスや将来起こり得る再作業を簡単にするために、ほかの人が読みやすくなるまで何度も書き直されることがあります。レッド、グリーン、リファクタリング。そして、もう1周。作家たちが好んでいうように「作品を捨て」ましょう。

- **スタイルを作る必要がある**

  「スタイルとは、ツールではなく、方法でもなく、単語の選択だけでもない。スタイルは、これらの全てよりもはるかに多くのものを含んでおり、作家の個性の本質的な要

素、または特徴を構成するものだ。だから、私たちが語るスタイルというのは、作家それぞれの独特な性質や、作品の中に作家自身を表現する方法なのである」と、彼は続けます。「作家の文学的なキャリアの過程で、そのスタイルが、さらに明確かつ印象的になることは珍しいことではない」。プログラミングは、1人で文章を書くよりは共同作業に近いものですが、だからこそ、ナボコフはよいところ気付いたと私は思います。私たちの（集団における）コーディングスタイルは、アルゴリズムやフレームワークの選択と同じくらい重要なのです。

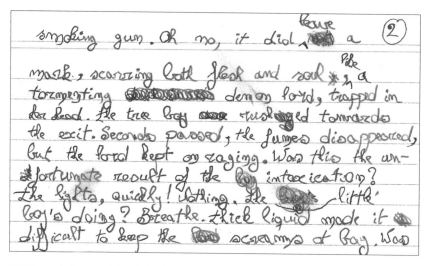

◈ 図 8.5 ナボコフの（時に乱雑な）小説の書き方に基づいたプロットの一部を含む情報カード。これらのカードの順序によって物語は変化する。彼の最後の著書であり、死後出版された『The Original of Laura: (Dying Is Fun)』という作品には、『断片からなる小説』という副題が付けられている。読者は、ナボコフの情報カードのスキャンを切り取って、物語をアレンジするように勧められているのだ！

- **必ずしも最初から始める必要はない**

　柔軟な情報カードシステムによって、ナボコフは、第1章から始め、律儀に第2章に続けることはせず、あちこちに数行ずつ文を書きました。複雑なコードを実装する際にも、このアドバイスに従えます。単体テストの助けを借りて大きな部分を別々の「情報カード」に分割することで、必ず最初から始めなくても問題に取り組めるのです。

8.3.2　ジェフ・ダイヤーのツールボックス

　イギリス人作家のジェフ・ダイヤー（Geoff Dyer）は、小説とノンフィクションの両方を執筆し、彼の作品には数々の賞が贈られています。彼に関する執筆のアドバイスは、『The Guardian』紙の複数の記事で共有されており、より学識の深さを示すナボコフのものと比べ、著しく実用的な傾向が見られます。

- **公共の場で書くな**

「排泄活動と同じように、プライベートで行うべきだ」。これは、カル・ニューポートの『Deep Work』と同じ意見です。つまり、ドアを閉じて執筆（またはコーディング！）し、ドアを開けた状態で書き直すということです。コーディングには集中力が必要です。カフェで作業するという理想化されたイメージがありますが、これは集中力を高めません。ダイヤーの主張に従えば、むしろ激しく集中を妨げます。

- **自動修正の設定を継続的に洗練、発展させよ**

ついに、より創造的に思考する余裕を作るために、生産性向上ツールを使うことを公然と提唱する作家が現れました。IDEのショートカットキーのためのマッスルメモリー^{訳注14}を鍛えてください。自動補完機能を微調整しましょう。あなたのコードエディターは、あなたの親友です。

- **日記を付けよ**

ブラジル人のパウロ・コエーリョ（Paulo Coelho）のような作家は、その利点を否定しています。「メモを取ることを忘れろ。重要なことは記憶に残り、それ以外のことは記憶から消えていくものだ」という意見です。現代のプログラミングにおいて、見逃しがちなので気を付けるようにといわれている細かいところが多くあるので、このような発言は非常に危険です。ダイヤーのアドバイスに従うか、「第2章　専門知識」をもう一度読んでください。

- **もし何かが難しすぎると感じているのなら、あきらめてほかのことをせよ**

「執筆は根気が全てだ」とダイヤーは説明します。「あきらめないで、がんばらなければならない」。「第7章　創造的な心の状態」で見たように、無意識のうちに障害を処理できることは、一時的に別の作業をすることのさらなる利点です。

- **習慣を作れ**

毎日書きましょう。根気が全てであることをお忘れなく。「徐々に、これが当たり前になっていくだろう」。非常に印象的な執筆スケジュールを持つ作家もいます。たとえば、スティーブン・キング（Stephen King）は、毎日1万語書きます。なるほど、彼が私たちの時代の最も多作なアメリカ人フィクション作家の1人であるのも当然です。一方で、数行を大幅に修正して満足する作家もいます。要するに、量の問題ではなく、毎日の習慣が、創造的な成功への道を促進するのです。

訳注14　トレーニングや運動を行った筋肉が、休憩期間を挟んでもその情報を保持している現象のこと。ブランクがあっても、過去の状態や過去以上の成果を短期間で出すことができる。

8.3.3 アン・ラモットのツールボックス

アン・ラモット（Anne Lamott）の『Bird by Bird』[※注15]は、作家の苦悩、恩恵、愛、そして恐怖を解き明かすという点に関していえば、ありきたりな作品です。ナボコフやダイヤーのアドバイスと比較すると、ラモットのアドバイスは、より個人的で感情的な色彩を帯びていますが、それでも同じくらい重要です。次の数段落では、特に刺激的と思えたラモットのアドバイスを選んで紹介しています。

▪ 自分自身のオリジナルストーリーを書け

「あなたが経験したことは、全てあなた自身のものである。あなたのストーリーを伝えなさい」とラモットは書いています。現在Javaの世界で活躍している元Pythonプログラマーとして、Pythonのスキルを発揮することを恐れないでください。これは、**キャメルケース** vs. **スネークケース**のような文法についての話ではなく、過去の個人的な経験を現在のコーディングの問題に応用する創造的な方法についての話です。それができるのは、あなただけなのです。

▪ ただ座れ

ダイヤーの「習慣を作れ」というアドバイスを繰り返すように、ラモットも「毎日ほぼ同じ時間に座ること。これは、創造性を発揮できるように、無意識を訓練する方法である」と書いています。インスピレーションが湧くまで時間がかかることもあります。イライラせずに我慢強く待ちましょう。「天井を見たり、時計を見渡し、あくびをしたりして、もう一度紙を見つめなさい。そして、キーボードの上に指を構え、自分の心に浮かんでくるイメージ（風景、場所、キャラクター、何でも）に目を凝らしなさい。そうやって心を静めようとすると、心の中のほかの声よりも、その風景やキャラクターが何をいっているのかが聞こえるようになる」。創造性に関する調査中、「ただ座って書き始める」というプログラマーもいました。文法にすらまったく気にせず、「アイデアを外に出す」ためだけに、たいていは疑似コードを使って全体的なアイデアを書き留めます。そして、他者の助けを借りつつ、徐々に実行可能な解決策へと形を変えていくのです。

※**注15**　Anne Lamott『Bird by bird: Some instructions on writing and life』（Anchor Books, 1995）。邦訳『ひとつずつ、ひとつずつ――書くことで人は癒される』（森 尚子 訳／パンローリング／ ISBN978-4-7759-4119-5）。

- **ごまかすな**

  エンドユーザーは、すぐに気付きます。「たとえここ数年で、私たち、つまりあなたの本の読者がほんの少し地位を失っているとしても、読者は聡明で注意深い存在であると想定しなければならない。だから、あなたがごまかそうとしたら、それに気付くはず」。ラモットは、**あなたの読者**が聡明で注意深いことに言及しています。そして、プログラミングでは、読者はエンドユーザーだけとは限らないのです！　あなたの現在および未来の同僚は、おそらく、あなた以上にあなたのコードを何度も読むでしょうが、彼らもまた、余計な装飾にだまされるはずがありません。クリエイティブプログラマーは、それがビデオゲームであれ、管理者用のWebアプリケーションであれ、モバイル駐車アプリであれ、エンドユーザーを考慮します。可能であれば、ユーザーと会って、ユーザー自身とその世界を知り、ユーザーのビジネスニーズを注意深く分析してください。中途半端な顧客プロファイルやビジネスロジックに対しては批判的であってください。それらが終わった後に初めて、ユーザーのニーズに合わせてコードを書いてください。

- **周りの人に助けを求めよ**

  ラモットは、あなたの書くものに正確な庭園の描写を込めるのを手伝ってくれるかもしれない、情熱的な庭師を例に挙げています。「言葉に魂を吹き込む」ために、他者の専門知識を活用してください。音楽ストリーミング用のWebサーバーを実装する必要がある場合、音楽家の話を聞いてピッチや典型的な波形を学ぶことで、データを効率的にエンコードする方法について、より詳しく理解できるようになるかもしれません。

- **ステップバイステップまたは「Bird by Bird」で書け**

  時折、自分がどこに向かっているのか、わからなくなることがあっても大丈夫です。かたくなに目的地に焦点を合わせることは、途中で起こる全てのことに目を閉じることになります。ラモットは、小説家で教授のE・L・ドクトロウ（E. L. Doctorow）の「小説を書くことは、夜中に車を運転するのと同じである。自分のヘッドライトの先しか見えなくても、旅自体は続けることができる」という言葉を引用しています。少し先を見るだけで十分なのです。

- **完璧を求めない**

  ラモットによれば、「完璧主義は圧制者の声であり、人類の敵である。それはあなたを縛り付け、一生気を狂わせ続けるものであり、あなたとクソみたいな初稿の間に立ちはだかる最大の障害なのだ」と述べています。彼女は次のように続けます。

> 完璧主義というのは、慎重に走ってそれぞれの踏み石を適切に踏んで走れば決して死ぬことはないという強迫観念に基づいているのだと思う。真実は、あなたはどのみち死ぬことになるし、足元を見ていない多くの人が、あなたよりずっと大成功を収め、ずっと楽しんでいるのだ。

演習

新しい同僚がコードの作成についてアドバイスを求めてきたと想像してください。あなたは何といいますか？　同僚にチームのコーディングスタイルガイドを教えますか？　または、座って個人的な成功ストーリーを語りますか？　ロバート・C・マーチンの『Clean Code』[訳注15]のコピーを渡しますか？　それとも、答えを先延ばしにして、今週はペアプログラミングをすることを提案しますか？

　私たちの独善的な自己が、無駄の限界をはるかに超えて、コードの一部の手直しやリファクタリングを続けてしまうことがあります。現実的な自分を意識しましょう（ただし、あまりにも軽率に手を抜かないように）。しかし、独善的な自己も意識しましょう（ただし、完璧主義に取り憑かれないように）。「第5章　批判的思考」の真言を思い出してください。**創造性は手段であり目標ではない**のです。

8.4　選抜：プログラマーのツールボックス

　創造性の研究は、環境の分析、問題の認識と特定、仮説の設定、代替案の作成など、100以上のさまざまな創造的な問題解決テクニックを生み出しました。そこで問題なのは、そのうちのどれがプログラミングの領域で適用可能なのかという点です。

　ソフトウェアエンジニアは、自分では認めたくないほどに創造的なテクニックを知っています。2週間に一度のレトロスペクティブで、エスター・ダービー（Esther Derby）とダイアナ・ラーセン（Diana Larsen）による素晴らしい『Agile Retrospectives』[※注16]や、https://funretrospectives.com/のようなWebサイトをベースにした創造的なテクニックが常に適用されるのを私は見てきました。しかし、なぜ私たちは、会議室以外の場面で

訳注15　邦訳『Clean Code アジャイルソフトウェア達人の技』（花井 志生 訳／KADOKAWA ／ ISBN978-4-04-893059-8）。

※注16　Esther Derby and Diana Larsen『Agile retrospectives: Making good teams great』（Pragmatic Bookshelf, 2006）。邦訳『アジャイルレトロスペクティブズ　強いチームを育てる「ふりかえり」の手引き』（角 征典 訳／オーム社／ ISBN978-4-274-06698-6）。

もこれらのテクニックを活用しないのか、私には不思議です。たとえば、**トリプルニッケ
ルス**（Triple Nickels）のようなレトロスペクティブを活気付けるためのさまざまなテクニッ
クを開発中に使用することに、何の問題があるのでしょうか？　トリプルニッケルスのア
クティビティでは、まず小さなグループでブレインストーミングを行い、個別にアイデアを
紙に書き留めます。5分後、各人は自分の右側の人に紙を渡し、そのアイデアについて、
さらに5分間アイデアを加えます。これを元の作者に書いた紙が戻るまで繰り返します。
これは、従来の考え方とは少し異なるアイデアを即座に却下するリスクを避けつつ、アイ
デアの限界を素早く発見し、強化する素晴らしい方法です。このような小さくて楽しいエ
クササイズは、コーディングセッション中に壁にぶつかったとき、臨機応変に実施できま
す。壁は、スプリントとスプリントの間ではなく、スプリント中に乗り越えるべきものです。

　以降のセクションでは、専門家が過小評価したり、一般的に誤解されている創造的な
テクニックに着目して紹介します。そういったプログラマーツールから錆を取り除き、光り
輝かせましょう。酢に漬ける必要がないことは、お約束します。

8.4.1　アンナ・ボブコウスカのツールボックス

　2019年、ソフトウェアエンジニアリングの研究者であるアンナ・E・ボブコウスカ（Anna
E. Bobkowska）は、特定の「訓練 - 適用 - フィードバック」サイクルを利用して、ソフトウェ
アエンジニアリングにおける創造的なテクニックの可能性を探求しました[注17]。この実験
の終了後、参加者の創造的なテクニックに対する評価は高まり、「これらのテクニックを
組み合わせることは、実際に役に立つ可能性が高い」と主張しました。ボブコウスカは、
次の7つのテクニックに焦点を当てています。

- 隠された前提と暗黙の知識を発見するために**ナイーブな質問**をする
  例：「このWebページには、たった1つの入力フォームだけが必要だと思ってください！」
- 「もしも〇〇」と考えたり、隠された一連の影響を調べたりする
  例：「もし私が送信ボタンを20回押したら？」
- 個人的な壁を理解するために「もし……だったら、私はもっと創造的なのに」とい
  う文を完成させる
  例：「もし思考の散歩が嫌がられなかったら、私はもっと創造的なのに」

※**注17**　Anna E Bobkowska『Exploration of creativity techniques in software engineering in training-
application-feedback cycle』（Enterprise and Organizational Modeling and Simulation, pp99-118, 2019）http://
dx.doi.org/10.1007/978-3-030-35646-0_8

- **ルネット**（Lunette）テクニック（異なる抽象レベルで問題を見る）を使う

  例：一般化と具体化の間を行き来する。コードに焦点を当てた後、俯瞰的視点を適用し、再び視点を引き戻す

- **リバースブレインストーミング**（最初に批判し、その後改善を促す）を使う

  例：「このデータベース構造の何が気に入らないのか？」

- ボブコウスカが**（古い動物の分類法の提示から派生した）中国語辞書**と呼ぶ、非定型な分類を作成するテクニックを使う

  例：プロジェクトに関連する懸念事項に対して、普段とは異なる分類を作る

- **「招待しましょう」テクニック**（（想像上の）創造性の専門家たちの創造性パターンを使うこと）を使う

  例：「リーナス・トーバルズを招待するとします。彼はこれについて何というでしょうか？」

これらのテクニックのいくつかは、おそらく、あなたにも非常に馴染みのあるものでしょう。私と同僚たちがプログラマー向けの創造的なテクニックを探求するために行ったインタビューでは、「想像力を爆発させることが、未知の制約や仮説を見つけるための優れたテクニックだ」と頻繁に言及されました。

人物1　……または、ちょっと斬新な発想ですね。最近私たちがレトロスペクティブで応用した1つは、あらゆる異なる方法で物事がうまくいかない可能性を探し出すために、いわば別の観点からどうやってシステムを壊せるかを問うというものです。

人物2　ええ、モデリングするときなんかは、なんとなくよくやりますね。たとえば、これが解決策だとしたらこのときはどうなるのか……やっぱり壊れた。で、壊れるなら、それでいいのか？　ダメなら次の解決策に進む……。

繰り返し「なぜ？」と質問して玉ねぎの皮を剥がしていくことは、対話中でも独り言でも共通のテーマでした。思考を声に出すことを科学者は**主体的対話**（self-directed speech）と呼び、視覚処理中の脳のパフォーマンスを向上させることが証明されています[注18]。別の誰かやほかの何か、たとえばラバーダック[注19]の助けを借りたデバッグや、壁に掛けられている有用なアート作品（アートベース学習）、あなたの猫や同僚などに説明することで、しばしば解決策が魔法のように現れます。説明したり、教えたりすることで、私たち

※注18　Gary Lupyan and Daniel Swingley『Self-directed speech affects visual search performance』(Quarterly Journal of Experimental Psychology, Vol65, Issue6, pp1068-1085, 2012)。

※注19　ソフトウェアエンジニアリングにおいて、ラバーダックデバッグは、自然言語で話したり書いたりすることで問題を明確にし、コードのデバッグを行う方法。これは最初に『The Pragmatic Programmer』で紹介された。https://rubberduckdebugging.com/

は、スローダウンして異なる方向から問題に取り組まざるを得なくなり、そうすると、たいていはより深い理解が得られるのです。

　ほとんどのテクニックは、実装に関連する壁を特定して解消するために役立ちますが、リバースブレインストーミングや非典型的な分類の作成のようないくつかのテクニックは、もっと前のアイデア形成の段階で活用できます。ボブコウスカは、創造的なテクニックを**対人スキル**（チームの結束力の生成、個人的な壁の除去）、**創造性スキル**（連想思考とアイデア形成）、**モチベーション関連スキル**（マイナス要素を発見するのに役に立つ）、**壁を乗り越える**という4つのテーマに分類してます。

ブレインストーミング：負の側面

　創造性の専門家によって推奨されるブレインストーミングセッション以上に定型的なものはあるのでしょうか？　ブレインストーミングは、私たちの研究でも、私が創造性に関する文献を読み漁っている中でも、最も頻繁に言及されていた方法です。

　しかし、ここで明確にしておかならなければならないことがいくつかあります。多くの研究が示しているように、私たちが知っているようなブレストストーミングはうまくいきません。その理由の1つ目は、人は、会議室でホワイトボードの前にいるときよりも、1人でいるときのほうが2倍多くのアイデアを生み出すからです。2つ目は、点と点をつなぐこと、つまり私たち全員が待ち望んでいる1つの「大きな」アイデアを作ることも、1人のほうがやりやすいからです。3つ目は、エリック・ワイナーが指摘したように、多くのブレストストーミングセッションには隠された意図があり、本当に素晴らしいアイデアを抑圧する圧力がかかるからです。4つ目は、無作為にアイデアを吐き出すことは、ほかの人の思考プロセスに影響を与えてしまうからです。私たちは皆、「それは絶対にうまくいかないよ」といって、私たちを中断させつつ首を横に振るやっかいな同僚を知っています。そして5つ目は、「第3章　コミュニケーション」で説明したように、天才集団は異なる性質の頭脳が十分に集まった場合のみに機能するからです。

　ということは、ブレーンストーミングを捨てなければならないのでしょうか？いいえ、お互いを尊重し合って集まることは、アイデアを集めるための素晴らしい方法であることに変わりはありません……会社の会議室ではなく、カフェでね。

『The Pragmatic Programmer』[※注20]というバイブルは、毎年新しいプログラミング言語を学ぶことを勧めています。新しい言語にはそれぞれ、独自のガイドライン、スタイル、熱心な支持者、そして問題解決に対する独自のアプローチがあります。習得した言語が多ければ多いほど、創造的に組み合わせて、ある言語のプラクティスをほかの言語に転移できる可能性が高まりますが、「第4章 制約」で説明したように、異なる言語間の衝突には注意が必要です。

ブルース・テイト（Bruce Tate）は、アンディ・ハントとデイブ・トーマスによる毎年新しいプログラミング言語を学ぶという推奨が、あまり好みではありませんでした。1年にたった**1つ**だけなのか？ なぜ7週間で7つの言語ではないのか？ 彼の著書『Seven Languages in Seven Weeks』で、彼は2か月で7つの言語を学ぶ旅[※注21]をベースに、新しいプログラミング言語を早く学ぶ方法に関する実践的なヒントを提供しています。この本は大ヒットし、4年後には続編となる『Seven More Languages in Seven Weeks』が出版されました。テイトの本は、言語ごとの多くの専門知識を網羅しており、それぞれ異なるコミュニティにまたがるプログラマーたちが、複雑な問題をどう解決しているのかが学べます。

複数の言語の観点から考えることは、難しいコードの問題に取り組む効果的な方法です。問題に行き詰まり、現在の技術ではどう進めばよいかまったくわからない状況を想像してみてください。JavaScriptやElixir、Kotlinを書けるとしたら？ あるいは、Cのポインターを使えるとしたら、もっと簡単に解決できるかも？ あるいは、Rubyのリフレクションを使った拡張は？ 関数型言語で表現できるとしたらどう？ もっと簡単になる？ 余計難しくなる？ filter()やmap()をつなげて処理するのはどう？ ほかの言語で使われているnull許容型はどう？ ビジネスロジックはProlog[訳注16]で表現すべき？ Squirrel[訳注17]のようなスクリプト言語のメリットは活かせない？ あるいは、カスタムのドメイン固有言語（DSL）でロジックを表現するのはどうだろう？

※注20 Andy Hunt and Dave Thomas『The Pragmatic Programmer: From journeyman to master』（Addison-Wesley Professional, 1999）。邦訳『達人プログラマー（第2版）熟達に向けたあなたの旅』（村上 雅章 訳／オーム社／ ISN978-4-274-22629-8）。

※注21 Bruce A. Tate『Seven languages in seven weeks: A pragmatic guide to learning programming languages』（Pragmatic Bookshelf, 2010）。邦訳『7つの言語 7つの世界』（田和 勝 訳、まつもと ゆきひろ 監訳／オーム社／ ISBN978-4-274-06857-7）。

訳注16 論理プログラミング言語のうちの1つで、特に人工知能や自然言語処理の分野で使われている。https://www.swi-prolog.org/

訳注17 ゲームプログラミングのためのスクリプト言語。https://www.squirrel-lang.org/

今使っている言語で問題が解決できないのであれば、別の言語を試してみましょう。そして、また別の言語を試してみましょう。それでもダメなら、さらにもう1つ。もう7つ目の言語だって？　だとすれば、アイデアをほかの言語から逆輸入するだけで十分なのかもしれません。おそらく、あなたの頭の中の仮想マシンはその言語を解釈できるでしょう。たとえば、RubyとPythonはJVMとCLR上で動作し、ClojureはJVM上のLispから派生した言語です。そして現在、ほとんどのプラットフォーム上でJavaScriptのコードを実行できます。

　多くのプログラマーは、日々のルーティンと思考の枠に囚われています。このトンネルビジョンは、ほかの可能性の発見を妨げてしまっていることもあるのです。興味深いことに、私たちのフォーカスグループの参加者の誰も、別の言語への切り替えやほかの言語パターンについて考えることを創造的な活動とは言及しませんでした。代わりに、私たちとのインタビューの中で「構文の扱いに苦労することは、明らかに創造的ではない」と述べた人がいました。

> 創造的ではないのは、構文エラーが起きているような場合、極端にいうと、全てを入力して実行しなければならず（笑）、コンマの位置の間違いを3、4回修正しなければならない場合です。言語によっては、もっと時間がかかるかもしれません。ユニットテストの機械的なエラーもそうです。私が書き留めたものが新しい技術である場合も。何か新しいこと、たとえば、それがどう機能するのか、あのプロトコルはどういう役割を持つのか……といったドキュメントを読んでいる場合です。

　最後の発言は、「第1章　創造性の先にあるもの」で説明したように、創造的になるために必要な専門知識の基準を示唆しています。

　『The Pragmatic Programmer』は、新しい言語を毎年学ぶことを推奨しているだけでなく、ソフトウェア開発の世界に武道の「カタ（kata）」[訳注18]の概念を紹介しています。コードのカタの演習は、武術の型とまさに同じく、通常は、マッスルメモリーを鍛えて技を実践するために繰り返し書き直される小さなコードスニペットです。

　私が知っている中で最も人気のあるコードのカタの演習問題は、おそらくボーリングゲームでしょう。ボウリングの採点ルールを全員が思い出した後、コーダーはテストファーストのアプローチを使って実装に挑戦します。あなたなら、どこから始めますか？　Gameクラスを作成しますか？　それとも、Player または ScoreCalculator ですか？　スペアやストライクの採点ロジックを再利用するために、継承を使うべきですか？　このよう

訳注18　プログラミングの型と区別するため、あえて「カタ」と表記している。

な一見簡単な課題をコードで実現しようとすると、かなり複雑になることもあります。そういったときは、全てを投げ捨ててリトライするべきなのです。

　私が関わってきたカタの多くは、いつも私たちが作業しているコードベースとは無関係な小さな独立した演習問題で構成されていました。Codewars[訳注19]のようなオンラインのコードのカタ用トレーニングプラットフォームは、主に構文とアルゴリズムの知識を向上させることに焦点を当てています。コードのカタの概念は、ボウリングのルールにこだわるのではなく、開発プロダクトのコードベース上の問題を解決する可能性のある方法を素早く考え出すための効果的なツールにもなり得るのです。

演習

ペアを組み、ある機能またはその一部を実装してみてください。さて、あなたのペアに、今書いた実装を消してもらいましょう……嫌ですよね？　1人でやる場合には、自分自身で実装を書き消し、それを同僚が書いたコードだと思ってください。その人よりも、もっとうまく実装できますか？　とはいえ、可能性を探求したり選択肢をすでに検討しているので全てが失われているわけではありません。さて、ここでは新しい思考習慣を試してみました。次回は、間違いなく、もっとうまくできるでしょう。

8.4.3　エミリー・モアハウスのツールボックス

　2015年、エミリー・モアハウス（Emily Morehouse）は、カナダのモントリオールのPyConカンファレンスに初めて参加しました。そのカンファレンスで、Python言語の作成者であるグイド・ヴァンロッサム（Guido van Rossum）は、当時、まだ女性の参加者がいなかったため、女性のPythonのコア開発者を募集することを発表しました。エミリーは、単純に開発の始め方やコア開発者が実際にやることがまったくわからなかったという理由だけで、その機会に飛びつくまでに1年かかりました。幸いにも、彼女を指導するためにグイドがそこにいたのです[※注22]。

　図8.6が示すように、CPythonのソースコードは巨大です。Cのコードが55万行以上、Pythonのコードが62万9千行以上含まれています。このような巨大で長期間運用されているプロジェクトに貢献するためには、どこから始めればよいのでしょうか？　GitHubで報告された小さなバグを修正しても意味がありません。なぜなら、簡単なものはすでに

訳注19　https://www.codewars.com/
※注22　PyCon Colombia 2020でのエミリー・モアハウスによるキーノートセッションでは、彼女がどのようにコア開発者になったかを視聴できる。https://youtu.be/TSphDJdco8M

解決されているに違いないからです。そうではなく、メンターの指導の下、エミリーはソースコードの学習を始めました。これにより、ほかのコア開発者がどう働き、どのパターンが繰り返し適用され、どのように意思決定が行われているのかを理解できたのです。そして、おそらく改善が必要な箇所がどこにあるのかまでも、わかるようになったのでしょう。

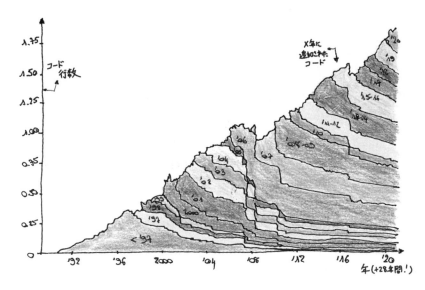

⚫️**図8.6** CPythonのコードベースの進化を年度ごとのコホートに分けて示した時系列の図。ここから、コードが28年以上にわたり、どのように進化・成長してきたかがわかる。パブロ・ガリンド・サルガド（Pablo Galindo Salgado）によって収集され、エリック・バーンハドソン（Erik Bernhardsson）の*git-of-theseus*（GitHub上で利用可能）によって生成されたデータに基づいている。

アーティストのオースティン・クレオンによる「アーティストのように盗め」宣言のように、私たちは他者のソースコードを研究することで、自分たちの仕事に活かすための貴重な教訓を得ることができます。小説家にアドバイスを求めましょう。最初にいわれそうなのは「もっと本を読め」でしょう。優れた作家になるためには、まず読書をしてください。

私たちプログラマーが、（特に快適に日々扱っているプロジェクトのコードベース以外の）他者のコードを意図的に読んで学ぶことの少なさに、私は困惑しています。私たちの過去の読書グループでは、プログラミングに関する本を取り上げましたが、無料のオープンソースソフトウェア（FOSS）のコードを取り上げたことはありませんでした。優れたプログラマーになるためには、まずコードを読みましょう。そして、有名なハッカーでありオープンソースソフトウェアの提唱者であるエリック・S・レイモンド（Eric S. Raymond、ESR）が『How to Become a Hacker』[注23]で示唆しているように、コードではなく、

※**注23** http://www.catb.org/esr/faqs/hacker-howto.html

テキストで文章を書くことも重要なのかもしれません（書き方に関するワークフローの詳細については「第1章 創造性の先にあるもの」を参照してください）。

GitHubやGitLabなどのソーシャルコーディングプラットフォームは、FOSSのコードの読解と理解にとても有用です。こういった大規模なプロジェクトの多くは、積極的にコントリビューターを募集しています。絶え間なく押し寄せる問題や膨大なコードを追いかけるのは気の遠くなるようなことかもしれませんが、FOSSへの貢献は、自分自身のプログラミングスキルを磨くための素晴らしい方法なのです。

もし、あなたが本気でFOSSに貢献したいと考えているのならば、エミリー・モアハウスのPythonのコア開発者を目指すという目標のように、自分の状況を確認してくれるメンターを持つのは贅沢なことではありません。エミリーは、もし指導がなければ途中で挫折していたことを認めています。メンターは、表層からは見えない、かなり重要な文脈を再現できるのです。コードの一部は、もはや誰も触れたくない遺物となってしまっています。なぜこのファイルには、奇妙なC言語の関数がグループ化されているのか？　なぜxやyを使わなかったのか？　適切なドキュメントがないと、そのまとまった知識は、時間とともに、どんどん失われてしまいます。

コードを読み、メンターを持つことに加え、モアハウスは、開発コミュニティの信頼を得ることの重要性も強調しました。これは、非常に時間のかかるプロセスです。共感を養うことは、残念ながら、どのCONTRIBUTING.mdでも言及されていません。これに成功してコミュニティに馴染んだ後は、新しいコントリビューターをサポートし、インターネット上の迷惑な匿名の人々に対処することが、あなたの役目になるのです。

どの言語開発者もそうであるように、Pythonのコア開発者は、コードを書くだけではなく、はるかに多くのことを行っているのです。

まとめ

- 複雑な問題に取り組むときは、時折ツールを切り替えることを忘れないこと。視野を狭めたままにせず、別の視点から問題を見るために視野を広げてみよう。

- 創造的ツールボックスの中のツールを大切に使おう。たまには、批判的に評価し、研ぎ直そう。もしかしたら、切れ味の悪いものは捨てるべきタイミングなのかもしれない。

- 技術から離れて傑作を鑑賞することで、アイデアがひらめき、そのコンセプトをコードに反映させるインスピレーションを得られる可能性がある。創造性においては、自分自身の心の声だけに耳を傾けず、傑作に語ってもらおう。

- アイデアの侮辱、横領、盗用を避けよう。そうではなく、アイデアを尊重し、研究し、再編集すること。詐欺師のようにではなく、アーティストのように盗め。
- かゆいところを自分でかこう。脇道を探索することは、創造的な問題解決能力を向上させ、新製品を生み出す可能性のある効果的な方法である。
- コードを書くときは、キーボードにバックスペースがついていることを思い出してほしい。足すよりも引いたほうが明瞭になることもある。
- あなたのキャリアに休養期間を組み込み、たまには創造的な思考のバッテリーを充電するための休みを取ろう。新しいテクニックを探求したり、本業以外の新しい人々と出会ったりすることは、あなたの仕事を刺激し、よりよいものにしてくれるに違いない。
- 現在の気分や感情も、認知能力、さらには創造的な問題解決能力を左右することをお忘れなく。日々、創造的である必要はないのだ。
- コードにおいては、内容や機能的な正しさと同じくらい、スタイルや構造は重要である。クリエイティブプログラミングをしすぎると、逆に保守性が下がる可能性がある。
- 最初から始めるのが難しいと思ったら、途中あるいは最後から始めればいい。構文が難しければ、構文エラーを無視して書けばいい。まずはアイデアの本質を捉えることで、標的としているプログラミング言語の実装がより簡単になるだろう。
- プログラマーの創造的ツールボックスの中で最も重要なツールの1つは、おそらくコードエディターだろう。それについて詳しくなろう。ショートカットやさまざまな設定をいじることに時間をかけよう。基本をマスターすれば大きな収穫があるはずだ。
- 壁にぶつかったら、一旦あきらめてほかのことをやってもいい。1時間後、1日後に解決策が見えることもある。
- 特定のプログラミング言語に関する個人的な経歴を有効活用しよう。Rubyのメッセージパッシング[訳注20]構文に詳しければ、Elixirのメソッドで困ることはほとんどないだろう。それをさらに発展させ、言語に必要な筋肉を動かし、来月までに新しい言語を2つ学ぶチャレンジをしてみよう！
- いつもの会議室の外で、お気に入りのアジャイルレトロスペクティブのブレインストーミングツールのいくつかを試してみよう。
- コーディングの問題について、あなたの両親、あなたの子供、プログラマーではない友人、そしてあなたの顧客と話し合おう。彼らの非技術的な視点から、あなたが専門家として見落としていた単純な解決策が見つかることもある。

訳注20　並行計算・並列計算、オブジェクト指向、プロセス間通信で使われる通信方式。

- コードのカタを準備するときは、現在のプロジェクトのソースリポジトリから、コードの一部を切り離せるかを確認しよう。もしかしたら、従来の独立したカタの演習問題よりも、そのような断片のほうが、あなたや同僚を訓練する、よりよい候補であるかもしれない。
- まだメンターがいないのであれば、自分の創造的ツールを作る手助けをしてくれるメンターを探し始めよう。

<Chapter>

創造性に関する最終的な見解

本章の内容

- ●創造性は生まれ持ったものではなく、習得できるスキルである
- ●経験に基づく創造性に対するさまざまな認識
- ●創造的であってはならないとき
- ●さらに読むべき本

　私たちは、あなたの内なるホモ・ファベルを目覚めさせることを前提に、この創造的な冒険を始めました。専門知識、コミュニケーション、制約、批判的思考、好奇心、創造的な心の状態、そして創造的なテクニックに投資することで、あなたがクリエイティブプログラマーへの道を徐々に進んでいけることをお約束します。しかし、最も困難なクエストの1つは、まだこれからです。そう、理論を実践に移すことです。それは、あなた自身の力で取り組まなければなりません。あなたの好奇心と根気が試されるたくさんの壁が立ちはだかるでしょう。あなたがこの道を突き進んでいけるように、私があなたの背中を押せているとすれば幸いです。

　また、「この探究のミッションに付き合ってくれてありがとう」といいたいです。波瀾万丈な道のりでした。しかし、お決まりの「まだまだ、お楽しみはこれから」です。ソフトウェアエンジニアリングにおける創造的な問題解決に関する見識を提供する作家としての役目はもう終わりましたが、卒業生であるクリエイティブプログラマーとしてのあなたの役

Chapter

9

創造性に関する最終的な見解

目はまだ始まったばかりです。

　これからの旅に幸あれ！　困難な状況に陥ったとしても、本書が道標になることをお忘れなく。たまには、各章をめくって、創造性はロケット科学^{訳注1}ではないことを思い出してください。誰もが創造的になれるのです。

9.1　誰もが創造的になれることをお忘れなく

　チャールズ・ダーウィンは、重度の不安神経症に苦しみ、ほぼ毎日何時間もベッドに横たわっていなければなりませんでしたが、それでも世界に大きく貢献しました。認知心理学者のミハイ・チクセントミハイがインタビューしたノーベル賞受賞者の多くは、創造的プロセスについての質問に答えたとき、謙虚な態度を示しました。中には「たまたま適切なタイミングで適切な場所にいただけで、誰にでもできたかもしれない」とさえ認める人もいたのです。

　このようなストーリーは大変励みになります。（単に）遺伝子やIQ、素質によるものではなく、誰でも創造的な天才になれる可能性があるのです。繰り返しになりますが、アルベルト・アインシュタインも「私は、それほど賢くはありません。ただ人より長く、1つのことに付き合ってきただけなのです」と述べました。ほとんどの天才は、特別に知的だったり社交的だったりするわけでもありません。私やあなたと変わりません。あることに情熱を傾け、勤勉で、好奇心旺盛なのです。

　心理学者のキャロル・ドゥエックは、硬直マインドセットをしなやかマインドセットに変えられることを証明しました。「第6章　好奇心」で探究したように、創造性についても同じことがいえます。

> 学生（私たちの場合はプログラマー）に、「創造性は生まれ持ったものではなく、習得できるスキルである」ということを示せば、学生（プログラマー）の創造性は花開きます。

　本書からたった1つだけ持ち帰ってほしいものがあるとすれば、ElixirやScalaを使ったプログラミング、Unixコマンドラインを流暢に使えること、エンタープライズソフトウェアの設計パターンの知識とまさに同じように、創造性は学ぶことで習得できるスキルであるという、しなやかな物の見方です。誰でも創造的になれます。創造性は生まれ持ったものではなく、特別な才能が必要なわけでもありません。創造性は、レンブラント、カンディ

訳注1　英語圏で使われる、困難なことや難しい理屈のイディオム。

ンスキー、フィンセント・ファン・ゴッホ、マドンナ（Madonnas）、マイケル・ジャクソン（Michael Jacksons）、リーナス・トーバルズ、スティーブ・ジョブズ（Steve Jobs）のような世界の人々だけが持つ魔法ではないのです。

　それどころか、創造性は、比較的最近現れた社会文化的な評価なのです。創造的になれる可能性は、水平思考能力などのような1つの大きな要因だけに限定されるものではありません。確かに、創造性は複雑で面倒なロケット科学ではありませんが、創造性にまつわる概念同士は、お互い密接に関わり合い、その関係性に基づいている（つまり、**体系的**である）ために複雑です。

　創造性がプログラミングと同じく習得できるスキルであるならば、筋肉のようにトレーニングして鍛えられるということです。本書全体で触れてきた科学的根拠が、この主張を裏付けています。これは、クリエイティブプログラマーになればなるほど、さらに創造的になれる方法を学べるという、まさに強化学習ループ[訳注2]そっくりなのです！

創造性の「ベストプラクティス」は危険かもしれない

　私は、創造性を高めるために、ああしろこうしろと他者にアドバイスすることを、いつもちょっとためらいます。というのも、思うようにうまくいかないからです。「第7章　創造的な心の状態」のマインドフルネスの例を考えてみましょう。ただ単にマインドフルネスを実践するだけではほとんど効果がないにもかかわらず、短絡思考でデータに過度に頼るマネージャーは、仕事関連の問題の治療薬としてマインドフルネスを大々的に処方してしまうのです。

　各章は箇条書きの「まとめ」で終わっていますが、創造性、もっとはっきりいえばマインドフルネスを一塊のベストプラクティスとしてまとめてしまうのは、非常に危険なのです。本というものは、ある特定の方法で構造化されている必要があります。プログラマーが、せっかちで、大事なところだけを抜き出すように文章をざっと読みたい現実主義者であることはわかっています。だからこそ、ここではどうかそのような間違いを犯さないでください。部分思考ではなく、システム思考をお忘れなく！

9.2　創造性を培うという見方について

　数十年があっという間に過ぎ、私たちは年を重ねるにつれ、新しい見方を受け入れることがより難しくなっていきます。それと同時に、知恵が増えたことで、物事を批判的に考え易くもなっていきます。研究者であるダニエル・J・レヴィティン（Daniel J. Leviti）

訳注2　エージェントが行動を選択し、その結果として得られる報酬を基に再び行動を選択することの繰り返し。

は、著書『Successful Aging: A Neuroscientist Explores the Power and Potential of Our Lives』の中で、「私たちの性格は、一生の間に何度も変わっている（そして今後も変わる）可能性がある」と説明しています。個人の性格を5つの領域（誠実性、外向性、協調性、情緒安定性、経験への開放性）にわたってマッピングするビッグファイブ性格特性テストを受けた経験があるなら、年を取ってから再受験したときに結果が大きく変わっていても驚かないでください。あなたは、残りの人生をあまりにも不快であったり、あまりにも外向的に過ごしたりする呪いにかかっているわけではありません。これらの特性は、ある時点でのスナップショットに過ぎないのです。

　年齢に関連した性格の概念は、創造性に対して大きな影響を与える可能性があります。たとえば、経験への開放性が低いということは、最新かつ最高のものに好奇心を持ち続けにくくなるということです。もはや、これまでの内容でわかっていると私は願っていますが、好奇心は創造性の主要な要素です（第6章）。それに加えて、ダニエル・レヴィティンは「若者は協力して働くことをあまり好まない」とも述べています。これも創造性の重要な側面の1つです（第3章）。

　仕事のリソース、年齢、そして心理学者が**アイデアの創造性**（idea creativity）と呼ぶもの（あるいは創造性のアイデア出しパート）の相互作用に関する別の研究では、創造性に対して企業から適切なサポートが得られると、年齢とアイデアの創造性の間に正の関係があることを研究者たちは発見しました[※注1]。要するに、私たちが年齢を重ねるごとに過去のプロジェクトで得た経験が増えることで、アイデアの生成能力を大幅に向上させ、結果的に、より多くの創造的なブレークスルーを生み出すことにつながるということです。

9.2.1 技術的個人主義から創造的チームプレイヤーへ

　同僚や私自身の研究では、修士課程の学生や新人のソフトウェアエンジニアは、経験豊富なプログラマーと異なる形で創造性を解釈しているということが確認されています。前者は、グリーンフィールドプロジェクトを立ち上げる際の技術的な課題と創造的自由に焦点を当てつつ、1人で作業する際に体験する創造的な自由を強調する傾向があります。

　もちろん、ほとんどの修士課程の学生や新人エンジニアは、単純に経験が不足しています。そういった人々は、たまたま評価しやすくもあるきちんと練られた課題を除けば、他者と協力して行う大きなコーディングプロジェクトにきちんと取り組んだことがないのです。Microsoftの元技術コンサルタントであるアダム・バーは、大学のコンピュータサイエンスのカリキュラムの一部を批判しています。彼の最近の講演『Lessons From the

---

※**注1**　Carmen Binnewies, Sandra Ohly, and Cornelia Niessen『Age and creativity at work: The interplay between job resources, age and idea creativity』（Journal of Managerial Psychology, Vol23, Issue4, pp438-457, 2008）。http://dx.doi.org/10.1108/02683940810869042

Fifty-Year Quest to Turn Programmers Into Software Engineers』※注2では、「産業界は生きたコードを扱える（そして、一緒に働ける）エンジニアを求めているにもかかわらず、高等教育における個別の小規模な演習は、単独のプログラマーにフォーカスしすぎている」と説明しています。図9.1を参照してください。

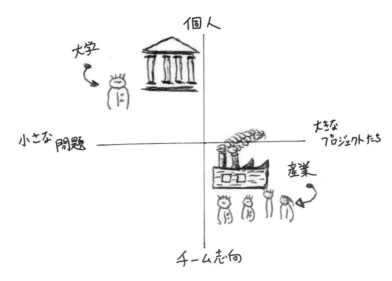

◆図9.1　アダム・バーによって示された学術界と産業界のギャップ。産業界は大規模なプロジェクトで協力して働ける人材を期待している一方で、大学では主に個人レベルの小規模なプログラミング問題に注力している。

　私は、アダムの意見に反対できません。学生の創造的な行動を研究した際に、同僚と私は同じことに気付きました。たとえば、コンピューターサイエンスの大学院生に、創造的であると感じた瞬間を尋ねると、彼らの最初の回答の多くは、非常に技術的なことだったのです。

> 本当に正しい解決策がまだ見つかっていない、特定の問題を抱えているときです。ソートアルゴリズムは、多くが既知の問題であるため、答えは（インターネットで）簡単に見つかります。しかし、情報が入手できないほかのものは、自分で何かを考え出す必要があります。

　「コーディング中に創造的になるのはいつですか？」という質問への学生や新人エンジニアの回答は、ほぼ似たようなものでした。一方で、少なくとも7年の経験を持つプログラマーにもまったく同じ質問をすると、彼らの回答は、だいたい次のようなものでした。

※注2　「ACM Tech Talk」（https://learning.acm.org/techtalks）

> *創造的になるべきとき、たとえば（ほかの人たちと一緒に）エンドツーエンドの解決策について考えることができる、あるいは、しなければならないとき、そして、従来のやり方ではなく別のやり方について話し合っているときです。*

　経験豊富なプログラマーの回答では、純粋な技術的課題は後回しにされ、協力（他者と一緒に考えること）と批判的思考（代替案を探索し、評価すること）が、たいていは中心に置かれていました。しかし、依然として、技術的な側面は、重要かつ創造性に関係があると考えられています。

　私たちの調査結果から、博士課程の学生と経験豊富なエンジニアの違いが非常に顕著であることがわかりました。これは、「創造性の領域と相関する可能性のある主要な性格特性は、年齢層によって異なる」という神経科学者たちの示唆を裏付けているように感じます。

　こうした発見は、さまざまな年齢層のメンバーがいるチームで働く際の役に立つ可能性があります。もしかしたら、博士課程の学生と経験豊富なエンジニアに、同じレベルの創造性を期待するべきではないのかもしれません。結局のところ、学生は、過去に蓄積された膨大な知識のプールから情報を結び付け、斬新なアイデアを生み出すことがまだできないのです。だからといって、私たち教育者が、学生が自ら探求する可能性の少ない創造的な問題解決の部分にもっと重点を置けないわけではありません。

創造性は認知機能の衰退との戦いを助ける

　私たちがインタビューしたうちの何名かは、全般的な精神および身体上の健康が、創造的な成功の前提条件であるという考えをほのめかしていました。それらの人々は正しかったのです。度重なる質の悪い睡眠は、私たちの集中力と拡散思考に干渉し、洞察を生み出したり、認識したりする能力を阻害するでしょう。さらに悪いことに、年を重ねるにつれて、私たちの脳の一部（たとえば前頭前野）は文字通り収縮し、プログラミングなどの認知的な要求の高いタスクで問題を起こしやすくなります。

　幸運にも、生涯を通じて創造的な問題解決やブレインストーミングに忙しく取り組んできたのなら、さまざまな興味深い方法で常に脳を鍛え、刺激してきたことになります。ダニエル・レヴィティンのような神経科学者は、「興味を惹き付けるような方法で脳を忙しく保つこと」で脳の神経可塑性[訳注3]を刺激し、脳の若さを保ち、認知症のような障害を遠ざける役に立つことを証明しています。自分自身に挑戦し続けてください！

訳注3　成長と再編成を通じて変化する脳内の神経ネットワークの能力。

9.2.2　CPPSTを再検討する

　本書の結論に辿り着いたので、「第1章　創造性の先にあるもの」で紹介したCPPST（創造的プログラミング問題解決テスト）を再検討するのに、おそらくよいタイミングでしょう。もしかしたら、目の前の話題に関して新たに生まれた洞察が、各領域の平均スコアを引き上げるかもしれません。このテストを、他者との、あるいは異なるプロジェクト間の数字比較競争に矮小化しないように心がけてください。

　最初にCPPSTを紹介したとき、実は意図的に省略したことがあります。それは、テストを受けた約300人の学生は、コンピューターサイエンスの1年生と今年の卒業生が、おおよそ同数で構成されていたことです。そして、両グループの統計分析を個別に調査したところ、わずかに異なる相関関係があることに気付きました。

　たとえば、今年の卒業生は、全体的にコミュニケーションに関連する質問のスコアが低いのです。驚くべきことに、「定期的に仲間の学生や同級生からフィードバックを求めている」という項目に同意した学生が、1年生よりもはるかに少なかったのです。もしかしたら、卒業生は自信過剰になっていて「フィードバックは必要ない」と感じていたのかもしれません。あるいは、アダム・バーが話していたような個人主義が、彼らが卒業するころには完全に脳に焼き付けられていたのかもしれません。しかし、もっと可能性が高そうなのは、フィードバックは、自分自身の創造的なアイデアを向上させるものではなく、成績に関わる義務的なものと認識されていたのかもしれません。1年生というのは、単に知識が少ないため、（同級生と講師の両方に）フィードバックを求めることに躊躇がなかったのでしょう。

　また、分析の結果、私たちが探求した創造性の7つの領域は、**能力**、**マインドセット**、**相互作用**という3つの包括的な構成要素に再編成できることもわかりました。ただし、この分類は、対象が学生のみの場合に関連していることに注意してください。というのも、関連性があることが判明した質問のほとんどは、（技術的な）能力に焦点を当てていたためです。言い換えれば、創造的な問題解決に対する学生の間違った認識によって、「単独のプログラマー」の問題に有利なほうへと結果が偏ってしまったということです。これは、年齢による創造性の違いを示す新たな証拠なのでしょうか？

演習

あなたのプロとしてのプログラミングのキャリアを振り返ってみてください。本書で紹介されている創造性の7つの主なテーマに関して、キャリアが進むにつれて好みや習熟度は変わりましたか？　それは、プロジェクトではなく、あなた自身の個性の小さな変化によるものであることに間違いありませんか？

9.3 創造的であってはならないとき

『The Creative Habit: Learn It For Life』では、ダンサー兼振付師のトワイラ・サープ（Twyla Tharp）が、常に創造的な状態を保ち、生涯にわたって創造的な習慣を育むための実践的なヒントを紹介しています。それは、私たちがプログラミングでやろうとしていることとまったく同じように聞こえますが、サープは創造性をほとんど神聖な献身と見なしているようです。「あなたの仕事はあなたの人生だ」「完璧以外のものは何も期待するな」などの言葉を聞くと、創造性を受け入れずに逃げ出したくなってしまいます[※注3]！

私は、サープや、寿司というただ1つの慎ましいものに人生を捧げる97歳の有名な日本人シェフである小野二郎[訳注4]のような人をとても敬愛しています。小野二郎は、完璧な寿司を求め、今でも朝5時に起きて魚市場に自ら足を運び、最高のネタだけを選び続けているのです。仕事を辞めること（私たちが**リタイヤ**と呼ぶもの）は、社会からの孤立を深め、認知力（ひいては、創造性）を低下させる可能性を高めることが研究から確認されています。だからこそ、このような人々が、ただ1つの技術に身を捧げ続けていることは、間違いなく称賛に値します。

ただし、『The Creative Habit』では、1万時間以上を費やさなければ到達できない、事実上不可能なものとして、創造性が言及されています。熟練者から達人へ進むためには、確かに意図的な練習が効率的な手段であることは認めますが、私はこの意見に対して、あまり賛同できません。専門知識は、創造性を引き出す（「第2章　専門知識」）ために必要なものですし、もちろん練習は完璧さをもたらしますが、完璧だけを追い求めると、私たちがもっと望んでいるもの、つまり創造性の90％が損なわれてしまうのです。

創造的な完璧さを崇拝することの問題は、非常に気掛かりです。まず、完璧主義が燃え尽き症候群と鬱病につながりやすいからです。ただし、この2つは、もはや従業員のウェルビーイングといった社会問題としてはあまり関心が持たれておらず、今となっては、主に雇い主の金銭的損失や医療費負担といった経済的な観点からしか対策が採られていません。

2つ目に、科学上の大きな進歩や新しいAIアルゴリズムの発明など、おそらく私たちのほとんどが決して達成できない「Big-C」の創造性を、価値のある唯一の創造性としてかなり大げさに解釈してしまい、誰もが達成できる小さな勝利を無視しがちになるからです。

※注3　Twyla Tharp『The creative habit: Learn it and use it for life. Reprint edition』（Simon & Schuster, 2006）。邦訳『クリエイティブな習慣　右脳を鍛える32のエクササイズ』（杉田　晶子　訳／白水社／ ISBN978-4-560-02715-8）。

訳注4　日本の寿司職人で、すきやばし次郎の創業者。ミシュラン史上最高齢の三つ星シェフ。

3つ目に、技術を神聖化することは、現在の活動の目的を無視してしまうことにつながるからです。コーディングを職人技としてとらえるプログラマーは、クリーンコードの原則にこだわりすぎ、顧客が望む製品を提供できない傾向があります。

　「第5章　批判的思考」で述べたように、創造性は手段であり目標ではありません。創造的な心は、いつ創造的で**あってはならない**のかを理解しています。創造性は、非常に要求が厳しいことがあります。言い換えれば、あなたやあなたの同僚が、あなた自身の創造性に多くのものを求めてしまうのかもしれません。自分の精神的な動揺にご注意を。たとえば、あまりにも長時間集中状態にあると、精神に持続的なダメージを与えかねません。時には、クリエイティブプログラマーにならず、バッテリーを充電しつつ、いくつかの優しいタスクをただ実行することが必要な（そして大きな安心になる）場合もあるのです。

9.4　さらに読むべき本

　創造的な知識への渇望がまだ満たされていないとしたら、どうすればよいでしょうか？大丈夫、探究できる興味深い資料が、まだまだたくさんあります。本セクションでは、創造性の7つの主要なテーマそれぞれに分類した推薦書籍を紹介します。これらの本には、これまでの章ですでに触れたものもありますが、それ自体読む価値が十分にあるものです。わざと学術的な資料は除外しています。そういった資料は、少し入り込みにくいからです（そして、ばかげた学術の壁のせいで、手に入れることも難しいのです）。

Chapter
9
創造性に関する最終的な見解

● 専門知識

- 『Pragmatic Thinking & Learning』（アンディ・ハント 著）[訳注5]
  認知科学と神経科学のいくつかの要素が散りばめられた、学習と行動理論への実践的なアプローチ。本書とシームレスにつながる必読書。

- 『How to Take Smart Notes: One Simple Technique to Boost Writing, Learning and Think-ing—for Students, Academics and Nonfiction Book Writers』（ズンク・アーレン 著）[訳注6]
  第2章で紹介したニクラス・ルーマンの**ツェッテルカステン**のメモの取り方を知れる参考小冊子。

[訳注5]　邦訳『リファクタリング・ウェットウェア ―達人プログラマーの思考法と学習法』（武舎 広幸、武舎 るみ 訳／オライリー・ジャパ／ ISBN978-4-87311-403-3）。

[訳注6]　邦訳『TAKE NOTES! ―メモで、あなただけのアウトプットが自然にできるようになる』（二木 夢子 訳／日経BP ／ ISBN978-4-296-00041-8）。

●コミュニケーション

- 『The Geography of Genius: Lessons from the World's Most Creative Places』（エリック・ワイナー 著）訳注7

  世界中を旅行し、歴史上最も偉大な創造的思想家たちの助けと、旅で得られた気付きを現代につなげるワイナーの機知に富んだ発言を通して、創造性の社会的側面を発見する。

- 『Where Good Ideas Come From: The Natural History of Innovation』（スティーブン・ジョンソン 著）訳注8

  「第3章　コミュニケーション」で説明した液体ネットワークのように、アイデアや創造性が都市間を行き来するにつれて、都市がどのように誕生し、進化したのかが学べる。

●制約

- 『Creativity: Flow and the Psychology of Discovery and Invention』（ミハイ・チクセントミハイ 著）訳注9

  私たちの世代の創造的な天才たちとのインタビューが満載された後世に影響を与える作品であり、適度な献身と好奇心があれば、誰もが創造的になれることを再認識させてくれる。また創造性に関する多くの学術研究もきちんとまとめられている。

- 『Creativity from Constraints: The Psychology of Breakthrough』（パトリシア・D・ストークス（Patricia D.Stokes）著

  パトリシアと一緒に初期のキュビストたちの足跡をたどり、アーティストが自らに課した制約をどう利用して優れた作品を生み出しているのかが学べる。

●批判的思考

- 『Thinking, Fast and Slow』（ダニエル・カーネマン 著）訳注10

  私たちの考え方や生き方を動かす、速くて直感的で感情的なシステムと、ゆっくりと計画的で論理的なシステムという2つのシステムを説明する画期的な心のツアー。また、ダニエルは数え切れないほどの批判的思考の誤謬も探究している。

訳注7　邦訳『世界天才紀行―ソクラテスからスティーブ・ジョブズまで』（関根 光宏 訳／早川書房／ ISBN978-4-15-209645-6）。

訳注8　邦訳『イノベーションのアイデアを生み出す七つの法則』（松浦 俊輔 訳／日経BP ／ ISBN978-4-8222-8517-3）。

訳注9　邦訳『クリエイティヴィティ　フロー体験と創造性の心理学』（須藤 祐二、石村 郁夫 訳、浅川 希洋志 監訳／世界思想社／ ISBN978-4-7907-1690-7）。

訳注10　邦訳『ファスト＆スロー　あなたの意思はどのように決まるか?』（村井 章子 訳／早川書房／上：ISBN978-4-15-050410-6、下：ISBN978-4-15-050411-3）。

- 『The Programmer's Brain: What Every Programmer Needs to Know About Cognition』（フェリエンヌ・ヘルマンス 著）^{訳注11}

  プログラマー向けに、私たちの脳がどのように機能し、コーディングにおける思考向上のために脳をハッキングする方法を探求している。『Thinking, Fast and Slow』は学術的な理論を説明しているのに対して、『The Programmer's Brain』はエンジニアリングの実践に焦点を当てている。

●好奇心

- 『Mindset: Changing the Way You Think to Fulfill Your Potential』（キャロル・S・ドゥエック 著）^{訳注12}

  心理学研究書の中で最も売れている本の1つで、それには正当な理由がある。「第6章　好奇心」のしなやかマインドセットの心理学についてさらに詳しく知りければ、この本が最適である。

- 『How to Be Everything: A Guide for Those Who (Still) Don't Know What They Want to Be When They Grow Up』（エミリー・W・ワプニック 著）^{訳注13}

  一般論の考え方は好きだが、それをコーディングの仕事にどう適用すればよいかわからない場合の必読書。

●創造的な心の状態

- 『Deep Work: Rules for Focused Success in a Distracted World』（カル・ニューポート 著）^{訳注14}

  中断に侵された現代社会に対する批判的な見解と、それに対する可能な解決策：ドアは閉める（しかし、常にではない）、通知は消す（しかし、常にではない）、そして、さらなるディープワークを成し遂げる。

訳注11　邦訳『プログラマー脳　〜優れたプログラマーになるための認知科学に基づくアプローチ』（水野 貴明 訳、水野 いずみ 監訳／秀和システム／ISBN978-4-7980-6853-4）。

訳注12　邦訳『マインドセット「やればできる！」の研究』（今西 康子 訳／草思社／ ISBN978-4-7942-2178-0）。

訳注13　邦訳『マルチ・ポテンシャライト　好きなことを次々と仕事にして、一生食っていく方法』（長澤 あかね 訳／ PHP研究所／ ISBN978-4-569-84109-0）。

訳注14　邦訳『大事なことに集中する　気が散るものだらけの世界で生産性を最大化する科学的方法』（門田 美鈴 訳／ダイヤモンド社／ ISBN978-4-478-06855-7）。

- 『Flow: The Psychology of Optimal Experience』（ミハイ・チクセントミハイ 著）[訳注15]
  スポーツ、音楽、芸術、執筆、教育などにおけるフローについての物語を含んだチクセントミハイによるもう1つの定番作品。ほとんどの例はエンジニアリングの世界以外のものだが、私たちのコーディング環境にも簡単に置き換えられる。

● 創造的なテクニック

- 『Steal Like an Artist: 10 Things Nobody Told You About Being Creative』（オースティン・クレオン 著）[訳注16]
  機知に富み、実用的で、視覚的で、短く、そして何よりもユーモアに溢れたアプローチで、プログラマーに適した創造的なアドバイスを与えてくれる。
- 『Seven Languages in Seven Weeks: A Pragmatic Guide to Learning Programming Languages』（ブルース・テイト 著）[訳注17]
  『The Pragmatic Programmer: From Journeyman to Master』[訳注18]をよく知っているのであれば、この本はプログラミング言語の知識をより高いギアにシフトさせ、将来的なトレンドや常に移り変わるトレンドをマスターするためのテクニックを浮き彫りにする。

訳注15 邦訳『フロー体験　喜びの現象学』(今村 浩明 監訳／世界思想社教学社／ ISBN978-4-7907-1479-8)。

訳注16 邦訳『クリエイティブの授業　10TH ANNIVERSARY GIFT EDITION』（千葉 敏生 訳／実務教育出版／ ISBN978-4-7889-0819-2)。

訳注17 邦訳『7つの言語 7つの世界』（田和 勝 訳、まつもと ゆきひろ 監訳／オーム社／ ISBN978-4-274-06857-7)。

訳注18 邦訳『達人プログラマー（第2版）熟達に向けたあなたの旅』（村上 雅章 訳／オーム社／ ISBN978-4-274-22629-8)。

訳者あとがき

創造性を巡る冒険はいかがでしたでしょうか？

本書を通して、創造性が身近なものであること、創造性は培うことができるものであると思っていただけましたら幸いです。

私自身、昔から創造性という言葉にとても魅力を感じてはいたものの、一部の人だけが持つ遠い存在に感じていました。しかし、誰かが創造的だと見なせば創造的になること、そして、創造的なものは、突然のひらめきではなく、さまざまな創造性プロセスの中で、何度も試行錯誤して生まれた結果であることを本書から学び、自分も創造的になれるのだと考えるようになりました。

本書では、歴史上の偉人の逸話や芸術運動、ゲーム開発などのさまざまなストーリーが、創造的になるための7つの主要なテーマに沿って紹介されており、それ自体がおもしろい読み物ではあるのと同時に、あなたが創造的になるためのヒントがたくさん詰まっています。時折、読み返してみたり、できることがあれば真似してみたりしてください。少々やりすぎな話が多いですが、あなたの創造性を培うためのヒントが得られるはずです。ただし、「エウレカ！」と叫んで裸で街中を走り回ることはお勧めしません。

また、本書に載っている演習も定期的にやってみてください。これらの質問は、現在のあなたの状態を振り返り、創造的になるためのきっかけを与えてくれたり、創造性に対する心の壁を取り除いたりしてくれます。

読者の皆さんが、より創造的に、より楽しく、より自由な人生を送れることを願っています。

2024年5月

高田 新山

人 名 索 引

事 項 索 引

訳者プロフィール

高田 新山（たかた しんざん）

福岡在住のiOSエンジニア。異業種からソフトウェアエンジニアへと転職後、受託開発でのさまざまな案件やベンチャー企業での新規自社サービス開発を経験し、現在はLINEヤフー株式会社でLINEメッセージングアプリの開発に携わっている。Java、PHP、C#、JavaScriptなどを用いたフロントエンド、バックエンドの開発経験もあり。カンファレンスでの登壇や書籍の執筆、翻訳なども行っている。訳書に『Good Code, Bad Code ～持続可能な開発のためのソフトウェアエンジニア的思考』『セキュアなソフトウェアの設計と開発』（ともに秀和システム刊）などがある。

秋 勇紀（あき ゆうき）

2019年3月、九州工業大学情報工学部を卒業後、LINE Fukuoka株式会社に入社。2022年、LINE株式会社に転籍。現LINEヤフー株式会社。専門は、iOSアプリケーション開発、ビルド環境の改善といったモバイル関連のDevOpsなど。さまざまなオープンソースソフトウェアへのコントリビュート、国内外のカンファレンス登壇を行う。高田 新山氏との共訳書に『Good Code, Bad Code ～持続可能な開発のためのソフトウェアエンジニア的思考』『セキュアなソフトウェアの設計と開発』（ともに秀和システム刊）がある。

監訳者プロフィール

水野 貴明（みずの たかあき）

ソフトウェア開発者／技術投資家。Baidu、DeNAなどでソフトウェア開発やマネジメントを経験したのち、現在は英AI企業Nexus FrontierTechのCTO/Co-Founderとして、多国籍開発チームを率いている。その傍ら、日本、東南アジアのスタートアップを中心に開発支援や開発チーム構築などの支援、書籍の執筆や翻訳なども行っている。主な訳書に『JavaScript: The Good Parts』（オライリー・ジャパン）、『プログラマー脳 ～優れたプログラマーになるための認知科学に基づくアプローチ』『ストレンジコード』（秀和システム）、著書に『Web API: The Good Parts』（オライリー・ジャパン）などがある。

カバーデザイン：spaicy hani-cabbage

クリエイティブプログラマー

| 発行日 | 2024年 7月 7日 | 第1版第1刷 |

著　者　Wouter Groeneveld（ウーター グローネフェルト）

訳　者　高田 新山／秋 勇紀

監訳者　水野 貴明

発行者　斉藤 和邦

発行所　株式会社　秀和システム

〒135-0016

東京都江東区東陽2-4-2　新宮ビル2F

Tel 03-6264-3105（販売）Fax 03-6264-3094

印刷所　三松堂印刷株式会社　　　Printed in Japan

ISBN978-4-7980-7215-9 C3055